西部地区大型企业延续取水评估分析研究

李娅芸　刘建平　戚天忠　陈治国
秦津山　张　超　李忙强　著

黄河水利出版社
·郑州·

内 容 提 要

酒泉钢铁(集团)有限责任公司(简称酒钢集团)是国家"一五"期间重点建设项目之一,我国西北地区最大的碳钢和不锈钢生产基地,拥有嘉峪关本部、兰州榆中、山西翼城三个钢铁生产基地。本书梳理酒钢集团嘉峪关本部企业取、供、用、耗、排水量及其关系,摸清用水工艺、用水性质,统计水计量设施、节水措施等基本情况;对嘉峪关本部各企业的取、供、用、耗、排全过程进行调查分析,按照国家和甘肃省水资源管理要求,分析其用水水平、用水定额等;通过现状水平衡分析挖掘酒钢集团嘉峪关本部企业的节水潜力,提出下一步可行的节水措施,复核了企业下个取水许可期取水量,对酒钢集团嘉峪关本部取水许可延续进行全面客观的综合评估,为企业用水节水管理工作及水行政主管部门延续取水许可行政审批提供技术支持。

本书可供水利部门、环境保护部门从事水文研究、水资源管理、水资源论证等的专业技术人员、管理人员和大专院校相关专业师生参考使用。

图书在版编目(CIP)数据

西部地区大型企业延续取水评估分析研究/李娅芸等著.—郑州:黄河水利出版社,2020.8
ISBN 978-7-5509-2778-0

Ⅰ.①西… Ⅱ.①李… Ⅲ.①大型企业-工业用水-用水量-研究-中国 Ⅳ.①TU991.31

中国版本图书馆 CIP 数据核字(2020)第 148828 号

组稿编辑:王路平　电话:0371-66022212　E-mail:hhslwlp@126.com

出 版 社:黄河水利出版社　网址:www.yrcp.com
地址:河南省郑州市顺河路黄委会综合楼 14 层　邮政编码:450003
发行单位:黄河水利出版社
发行部电话:0371-66026940、66020550、66028024、66022620(传真)
E-mail:hhslcbs@126.com
承印单位:广东虎彩云印刷有限公司
开本:787 mm×1 092 mm　1/16
印张:15.75
字数:360 千字
版次:2020 年 8 月第 1 版　印次:2020 年 8 月第 1 次印刷

定价:80.00 元

前　言

酒钢集团始建于1958年,是国家"一五"期间重点建设项目之一。现已形成从"采、选、烧"到"铁、钢、材"完整配套的钢铁工业生产体系,成为以钢铁业为主,集火力发电、机械制造、耐材化工、水泥材料、工业民用建筑、葡萄酿酒等多元产业并举的西北最大的钢铁联合企业之一。

为全面落实最严格水资源管理制度,加强取水许可动态管理,从严控制地下水开发利用,有效开展"三条红线"控制指标管理工作,进而实现水资源高效利用和优化配置,2016年4月,嘉峪关水务局按照《甘肃省人民政府办公厅转发省水利厅关于加强取水许可动态管理实施意见的通知》(甘政办发〔2016〕8号)要求,在全市范围内开展取水许可证延续换证工作。

酒钢集团作为嘉峪关市用水大户,此次取水许可延续换证工作涉及酒钢集团27份地下水取水许可证,许可水量13 123.67万m^3,发证机关为嘉峪关市水务局,有效期均为2013年10月18日至2018年10月17日,涉及嘉峪关市的嘉峪关水源地、北大河水源地和黑山湖水源地等3个水源地。

2018年7月,经酒钢集团授权,甘肃润源环境资源科技有限公司通过公开招标的方式委托黄河水资源保护科学研究院开展酒钢集团嘉峪关本部取水许可延续评估工作。黄河水资源保护科学研究院接受委托后,在多次组织现场查勘的基础上,对各水源地供水情况及各现状企业的取、供、用、耗、排水情况等进行了深入调查、摸底,其间召开了多次协调、对接会议。酒钢集团成立了由总裁负责的工作领导小组,集团公司和各分公司分别指定中层以上干部负责协助此次工作。本次工作由酒钢集团、甘肃润源环境资源科技有限公司和黄河水资源保护科学研究院共同参与完成,编制完成的《酒泉钢铁(集团)有限责任公司嘉峪关本部取水许可延续评估报告》于2020年4月通过甘肃省水利厅审查。

本书为钢铁联合企业取水许可延续评估的案例分析。根据区域水资源、分析评估范围内可供水量的变化情况,计算了供水保证率变化情况,同时论证集团取水对第三方用水户取水的影响;通过实际运行期间基础资料的收集和现场调研,分析建设项目实际的取、用、耗、排水情况,对集团用水定额、水重复利用率、新水利用系数、外排回用率等各项用水指标进行评估,分析取水合理性,提出相应节水措施与用水效率;在退水影响评估方面,分析其退水水质、水量是否达到排水要求;根据延续许可综合评估,复核落实取水许可量,给出合理的取用水量。

在《酒泉钢铁(集团)有限责任公司嘉峪关本部取水许可延续评估研究》和本书编写过程中,得到酒钢集团、甘肃润源环境资源科技有限公司等单位领导和同志们的大力支持和帮助,在报告书审查时甘肃省有关专家提出了修改意见,在此表示最诚挚的感谢!同时,感谢项目参与成员刘永峰、赵乃立、周正弘、史瑞兰、李锐、闫海富、曹原、韩柯尧、余耀华、胡超颖、蒋泰宇、王鹏飞、赵宏娟、陈杰、吴振中、梁秀艳、白志杰、周林、董利民、姚世伟、胡海波、王佩、孙茂琪、张正江、杨涛、杨玉成、马广群、文建洋、王伟、蒋文涛、王锋、张晶、张云龙、吴栋、孙飞飞、范孝宁、杨贵、赵建光、揣少炯、李林方、毛洪旺、周瑜、徐英超、孙茂琪、张文亮、戴向军、姜明明、郭祥东、景俊生、付国权、马萌生、何兴、王汉军、李忠元等付出的辛勤劳动。

由于本书涉及多个学科的知识，加之编者水平有限，书中的缺点和错误在所难免，恳请广大读者提出宝贵意见。

作　者

2020 年 5 月

目　录

第 1 章　总　论

1.1　取水许可延续评估对象及范围

酒钢集团嘉峪关本部地表水、地下水供水水源进入厂区后掺混在一起供厂区生活生产使用,酒钢集团整体上对地表水、地下水和中水进行统一调配使用。本次延续评估针对酒钢集团持有的即将过期的 27 份地下水取水许可证,但考虑到酒钢集团的实际用水情况,不能人为地将地表水、地下水和中水等水源割裂开来进行分析,因此本次取水许可延续评估范围为酒钢集团嘉峪关本部使用的地表水、中水和 27 份地下水取水许可证所对应水源地的所有现状建成企业和由原酒钢集团贵友公司[现为甘肃嘉恒产业发展(集团)有限公司]负责供水的嘉峪关市区自来水。

取水许可延续评估具体对象为酒钢嘉北工业园区内的建成企业、酒钢冶金厂区公司、外围企业及嘉峪关市区(供水范围西侧以嘉峪关水源地为界;北侧以嘉北工业园为界;东侧以酒钢厂区围墙为界,围墙西侧市区由公共服务中心管理,围墙东侧厂区由酒钢动力厂管理;南侧以迎宾路为界,路北由公共服务中心管理,路南由市供水公司管理;西南角以兰新西路为界,路北侧由公共服务中心管理,路南侧由市供水公司管理)等。

酒钢嘉北工业园区内的建成企业、酒钢冶金厂区在嘉峪关市位置示意图见图 1-1,占地面积约为 47.56 km^2,占嘉峪关市总面积的 3.9%。

酒钢集团向嘉峪关市区供自来水范围示意图见图 1-2,供水范围面积约为 14.37 km^2,占嘉峪关市城市建成区总面积的 20.5%。

1.2　供水水源可靠性及其影响分析范围

本次取水许可延续评估对象的供水水源包括了地表水、地下水和中水,以下分别进行阐述。

1.2.1　地表水源供水可靠性及其影响分析范围

酒钢集团现有地表水源为讨赖河地表水,来水经酒钢集团讨赖河渠首引水至大草滩水库调节后,由配套的供水工程供水,据此划定地表水源供水可靠性分析范围为酒钢集团讨赖河渠首断面以上讨赖河流域,取水影响分析范围为酒钢集团讨赖河渠首断面以下讨赖河流域其他取用水户和由大草滩水库供水的嘉峪关灌区、酒钢宏丰灌区。

地表水源供水可靠性及其取水影响分析范围示意图见图 1-3。

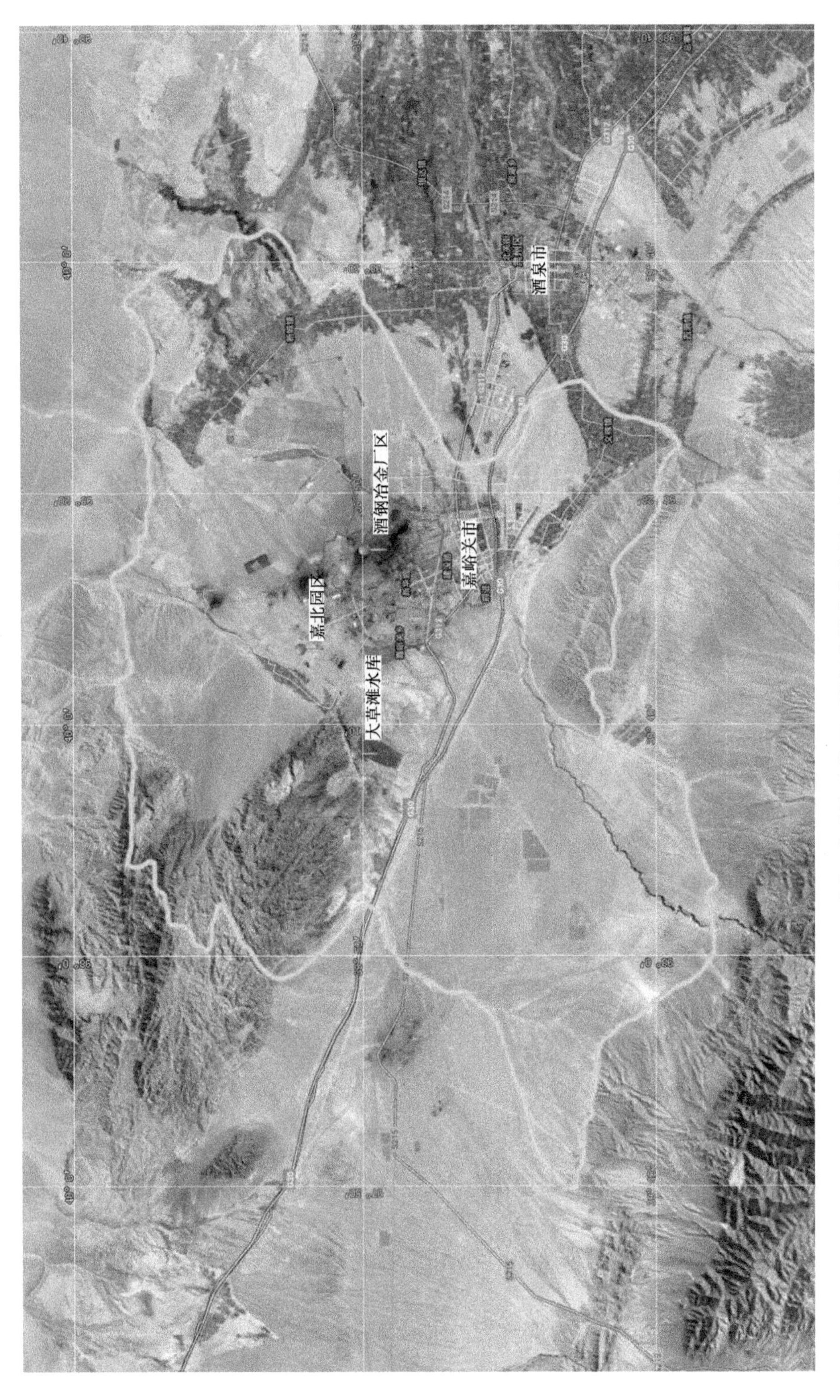

图1-1 本次取水许可延续评估的企业位置示意图

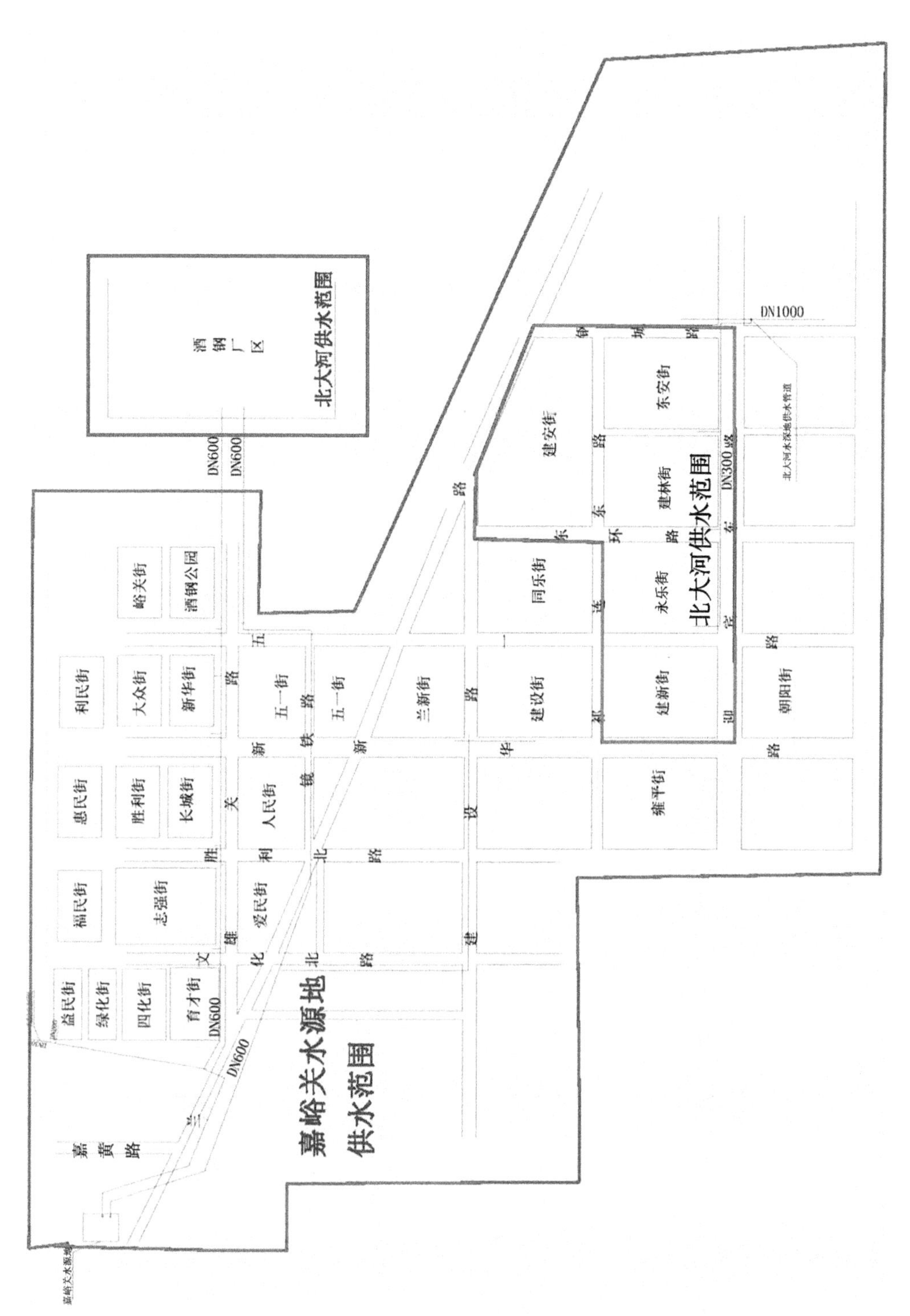

图1-2　酒钢集团向嘉峪关市区供自来水范围示意图

图1-3　讨赖河地表水源供水可靠性及其取水影响分析范围示意图

1.2.2 地下水源供水可靠性及其影响分析范围

酒钢集团嘉峪关本部现有集中地下水源地4处，分别为黑山湖水源地、大草滩水源地、嘉峪关水源地、北大河水源地，均位于嘉峪关城区西南酒泉西盆地东段，其中嘉峪关水源地、北大河水源地亦为嘉峪关市城市主力供水水源。本次评估仅涉及黑山湖水源地、嘉峪关水源地与北大河水源地。

根据上述3个水源地的分布位置及该区域水文地质条件，确定本次地下水源供水可靠性和取水影响分析范围为：东起双泉及嘉峪关大断层，西至黑山湖以西的木兰城，南达文殊山北麓，北抵黑山南麓水关峡，面积为250 km^2，其中取水影响重点分析3个水源地按照各自许可水量开采条件下的相互影响关系。

地下水源供水可靠性及其取水影响分析范围与水源地分布位置图见图1-4。

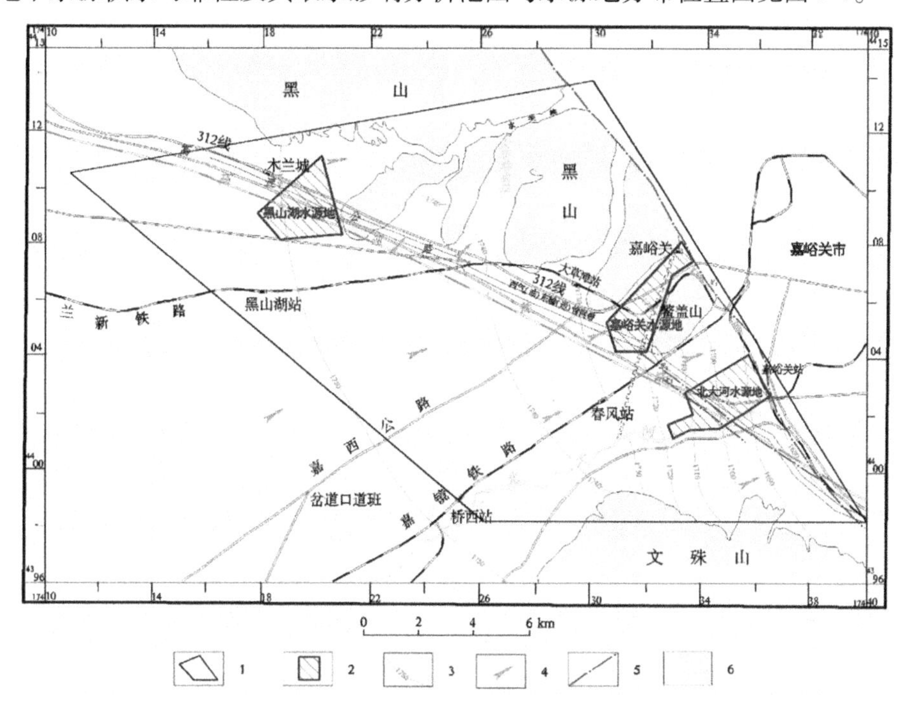

1—论证区范围；2—水源地范围；3—地下水等水位线（数字为水位标高，m）；
4—地下水流向；5—隐伏断层；6—山区

图1-4 地下水源供水可靠性及其取水影响分析范围与水源地分布位置图

1.2.3 中水供水水源可靠性及其影响分析范围

1.2.3.1 酒钢集团污水处理厂

酒钢集团现状中水水源来自酒钢集团污水处理厂，该厂设计日处理规模16万m^3，占地面积5.94万m^2，工程2009年7月完成设计选型，2009年8月正式动工建设，2011年6月建成试运行，2011年6月1日通过了甘肃省环保厅竣工环保验收（甘环函发〔2011〕124号），出水水质执行《城市污水再生利用 工业用水水质》（GB/T 19923—2005）中敞开式循环冷却水补充水质标准。

目前酒钢集团污水处理厂接纳了酒钢本部生产、生活排水和嘉峪关市北市区的生活污水，污水处理采用强化混凝沉淀 + 过滤工艺，目前出水部分回用于酒钢集团冶金厂区。

酒钢集团污水处理厂中水供水可靠性分析范围（收水范围）示意图见图 1-5；酒钢集团污水处理厂中水供给酒钢集团后排放，中水供水影响分析范围为现状中水用户。

图 1-5　酒钢集团污水处理厂收水范围示意图

1.2.3.2　嘉北污水处理厂

嘉北污水处理厂位于酒钢嘉北新区，北环路以南、战备公路以西的交会处，占地62亩(1亩=1/15 hm^2，全书同)，设计规模3.5万 m^3/d，采用预处理+膜格栅+AAO+MBR工艺，出水执行《城镇污水处理厂污染物排放标准》(GB 18918—2002)一级A排放标准。

嘉北污水处理厂2019年6月底建成，目前已正式通水将原酒钢集团污水处理厂接纳的嘉峪关市北市区生活污水以及酒钢嘉北新区和嘉北工业园区工业生活污水收入本污水处理厂进行处理。

嘉北污水处理厂中水供水可靠性分析范围(收水范围)示意图见图1-6；嘉北污水处理厂中水主供酒钢嘉北新区企业，中水供水影响分析范围为规划的中水用户。

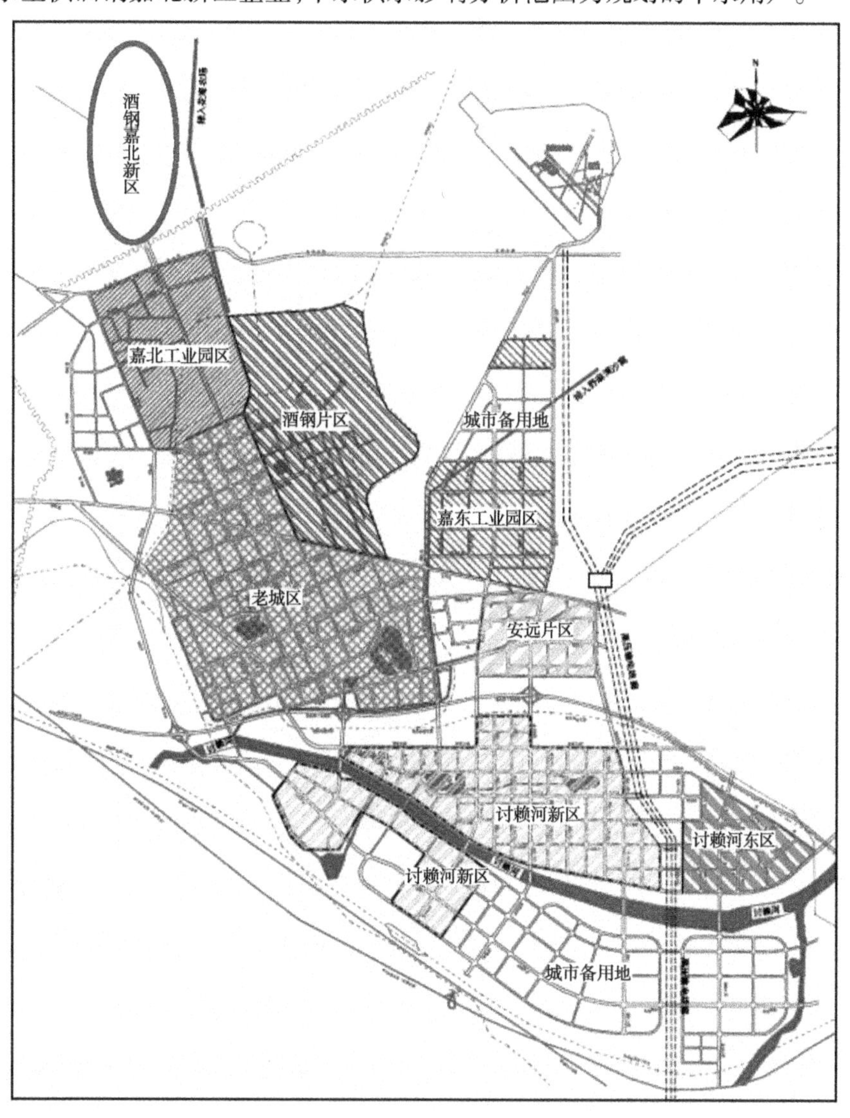

图1-6　嘉北污水处理厂收水范围示意图

1.3　退水影响分析范围

酒钢集团冶金厂区的废污水大部分送酒钢集团污水处理厂后回用,冬季无法回用的中水由现有渠道送酒钢花海农场作为防风林带浇灌用水;另有酒钢嘉北新区企业废污水、冶金厂区选矿废水和一热电冲灰水等废污水排入酒钢尾矿坝,后经处理达标后,与酒钢集团污水处理厂排水渠道合流送酒钢花海农场作为防风林带浇灌用水,故此确定退水影响分析范围为酒钢花海农场。

酒钢集团与花海农场位置关系示意图见图1-7。

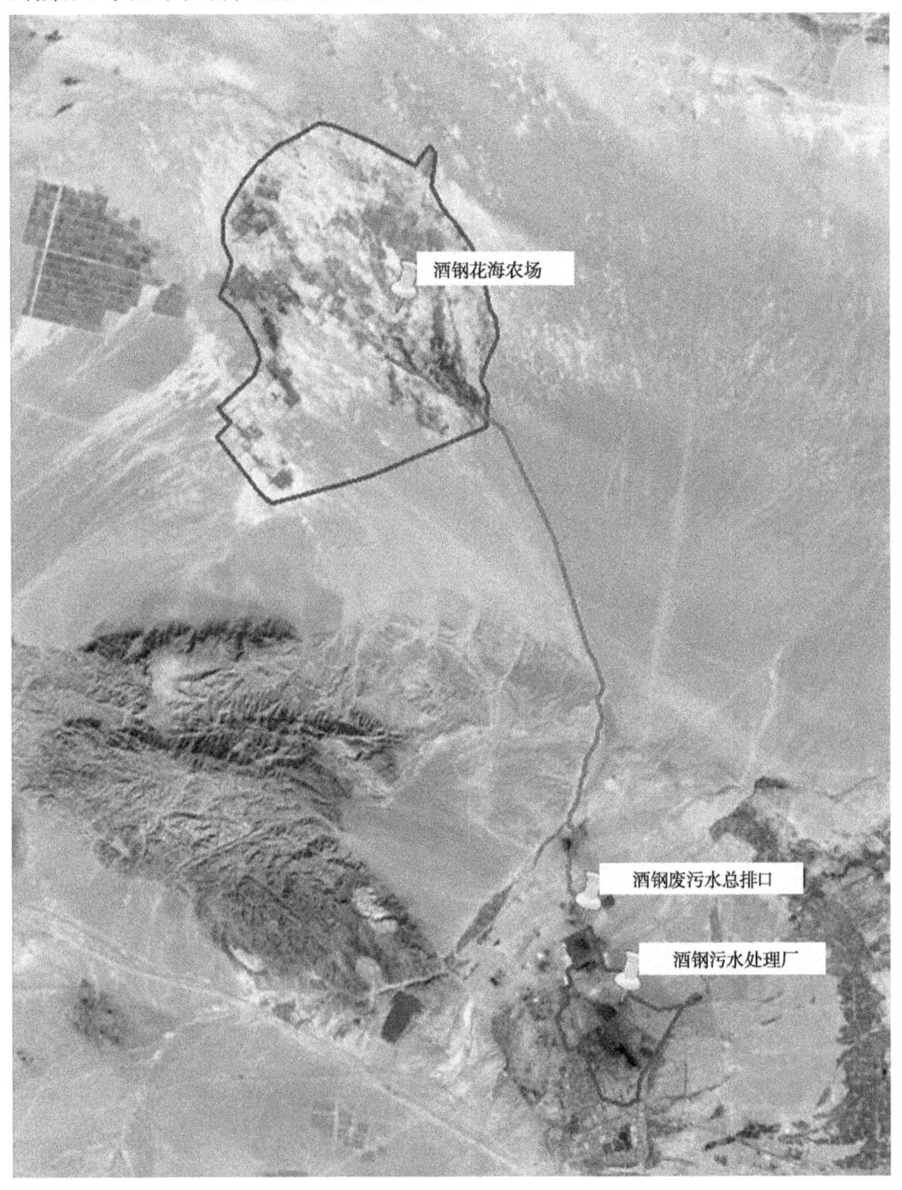

图1-7　酒钢集团与花海农场位置关系示意图

1.4 取用水调查工作方法及工作过程

1.4.1 取用水调查准备工作

(1)资料调查及整理。收集酒钢集团嘉峪关本部现状项目的立项资料、可研及初设资料、环评及环保验收资料、取水许可及水资源论证资料等。

(2)主要装置调查。主要内容是掌握各项目生产规模、生产工艺、主要生产设备情况、投产日期及主要技术规范,包括水量、水质等技术数据和要求。

(3)水源情况调查。查清各种水源(地下水、地表水、中水)情况,统计近几年来的用水情况。

(4)用水系统情况调查及用水环节分析。一是生产用水:包括各装置工艺用水、循环冷却用水、设备冲洗用水等;二是生活用水:包括办公区、食堂等各类生活用水;三是其他用水:包括冲洗、化验用水等。

(5)排水、耗水情况调查。主要调查各排水、耗水系统的设备和设施的技术参数,近年主要排水单元的排水水量统计。

(6)编制用、排水系统示意图,确定取用水调查单元。

1.4.2 水量调查方法

充分利用现有用水统计资料,综合运用多种手段,包括超声波流量计、查表法、计算法、推估法等方法,相互比对,获取真实有效的水量数据,预测达产条件下的需水量。

1.4.3 取用水调查单元与节点

根据实际情况将酒钢集团嘉峪关本部的用水系统划分为三级,调查结果整理时,再归结为三级水平衡。其中酒钢集团嘉峪关本部作为一级体系,各现状企业作为二级体系,各项目主要用水单元作为三级体系。

1.4.4 取用水调查仪表配备

(1)用水单位水计量表,要求配备率、合格率、检测率均达到100%。

(2)水表的精确度不应低于±2.5%,水表的记录要准确。

(3)条件不满足需用辅助方法测量时,要选取负荷稳定的用水工况进行测量,其数据不少于5次测量值,取其平均。

1.4.5 调查项目

(1)现状各企业的取水量、用水量、重复用水量、循环水量、回用水量、损耗水量、排水量。

(2)酒钢集团嘉峪关本部的总取水量、总用水量、总重复用水量、总循环水量、总回用水量、总损耗水量、总排水量。

1.4.6 取用水调查数据整理

(1)水平衡数据的整理层次,由用水设备到各用水单元,再到各企业,再到整个集团,逐级计算整理、平衡。

(2)对各用水体系的水量平衡进行计算,并绘制各项目的水量平衡方框图。

(3)计算出现状各企业达产条件下的用水量、取水量、重复用水量、消耗量、排放量等,并汇总至整个酒钢集团嘉峪关本部。

(4)做出酒钢集团嘉峪关本部的现状水量平衡图表。

1.4.7 取用水调查和水平衡结果分析

(1)用水合理性分析。根据各企业实际水量平衡结果分析其用水的合理性,查找出不合理用水因素和管理上的薄弱环节。

(2)采取相应的管理和技术改造措施,提出进一步的节水潜力和节水方向。

1.4.8 采取节水措施后的各企业水平衡预测分析

根据现场调查和实际水平衡分析提出的各企业的节水潜力,绘制采取节水措施后的现状各企业水量平衡图表。

1.4.9 用水水平评价

1.4.9.1 指标选取

根据《节水型企业评价导则》(GB/T 7119—2018)、《工业循环水冷却设计规范》(GB/T 50102—2014)、《企业水平衡测试通则》(GB/T 12452—2008)、《用水指标评价导则》(SL/Z 552—2012)相关规定,本次主要选取了单位产品新水量、水重复利用率、间接冷却水循环率、循环水浓缩倍率、废水回用率、新水利用系数、企业内职工人均日用新水量等多项指标,分别分析酒钢集团嘉峪关本部现状企业采取节水措施前后的用水水平。

1.4.9.2 评价标准

以《甘肃省行业用水定额(2017 版)》《嘉峪关市行业用水定额(试行)》《节水型企业评价导则》(GB/T 7119—2018)、《建筑给水排水设计规范》(GB 50015—2019)、《工业循环水冷却设计规范》(GB/T 50102—2014)、《国家节水型城市考核标准》(建城〔2012〕57号)和现行的清洁生产标准、节水型企业评价标准等,作为用水水平评价标准。取用水调查工作实景图见图 1-8。

图 1-8　取用水调查工作图片

第2章 酒钢集团嘉峪关本部基地概况

2.1 酒钢集团嘉峪关本部基地现状企业概况

2.1.1 整体概况

本次取水许可延续评估工作对象包括了使用讨赖河地表水,嘉峪关水源地、北大河水源地、黑山湖水源地等地下水的酒钢集团嘉峪关本部大部分的分公司、子公司,以及甘肃嘉恒产业发展(集团)有限公司(原酒钢集团贵友公司)和酒钢集团的合作方等。

涉及的公司分别为甘肃酒钢集团宏兴钢铁股份有限公司、嘉峪关宏晟电热有限责任公司、甘肃东兴铝业有限公司嘉峪关分公司、甘肃酒钢集团西部重工股份有限公司、甘肃润源环境资源科技有限公司、甘肃嘉恒产业发展(集团)有限公司、嘉峪关宏电铁合金有限公司、嘉峪关大友嘉镁钙业有限公司、酒钢(集团)宏达建材有限责任公司、酒泉钢铁(集团)有限责任公司宏丰实业分公司、甘肃酒钢集团科力耐火材料股份有限公司、甘肃酒泉祁峰建化有限公司、甘肃酒钢天成彩铝有限责任公司、嘉峪关索通预焙阳极有限公司、嘉峪关索通炭材料有限公司、酒钢集团冶金建设有限公司、思安新能源股份有限公司嘉峪关分公司、嘉峪关思安节能技术有限公司、嘉峪关奥福捷能新能源有限公司等19家公司所属的众多实体、相关公辅实体和嘉峪关市峪泉灌区。

酒钢集团嘉峪关本部基地现状企业概况一览表见表2-1。

表2-1 酒钢集团嘉峪关本部基地现状企业概况一览

序号	公司名称	下属实体	产品	设计产能/规模
1	甘肃酒钢集团宏兴钢铁股份有限公司	选烧厂	铁精矿	572.36万t/年
			球团矿	100万t/年
			烧结矿	800万t/年
		焦化厂	冶金焦炭	310万t/年
		炼铁厂	生铁	650万t/年
		炼轧厂	炼钢	300万t/年
			连铸方坯	150万t/年
			连铸板坯	300万t/年
			中厚板	100万t/年
			线材	150万t/年
			棒材	100万t/年

续表 2-1

<table>
<tr><th>序号</th><th>公司名称</th><th>下属实体</th><th>产品</th><th>设计产能/规模</th></tr>
<tr><td rowspan="10">1</td><td rowspan="10">甘肃酒钢集团宏兴钢铁股份有限公司</td><td rowspan="4">碳钢薄板厂</td><td>炼钢</td><td>350 万 t/年</td></tr>
<tr><td>常规铸坯</td><td>100 万 t/年</td></tr>
<tr><td>热轧薄板</td><td>250 万 t/年</td></tr>
<tr><td>冷轧薄板</td><td>150 万 t/年</td></tr>
<tr><td rowspan="4">不锈钢分公司</td><td>不锈钢炼钢</td><td>100 万 t/年</td></tr>
<tr><td>热轧</td><td>110 万 t/年</td></tr>
<tr><td>冷轧酸洗</td><td>70 万 t/年</td></tr>
<tr><td>中厚板冷轧</td><td>20 万 t/年</td></tr>
<tr><td>运输部</td><td colspan="2">铁路运输，负责集团公司嘉峪关本部钢铁、电厂、铝业等单位原燃材料到达卸车，钢材、铝锭(棒)、化产品、设备、调拨物资等的装车外发，生产单位间的工艺运输及嘉策铁路线的运营工作，已形成车、机、工、电、辆各子系统完备的铁路运输系统，厂内铁路总长 291.8 km</td></tr>
<tr><td>储运部</td><td colspan="2">负责酒钢集团大宗原燃料、设备备件、材料、废钢铁、合金、耐火材料等冶金用物资的验收、仓储、运输、供给任务，同时承担着集团内外部生产、检修、生活用车及特种车辆服务</td></tr>
<tr><td rowspan="5">2</td><td rowspan="5">嘉峪关宏晟电热有限责任公司</td><td rowspan="2">发电一分厂</td><td>电力、蒸汽</td><td>老厂 79 MW</td></tr>
<tr><td>电力、蒸汽</td><td>热力站 131 MW</td></tr>
<tr><td>发电二分厂</td><td>电力、蒸汽</td><td>2×125 MW 湿冷机组</td></tr>
<tr><td rowspan="2">发电三分厂</td><td>电力、蒸汽</td><td>2×300 MW 湿冷机组</td></tr>
<tr><td>电力、蒸汽</td><td>2×350 MW 空冷机组</td></tr>
<tr><td rowspan="3">3</td><td rowspan="3">甘肃东兴铝业有限公司嘉峪关分公司</td><td>电解铝一期工程</td><td>铝锭</td><td>45 万 t/年</td></tr>
<tr><td>电解铝二期工程</td><td>铝锭</td><td>90 万 t/年</td></tr>
<tr><td>自备电厂</td><td>电力、蒸汽</td><td>4×350 MW 空冷机组</td></tr>
<tr><td>4</td><td>甘肃酒钢集团西部重工股份有限公司</td><td colspan="3">集钢、铁、有色金属铸造、锻造、铆焊、机械加工、金属热处理等专业于一体的综合性制造企业</td></tr>
</table>

续表 2-1

序号	公司名称	下属实体	产品	设计产能/规模
5	甘肃润源环境资源科技有限公司	肥料厂	复混肥	10 万 t/年
		冶金渣场	处理废渣	占地 540 万 m^2
		年产 1 亿块蒸压粉煤灰砖(含保温砌块)工程(二期)	蒸压粉煤灰砖(含保温砌块)	1 亿块/年
		利用冶金废渣生产建筑砌块、加气混凝土、粉煤灰砖等新型墙体材料资源综合利用项目	蒸压粉煤灰砖	1.5 亿块/年
			蒸压加气混凝土砌块	20 万 m^3/年
			建筑砌块	12 万 m^3/年
		年产 15 万 m^3 加气混凝土生产线项目	加气混凝土	15 万 m^3/年
		利用脱硫石膏废弃物生产水泥缓凝剂和建筑石膏粉项目	水泥缓凝剂	5 万 t/年
			建筑石膏粉	0.75 万 t/年
			粉刷石膏	0.25 万 t/年
6	甘肃嘉恒产业发展(集团)有限公司	该公司所属的嘉峪关水源地目前主要承担着嘉峪关北市区居民生活、生产和绿化供水任务		
7	嘉峪关宏电铁合金有限责任公司	硅铁合金项目	75 号硅铁合金	10 万 t/年
		高碳铬铁合金项目	高碳铬铁合金	10 万 t/年
		余热发电项目	电力	1.8 万 kW
8	嘉峪关大友嘉镁钙业有限公司	60 万 t 高活性生石灰生产线异地搬迁改造项目	高活性生石灰	30 万 t/年
		利用废弃小粒级石灰石生产高活性石灰项目	活性石灰	75 万 t/年
		利用废弃粉状石灰石生产钙质溶剂项目	石灰钙质熔剂	26.4 万 t/年
		节能环保梁式气烧石灰窑项目	石灰	4 万 t/年
		冶金熔剂废弃粉料开发利用项目	冶金熔剂熟料	40 万 t/年
		利用窑尾废气生产钙基纳米材料项目	钙基纳米材料	5 万 t/年
		年产 30 万 t 高效脱硫粉剂项目	高效脱硫粉剂	20 万 t/年

续表 2-1

序号	公司名称	下属实体	产品	设计产能/规模
9	酒钢(集团)宏达建材有限责任公司	利用冶金废渣建设 4 000 t/d 熟料新型干法水泥生产线及配套纯低温余热发电项目	水泥	160 万 t/年
			电力	9 MW
10	酒泉钢铁(集团)有限责任公司宏丰实业分公司	嘉峪关宏丰实业有限责任公司戈壁葡萄种植产业化示范工程	灌区面积 10 万亩	灌区面积 4.97 万亩
11	甘肃酒钢集团科力耐火材料股份有限公司	耐火材料整体搬迁还建项目	不定型耐火材料	5 万 t/年
			定型耐火材料	2.5 万 t/年
		年产 5 万 t 电极糊生产线	电极糊	5 万 t/年
12	甘肃酒泉祁峰建化有限公司	淘汰落后机立窑改建年产 80 万 t 水泥粉磨站项目	水泥	80 万 t/年
13	甘肃酒钢天成彩铝有限责任公司	绿色短流程铸轧铝深加工项目	铝板	60 万 t/年
14	嘉峪关索通预焙阳极有限公司	年产 25 万 t 预焙阳极项目	预焙阳极	25 万 t/年
15	嘉峪关索通炭材料有限公司	年产 34 万 t 预焙阳极及余热发电项目	预焙阳极	34 万 t/年
			电力	2×3 MW
16	酒钢集团冶金建设有限公司	商品混凝土分公司	混凝土	100 万 t/年
17	思安新能源股份有限公司嘉峪关分公司	烧结余热发电工程	电力	1×7.5 MW + 1×15 MW
18	嘉峪关思安节能技术有限公司	煤气发电工程	电力	2×30 MW
		4×450 m^3 高炉煤气余热余压发电工程	电力	2×6 MW
19	嘉峪关奥福捷能新能源有限公司	酒钢 1[#]、2[#] 焦炉干熄焦余热发电补汽锅炉项目	电力	1×30 MW
20	其他公辅实体	市政、绿化、生活、服务业	—	—
21	嘉峪关市峪泉灌区	灌溉面积为 8 257.33 亩，根据酒钢集团与嘉峪关市协议，由酒钢集团每年转供 1 200 万 m^3 地表水给峪泉灌区		

2.1.2　股份公司

甘肃酒钢集团宏兴钢铁股份有限公司(简称股份公司),成立于1999年4月21日,为上市、国有控股企业,统一社会信用代码为91620000710375659T,所属行业为黑色金属冶炼和压延加工业,经营范围包括金属冶炼和压延加工,矿产品、金属制品及化工产品的批发和零售,铁矿采选、石灰石开采,石灰石制品贸易、砂石料的生产和销售,炼焦,电力、热力、燃气及水生产和供应,铁路、道路货物运输,仓储物流,金属制品、机械和设备修理,工程和技术研究及试验发展,质检和工程技术服务,科技推广和应用服务,进出口贸易(国家限制禁止项目除外)。

股份公司下辖生产实体有选烧厂、焦化厂、炼铁厂、炼轧厂、碳钢薄板厂、动力厂、不锈钢分、储运部和运输部,上述各生产实体建设规模及建设历程见表2-2。

表2-2　股份公司各生产实体建设规模及建设历程一览

序号	实体名称	建设规模	建设情况
1	选烧厂	年产铁精矿572.36万t(一选厂333万t、二选厂239.36万t),年产800万t烧结矿,年产100万t球团矿	一选厂始建于1958年,1972年投产,2007年完成块矿工艺技改;二选厂建设于2012年,2013年3月12日投产,2016年完成了粉磁矿化焙烧技改。烧结工序中,1#烧结机于1972年1月建成投产,2#烧结机于1977年5月建成投产,3#烧结机1996年1月建成投产。1#竖炉2004年8月投产,2#竖炉2004年10月投产。4#烧结工序2013年8月26日完工投产,拥有1台265 m^2 烧结机。球团工序两座球团竖炉建成于2004年
2	焦化厂	年产冶金焦炭310万t	1958年规划建设,1970年1#焦炉建成投产,1973年建成2#焦炉,化工产品处理苯精制系统、焦油处理系统陆续配套,1988年建成精萘系统。1977年和2005年先后建成3#、4#焦炉,2011年先后建成5#、6#焦炉
3	炼铁厂	年产生铁650万t	1958年规划建设,炼铁厂现有7座高炉,1970年1#高炉建成投产,1989年2#高炉建成投产,2004年和2005年先后建成3#～6#高炉,2011年建成7#高炉
4	炼轧厂	年产300万t钢、150万t连铸方坯、300万t连铸板坯、100万t中厚板、150万t线材、100万t棒材	酒钢宏兴炼轧厂成立于2009年1月,由原酒钢宏兴炼钢一工序、线棒工序、中板工序等3个工序组成。其中,炼钢工序1985年12月建成,1996年9月中板工序建成投产,1998年5月一高线建成投产,2003年10月二高线建成投产,2011年7月大棒线建成投产

续表2-2

序号	实体名称	建设规模	建设情况
5	碳钢薄板厂	年产350万t钢、350万t热轧薄板及150万t冷轧薄板	碳钢薄板厂成立于2008年10月，由原酒钢宏兴二炼钢厂、热轧卷板厂及碳钢冷轧厂整合而成。其中，精炼炉投产于2005年4月，RH炉投产于2010年7月、6#连铸机投产于2005年4月，9#连铸机投产于2011年4月，CSP投产于2006年5月，冷轧投产于2010年8月，镀锌投产于2010年10月
6	动力厂	制氧机组：102 000 m^3/h	60 000 m^3/h制氧1#、2#空分于1992年开工建设并投产，3#空分2000年开工，2001年投产；21 000 m^3/h制氧三台机组于2004年开工建设，2005年年底投产运行；三台制氧机组（21 000 m^3/h）2010年开工建设，2011年投产
7	不锈钢分公司	不锈钢炼钢产量为100万t/年，热轧产量110万t/年，冷轧酸洗产量70万t/年，中厚板冷轧20万t/年	2003年10月炉卷轧机建设投产；2005年12月一期炼钢建成投产；2007年12月一期冷轧建成投产；2010年5月二期炼钢建成投产；2010年12月中厚板退火酸洗线建成投产；2012年12月二期冷轧建成投产；2014年12月VOD项目建成投产；2016年5月罩式炉扩能工程投产
8	储运部	储运部最早成立于1970年9月，主要负责酒钢集团大宗原燃料、设备备件、材料、废钢铁、合金、耐火材料等冶金用物资的验收、仓储、运输、供给，承担着酒钢集团公司生产及基建需要的原燃料、备品备件、设备的输入和中间输出任务，以及股份公司各生产工序的炉料、废钢铁、物资的供应和调运，同时还承担着集团公司内外部生产、检修、生活用车及特种车辆服务。 在原料仓储、装卸设施方面，本部厂区内有大型原燃料仓储综合料场3个，有效仓储面积78.75万m^2，原燃料储备能力550万t；大型废钢料场1个，有效仓储面积16万m^2，储备能力20万t；火车自动取样机3台、翻车机12台、解冻库4座；堆取料机23台、天车龙门吊25台、皮带输送机396台，皮带水平长度62 167.2 m。在产成品仓储、装卸设施方面，拥有黑色冶金产品仓储作业区4个，总仓储面积9.31万m^2，主要设备配备双梁桥式起重机36台套、通用门式起重机6台套。拥有有色产品集装箱作业场地两处，集装箱作业线路4条，作业场地面积总计约为3.11万m^2，作业机具龙门吊4台，全部配备集装箱专用吊具。在检斤计量方面，厂内现有铁路静态轨道衡9台，动态轨道衡4台，汽车轨道衡29台，分别布置于厂内主要铁路、公路干线。另有各类车辆300台。 现有嘉东综合仓储区、东库备件仓储区、厂区耐火材料仓储区、现场物料准备区、机场路燃油仓储区八大仓储区域。 固定资产投资总额161 236.7万元	

续表 2-2

序号	实体名称	建设规模	建设情况
9	甘肃酒泉钢铁集团宏兴钢铁股份有限公司	运输部	运输部成立于1958年10月，负责铁路运输工作，位于酒钢冶金厂区内，主要负责集团公司嘉峪关本部钢铁、电厂、铝业等单位原燃材料到达卸车，钢材、铝锭（棒）、化产品、设备、调拨物资等的装车外发，生产单位间的工艺运输及嘉策铁路线的运营工作。厂内铁路总长291.8 km，有道岔698组。车站区域的道岔、线路已纳入车站联锁控制，厂内站存车能力为1 200辆；4座热风炉循环式解冻库，年解冻能力260万t；嘉策铁路正线长459 km、站线长46 km、支线长12.5 km，铁路总长534.89 km，已形成车、机、工、电、辆各子系统完备的铁路运输系统，年运输总量达到4 400余万t，运行时间365 d，固定资产投资总额125 824.74万元

2.1.3 宏晟电热

嘉峪关宏晟电热有限责任公司简称“宏晟电热”，成立于2002年9月20日，股东方为酒钢集团、光大兴陇信托有限责任公司，统一社会信用代码为916202007396467073，公司经营范围包括火电、蒸汽、采暖热水的生产、销售、科研及科技服务等。

宏晟电热下辖生产实体有发电一分厂、发电二分厂和发电三分厂，总装机规模1 800 MW，上述各生产实体建设规模及建设历程见表2-3。

表2-3　宏晟电热各生产实体建设规模及建设历程一览

序号	实体名称	建设规模	建设情况
1	发电一分厂	老厂：1×9 MW+1×10 MW+2×30 MW热电联产机组	2007年1月关停原CC12 MW机组，在此基础上建设现9 MW机组、10 MW机组；原B10 MW机组、原2×CC25 MW机组于2007～2008年拆除，在此基础上建设现2×30 MW机组；原2×CC50 MW机组于2010年5月31日关停
2		热力站：2×41.5 MW+2×24 MW热电联产机组	2010年10月改造2×24 MW凝气式汽轮发电机组，2011年原5#、6#机组同步改建成两台2×41.5 MW背压式汽轮发电机组，1#、2#、3#炉分别建成投产于2012年7月至2013年1月
3	发电二分厂	2×125 MW湿冷热电联产机组	2001年6月开工建设，1#机组于2003年6月正式投运，2#机组于2003年11月正式投运

续表 2-3

序号	实体名称	建设规模	建设情况
4	发电三分厂	2 × 300 MW(改为 2 × 320 MW)湿冷热电联产机组	2003 年 6 月开工建设,2005 年 8 月建成投运
5		2×350 MW 间接空冷热电联产机组	2012 年开工建设,2014 年 12 月建成投运

2.1.4　东兴铝业

甘肃东兴铝业有限公司嘉峪关分公司(简称东兴铝业),成立于 2010 年 11 月 15 日,统一社会信用代码为 91620200561145672Y,经营范围为有色金属冶炼及压延加工业(不含国家限制经营的项目),炭素制品、通用零部件的制造及销售。

东兴铝业下辖生产实体有电解铝一期、电解铝二期和自备电厂,电解铝产能 135 万 t/年,总装机规模 1 400 MW。上述各生产实体建设规模及建设历程见表 2-4。

表 2-4　东兴铝业各生产实体建设规模及建设历程一览

序号	实体名称	建设规模	建设情况
1	自备电厂	4 × 350 MW 超临界空冷燃煤发电机组	2014 年 12 月建成运行
2	电解铝一期	年产 45 万 t 铝锭	2011 年 10 月 45 万 t 电解铝生产线投运
3	电解铝二期	年产 90 万 t 铝锭	2012 年 7 月开工建设;2013 年 7 月第一系列 45 万 t 电解铝生产线投运;2014 年 7 月第二系列 45 万 t 电解铝生产线投运

2.1.5　西部重工

甘肃酒钢集团西部重工股份有限公司(简称西部重工),1958 年建厂,于 2008 年 11 月 28 日注册成立,统一社会信用代码为 91620200681518066G,经营范围为冶金成套设备、非标设备的设计、制造、安装、调试,机械配件的加工、激光加工,冶炼钢锭、铸造件、锻造件、电镀产品、冶金轧辊、胶辊、橡胶产品、液压元件的制造、批发零售,钢结构件制作,起重机械制造,起重机械设备的安装、改造、维修、检验,压力容器的制造,尼龙制品、玻璃钢制品、复合井圈井盖、金属材料(不含贵金属)的制造及批发零售,生产性再生资源(废旧金属)回收及批发零售,机电设备修理,风电设备制造、安装、维修,风电运营,光电设备、光热设备制造、安装、维修,劳务服务,机械设备租赁,石油机械设备制造,特种设备技术咨询,铝合金加工、批发零售,钢结构工程,机电安装工程,地基基础工程。

2.1.6 酒钢润源

甘肃润源环境资源科技有限公司(简称酒钢润源),成立于2009年5月6日,统一社会信用代码为91620200686078098A,经营范围为钢铁渣、粉煤灰渣、生产性废旧物资(废钢铁、含铁尘泥、铝粉、铝渣、大修渣、碳渣、废机油)的回收、加工、批发、零售,建筑材料、水处理剂(不含危险化学品)、铝制品、肥料、土壤调理剂(不含危险化学品)的生产、批发、零售,环保节能工程设备、水处理工程设备、通风管道的设计、生产、安装、批发、零售,环保设备的运营,机电设备的维修,污水处理及再生利用,余热(余压)发电的生产和供应、余热(余压)技术开发、技术咨询、技术服务,再生资源技术开发、推广、服务。

除个别用水量较小的外围企业外,酒钢集团嘉峪关本部绝大部分的企业供水及水源地均由酒钢润源负责管理运营。酒钢润源下辖有复混肥厂、冶金渣场、粉煤灰制砖厂等6个生产实体,各生产实体建设规模及建设历程见表2-5。

表2-5 酒钢润源各生产实体建设规模及建设历程一览

序号	实体名称	建设规模	建设情况
1	年产10万t有机无机复混肥生产线项目	10万t/年复混肥	2009年2月开工建设,2009年4月建成投产
2	冶金渣场	年处理不锈钢钢渣50万t,年处理转炉钢渣50万t	直立墙项目2007年2月开工建设,2007年12月建成投产;球磨机项目2014年5月开工建设,2014年10月建成投产;渣厂抑尘项目2018年8月开工,在建
3	年产1亿块蒸压粉煤灰砖(含保温砌块)工程(二期)	1亿块蒸压粉煤灰砖(含保温砌块)	2010年12月开工建设,2011年10月建成投产
4	利用冶金废渣生产建筑砌块、加气混凝土、粉煤灰砖等新型墙体材料资源综合利用项目	年产1.5亿块蒸压粉煤灰砖、年产20万m^3蒸压加气混凝土砌块、年产12万m^3建筑砌块	2009年5月开工建设,2009年9月建成投产
5	年产15万m^3加气混凝土生产线项目	15万m^3/年加气混凝土	2012年12月开工建设,2013年7月建成投产
6	利用脱硫石膏废弃物生产水泥缓凝剂和建筑石膏粉项目	年产水泥缓凝剂5万t、建筑石膏粉0.75万t、粉刷石膏0.25万t	2010年8月开工建设,2011年5月建成投产

2.1.7 宏电铁合金

嘉峪关宏电铁合金有限责任公司(简称宏电铁合金),成立于2009 年4 月28 日,统一社会信用代码为916202006860746288,经营范围包括硅系、锰系、铬系铁合金、有色金属、动力蒸汽产品、矿产品、金属制品(以上不含国家限制经营项目)、硅灰、焦炭、碳素制品、钢材的生产、批发、零售。

宏电铁合金下辖生产实体有硅铁合金项目、高碳铬铁合金项目和烟气余热发电项目等3 处实体,各生产实体建设规模及建设历程见表 2-6。

表 2-6 宏电铁合金各生产实体建设规模及建设历程一览

序号	实体名称	建设规模	建设情况
1	硅铁合金项目	年产 75 号硅铁合金 10 万 t	2007 年 4 月投资开工建设,2008 年 5 月投产
2	高碳铬铁合金项目	年产合金 $FeCr_{67}C_{6.0}$ 高碳铬铁合金 10 万 t	2010 年投资开工建设,2012 年 8 月投入试生产
3	烟气余热发电项目	装机 1.8 万 kW	2011 年投资开工建设,2014 年 8 月投入试生产

2.1.8 大友嘉镁钙业

嘉峪关大友嘉镁钙业有限公司(简称大友嘉镁钙业),于 2011 年 10 月 28 日注册成立,统一社会信用代码为 916202005811936125,经营范围包括活性氧化钙、超细氢氧化钙、活性沉淀碳酸钙、轻质碳酸钙、重质碳酸钙、超细活性碳酸钙、超细超白碳酸钙、PVC 助剂的研发与批发、零售,石灰石矿、白云石矿、高活性石灰、轻烧白云石、生白云石、石灰石粉、矿产品(不含国家限制经营的项目)的生产、批发、零售,耐火材料的批发、零售,合金铸造,建筑装饰业(以资质证为准),建筑材料、装饰材料的批发零售,广告的设计、制作。

大友嘉镁钙业下辖有 7 处生产实体,其建设规模及建设历程见表 2-7。

表 2-7　大友嘉镁钙业各生产实体建设规模及建设历程一览

序号	实体名称	建设规模	实际规模	建设情况
1	60 万 t 高活性生石灰生产线异地搬迁改造项目	年产 60 万 t 高活性石灰	年产 30 万 t 高活性石灰	2007 年 9 月开始建设,2008 年 6 月建成
2	利用废弃小粒级石灰石生产高活性石灰项目	年产 75 万 t 活性石灰	未变更	项目于 2010 年 9 月开始建设,于 2012 年 9 月建成并开始试生产
3	综合开发利用废弃粉状石灰石生产钙质溶剂项目	年产石灰钙质熔剂 79.2 万 t	年产石灰钙质熔剂 26.4 万 t	项目于 2015 年 1 月开工建设,2015 年 10 月投入试生产
4	节能环保梁式气烧石灰窑项目	年产 5 万 t 石灰	年产 4 万 t 石灰	项目于 2013 年 1 月开工建设,2013 年 10 月投入试生产运行
5	冶金熔剂废弃粉料开发利用项目	年产 60 万 t 冶金熔剂熟料	年产 40 万 t 冶金熔剂熟料	项目于 2010 年 9 月开工建设,于 2015 年 10 月完工并投入试运营,2016 年正式投产
6	利用窑尾废气生产钙基纳米材料项目	年产 10 万 t 钙基纳米材料	年产 5 万 t 钙基纳米材料	项目于 2013 年 7 月开工建设,于 2013 年 11 月投入试生产
7	年产 30 万 t 高效脱硫粉剂项目	年产 30 万 t 高效脱硫粉剂	年产 20 万 t 高效脱硫粉剂	项目于 2013 年 12 月开工建设,2014 年 10 月投入试生产运行

2.1.9　宏达水泥

酒钢(集团)宏达建材有限责任公司(简称宏达水泥),成立于1998年2月10日,统一社会信用代码为91620200224649554F,经营范围包括水泥熟料、水泥、矿渣超细粉、编织袋、粉煤灰砖、蒸压加气混凝土砌块、建筑砌块、广场砖、新型墙体材料及水泥制品的生产、销售、技术开发、技术咨询、设备安装。

宏达水泥生产实体建设规模及建设历程见表2-8。

表2-8　宏达水泥生产实体建设规模及建设历程一览

序号	实体名称	建设规模	建设情况
1	利用冶金废渣建设4 000 t/d熟料新型干法水泥生产线及配套纯低温余热发电项目	年产熟料124万t,年产水泥160万t;配套9 MW纯低温余热电站	项目于2011年3月开工建设,2013年4月1日进入试生产阶段

2.1.10　酒钢宏丰

酒泉钢铁(集团)有限责任公司宏丰实业分公司(简称酒钢宏丰),成立于2014年11月19日,统一社会信用代码为91620200316149426M,经营范围包括养殖种植、畜牧及禽类的定点屠宰等多项。

酒钢宏丰下辖有宏丰灌区1处,其建设规模及建设历程见表2-9。

表2-9　宏丰灌区建设规模及建设历程一览

序号	实体名称	建设规模	实际规模	建设情况
1	戈壁葡萄种植产业化示范工程	灌区面积10万亩	灌区面积4.97万亩	一期工程2004年开始,2005年结束,共建36 481亩;二期工程从2006年开始,2007年结束,共建5 289亩;三期工程从2008年开始,2009年结束,共建7 964亩

2.1.11　科力耐材

甘肃酒钢集团科力耐火材料股份有限公司(简称科力耐材),于2009年2月6日注册成立,统一社会信用代码为916202006815355lXQ,经营范围包括耐火材料的生产、销售,耐火材料的研发、技术服务,劳务服务,(以下以资质证为准)各类工业炉窑的砌筑、检修、维护,机电设备安装及钢结构制作。焦炭、钢材、铁合金、橡胶、五金、冶金炉料、(以下项目不含国家限制项目)金属制品、有色金属、化工产品、机电产品、矿产品、炭素原料、炭素制品的批发零售,草制品的加工、批发零售,生产性再生资源(废旧耐火材料、废旧设备备件、废旧电器、废钢铁)回收、批发零售。

科力耐材下辖有 2 处生产实体,其建设规模及建设历程见表 2-10。

表 2-10 科力耐材各生产实体建设规模及建设历程一览

序号	实体名称	建设规模	建设情况
1	酒泉钢铁(集团)有限责任公司耐火材料整体搬迁还建项目	不定型耐火材料 50 000 t、定型耐火材料 25 000 t	项目分二期进行建设,2008 年 12 月 26 日完成一期建设,2009 年 12 月 15 日完成二期建设
2	酒泉钢铁(集团)有限责任公司年产 5 万 t 电极糊生产线项目	年产 5 万 t 电极糊	项目于 2009 年 7 月 13 日由科力耐材立项建设,2010 年 5 月 20 日建成投入使用

2.1.12 祁峰建化

甘肃酒泉祁峰建化有限公司(简称祁峰建化),于 1998 年 4 月 23 日注册成立,统一社会信用代码为 91620200710225087N,经营范围包括水泥及水泥制品、塑编袋、高性能混凝土掺和料、铸件的生产、批发销售,矿产品粉磨的加工材料、批发零售(不含国家限定商品)、建筑材料、装璜材料、水暖器材、电线电缆、橡胶制品、民用建材、机动车配件、轴承、五金交电、化工材料(不含危险化学品、易制毒化学品、监控化学品)、金属材料(不含贵金属)、机电产品的批发零售。

祁峰建化下辖有 1 处生产实体,其建设规模及建设历程见表 2-11。

表 2-11 祁峰建化生产实体建设规模及建设历程一览

序号	实体名称	建设规模	建设情况
1	淘汰落后机立窑改建年产 80 万 t 水泥粉磨站项目	年产 80 万 t 水泥	2012 年 2 月开始建设,2012 年 11 月投产

2.1.13 天成彩铝

甘肃酒钢天成彩铝有限责任公司(简称天成彩铝),于 2016 年 5 月 20 日注册成立,统一社会信用代码为 91620200MA726H2W53,经营范围包括铝的冶炼、铸造、轧制,铝卷、铝板、铝带、铝箔、彩涂铝、铝复合板及脱氧剂的生产、加工、销售及技术服务,仓储(不含危险品),货物进出口、技术进出口。

天成彩铝下辖有 1 处生产实体,其建设规模及建设历程见表 2-12。

表 2-12　天成彩铝生产实体建设规模及建设历程一览

序号	实体名称	建设规模	实际规模	建设情况
1	绿色短流程铸轧铝深加工项目	年产 40 万 t 铝板	按年产 60 万 t规模建设	尚未投产

2.1.14　索通阳极

嘉峪关索通预焙阳极有限公司(简称索通阳极),于 2010 年 12 月 24 日注册成立,统一社会信用代码为 91620200566417171D,经营范围包括预焙阳极生产、批发零售及技术服务,建筑材料、装饰材料、五金交电、文化用品、体育用品、针纺织品、皮革制品、服装鞋帽、化工产品(不含危险品)、金属材料、工矿产品、机电产品的批发零售,计算机应用软件开发,技术及货物进出口经营(以备案登记为准)。

索通阳极下辖有 1 处生产实体,其建设规模及建设历程见表 2-13。

表 2-13　索通阳极生产实体建设规模及建设历程一览

序号	实体名称	建设规模	建设情况
1	嘉峪关索通预焙阳极有限公司年产 25 万 t 预焙阳极项目	年产 25 万 t 预焙阳极,配套余热发电装机 4.5 MW	2010 年项目开工建设,2011 年 12 月投入运行

2.1.15　索通材料

嘉峪关索通炭材料有限公司(简称索通材料),于 2014 年 5 月 23 日注册成立,统一社会信用代码为 916202003991604430,经营范围包括预焙阳极生产、批发零售及技术服务,建筑材料、装饰材料、五金交电、文化用品、体育用品、针纺织品、皮革制品、服装鞋帽,(以下项目不含国家限制项目)化工产品、金属材料、工矿产品、机电产品的批发零售,计算机应用软件开发。

索通材料下辖有 1 处生产实体,其建设规模及建设历程见表 2-14。

表 2-14　索通材料生产实体建设规模及建设历程一览

序号	实体名称	建设规模	建设情况
1	34 万 t/年预焙阳极及余热发电项目	年产 34 万 t 预焙阳极,配套余热发电装机 6 MW	2014 年 8 月开工建设,2016 年项目试投产

2.1.16　冶建商砼

酒钢集团冶金建设有限公司成立于 2008 年 12 月 23 日,统一社会信用代码为

91620200224640912T，经营范围包括建筑业（以资质证为准），混凝土预制构件、商品混凝土生产销售，工程设备租赁、周转料具租赁，建筑材料、装潢材料、五金交电，（以下不含国家限制经营项目）金属材料、机电产品的销售。

酒钢集团冶金建设有限公司商品混凝土分公司（简称冶建商砼），其建设规模及建设历程见表2-15。

表2-15　冶建商砼生产实体建设规模及建设历程一览

序号	实体名称	建设规模	建设情况
1	商品混凝土分公司	年产100万t混凝土	厂区搅拌站HZS90搅拌机组建成于2004年8月、HZS120搅拌机组建成于2011年8月；嘉东HZS120搅拌机组建成于2011年3月

2.1.17　思安能源

思安新能源股份有限公司嘉峪关分公司（简称思安能源），于2013年1月5日注册成立，统一社会信用代码为9162020005759740XR，经营范围包括新型能源的技术开发、技术服务、技术转让、技术咨询；新型节能设备的开发、生产、销售；工程项目的设计、施工、管理、咨询、服务、总包；能源利用项目的投资、运营；合同能源管理项目用能状况诊断、节能设计、改造（施工、设备安装、调试）、运行管理和投资。

思安能源下辖有1处生产实体，其建设规模及建设历程见表2-16。

表2-16　思安能源生产实体建设规模及建设历程一览

序号	实体名称	建设规模	建设情况
1	烧结余热发电工程	1×7.5 MW+1×15 MW烧结余热发电	项目于2011年9月开工建设，2013年建成试运行

2.1.18　思安节能

嘉峪关思安节能技术有限公司（简称思安节能），成立于2010年12月10日，统一社会信用代码为91620200566409606Q，经营范围包括新型能源的技术开发、技术服务、技术转让、技术咨询，新型节能设备的开发、生产、批发，工程项目的设计、施工、管理、咨询、服务、投资、总包、运营，对合同能源管理项目进行用能状况诊断、节能设计、改造（施工、设备安装、调试）、运行管理和投资，余热、余压、可节能能源的综合利用（发电）、供热的运营、销售（涉及许可项目的以许可证为准）。

思安节能下辖有2处生产实体，其建设规模及建设历程见表2-17。

表 2-17　思安节能各生产实体建设规模及建设历程一览

序号	实体名称	建设规模	建设情况
1	2×30 MW 煤气发电工程	2×30 MW 煤气发电	项目于 2012 年开工建设,2014 年 12 月建成试运行
2	4×450 m^3 高炉煤气余热余压发电工程	4×450 m^3 高炉煤气余热余压发电	项目于 2012 年开工建设,2014 年 12 月建成试运行

2.1.19　奥福能源

嘉峪关奥福捷能新能源有限公司(简称奥福能源),于 2012 年 9 月 14 日注册成立,统一社会信用代码为 916202000531188629,所属行业为电力、热力生产和供应业,经营范围包括余热发电、工程承包、电力、燃气的生产和供应、余热技术开发、技术咨询、技术服务,废水的再生利用(以资质证为准),环境污染治理及技术服务,机械设备、环保设备、钢材、建筑材料、矿粉、矿石的批发、零售。

奥福能源下辖有 1 处生产实体,其建设规模及建设历程见表 2-18。

表 2-18　奥福能源生产实体建设规模及建设历程一览

序号	实体名称	建设规模	建设情况
1	酒钢 1#、2#焦炉干熄焦余热发电补汽锅炉项目	1 台 56 t/h 干熄焦余热锅炉,1 台 30 MW 汽轮发电机	2015 年建成投产

2.1.20　酒钢贵友(现嘉恒产业)

原酒钢(集团)贵友物业管理分公司主要承担市区动力能源系统煤气、供热、给排水、供电的能源转供及设备设施管理。根据“三供一业”和办社会职能分离移交的工作要求,酒钢(集团)贵友物业管理分公司“三供一业”和办社会职能相关业务整建制移交嘉峪关市政府,并成立甘肃嘉恒产业发展(集团)有限公司(简称嘉恒产业),嘉峪关水源地亦交由嘉恒产业管理运营,根据酒钢集团与嘉恒产业协议,嘉峪关水源地取水指标仍归酒钢集团所有。

嘉恒产业成立于 2018 年 8 月 2 日,统一社会信用代码为 91620200MA73KBYN6T,为国有独资有限责任公司,目前管理嘉峪关水源地,负责嘉峪关市 27 个街区及嘉北工业园区生活及绿化用水,供水人口近十万人,商业用户 4 000 余户,单位用户 110 余户。

2.1.21　其他公辅实体

除上述的 19 家企业外,本次取水许可延续评估对象还包括了相关公辅实体,如汽修、市政、施工、房地产等,其用水量较少,主要为市政、生活、绿化、外销、施工等用水,本次在用水量统计中将其合并统计。

2.1.22　峪泉灌区

峪泉灌区又称为嘉峪关灌区，是指由大草滩水库负责供水的峪泉镇嘉峪关村、黄草营村和断山口村的农业灌区。

根据嘉峪关市土地确权人员面积汇总统计资料，嘉峪关灌区总户数 804 户，其中嘉峪关村农户总数 358 户，黄草营村农户总数 370 户，断山口村农户总数 76 户；总面积为 8 257.33亩，其中嘉峪关村灌溉面积为 2 754.85 亩，黄草营村灌溉面积为 4 268.01 亩，断山口村灌溉面积为 1 234.47 亩。

嘉峪关灌区渠道总数 155 条，总长度 116.56 km，衬砌总长度 98.05 km。其中，有斗渠 13 条，长度 32.48 km，衬砌长度 30.24 km；农渠 52 条，长度 48.09 km，衬砌长度 42.35 km；毛渠 90 条，长度 35.99 km，衬砌长度 25.46 km。

根据酒钢集团与嘉峪关市协议，由酒钢集团每年转供 1 200 万 m^3 地表水给峪泉灌区。

2.2　现状供水水源及近年来供水水量

2.2.1　酒钢集团供水系统简述

2.2.1.1　常规水源供水系统

酒钢集团地表水供水系统由讨赖河酒钢渠首、7.2 km 输水隧洞、1.7 km 引水明渠、6 400万 m^3 库容的大草滩水库和 2 条输水暗渠组成。其中供给酒钢冶金厂区的输水暗渠长度为 13 km，暗渠中段有 4 个分水口，分别为支农泵站分水口、葡萄园铁合金分水口、酒钢冶金厂区 1.3 万 m^3 生产蓄水池分水口和祁峰建化宏达水泥分水口，暗渠终点为酒钢冶金厂区 6.6 万 m^3 生产蓄水池，蓄水池后接多条供水干管向酒钢冶金厂区各企业供水；供给酒钢嘉北新区的输水暗渠总长度 5.44 km，终点为酒钢嘉北新区 4 万 m^3 生产水池，后接 1 条 DN800 供水干管，向嘉北新区内各企业供水。

黑山湖水源地 7 眼机井来水经 DN900 输水管线自大草滩水库坝下分为 2 路：一路主干管来水汇入约 13 km 的输水暗渠，与地表水混合后向酒钢冶金厂区供水；一路支管送酒钢嘉北新区 2 000 m^3 生活水池后，向嘉北新区供给生活水。

北大河水源地 10 眼机井来水汇入 2×2 500 m^3 容积生产生活水池后，经由约 7.3 km 长的 DN1000 输水管道经冶金厂区九号门入厂，管道中段有 1 个分水口，为嘉峪关南市区生活用水分水口。进入厂区的干管分为 2 路：一路为 DN1000 供水管道，供给宏晟二、三、四热电厂的生产生活；一路为 DN800 供水管道，中段有动力制氧和冶金厂区生活供水管网等 2 处分水口，管道终点为酒钢冶金厂区 6.6 万 m^3 生产蓄水池。

嘉峪关水源地 10 眼机井来水汇入 2×2 000 m^3 容积生产生活水池后，经由 2 根 DN600、总长约 12 km 的输水干管输送至冶金厂区 1 号门，后接各供水支管向嘉峪关北市区供给生活用水。

酒钢集团常规水源供水设施平面布置示意图见图 2-1。

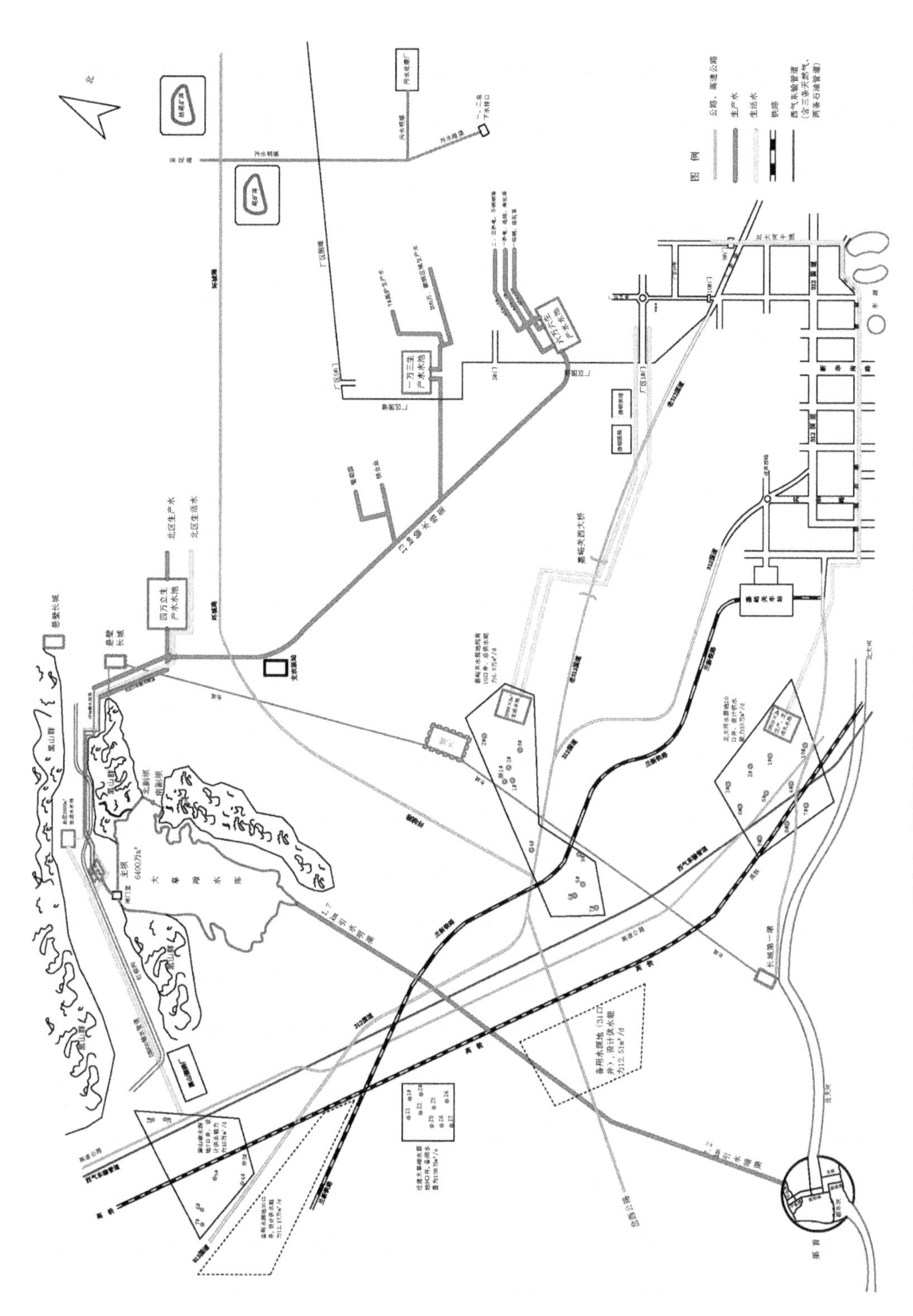

图 2-1　酒钢集团常规水源供水设施平面布置示意图

2.2.1.2 非常规水源供水系统

酒钢集团非常规水源为酒钢集团污水处理厂中水，供水系统由酒钢集团污水处理厂内 2×5 000 m^3 贮水池（兼作回用水泵房的吸水井）、回用水泵房和 DN1000（一干线）、DN900（二干线）两条中水回用干管组成，供水对象均位于冶金厂区。

（1）一干线设计供水能力 4 569 m^3/h，对应回用水泵房内 5 台水泵，3 用 2 备，采用恒压变频控制；单泵设计 Q = 1 523 m^3/h，H = 79 m，P = 450 kW，U = 10 kV。中水回用一干线的供水对象主要有钢铁主线的选矿、焦化、烧结、一炼钢、一热电、嘉丰公司、6.6 万 m^3 生产蓄水池以及部分区域绿化。

（2）二干线设计供水能力 2 760 m^3/h，对应回用水泵房内 3 台水泵，2 用 1 备，采用恒压变频控制；单泵设计 Q = 1 380 m^3/h，H = 50 m，P = 200 kW，U = 10 kV。中水回用二干线供水对象主要有宏晟发电二、三分厂以及苗圃和部分区域绿化。

2.2.2 各供水水源概况

2.2.2.1 讨赖河地表水

讨赖河发源于祁连山讨赖南山东段的讨赖掌，从河源至出山口冰沟口的河长为 330 km，集水面积 6 883 km^2，讨赖河冰沟断面多年平均年径流量为 6.70 亿 m^3。

酒钢集团在讨赖河冰沟断面下游 22 km 处建设有酒钢讨赖河渠首 1 处，坐标北纬 39°43′34.46″、东经 98°8′45.91″。讨赖河地表水由酒钢讨赖河渠首引入，通过 7.2 km 的暗渠和 1.7 km 的明渠送至大草滩水库，渠首渠道设计引水量为 18 m^3/s，加大引水量 25 m^3/s。

大草滩水库位于嘉峪关市西北方向约 13 km 处，为一座旁注式水库，库底海拔 1 711.7 m，总库容 6 400 万 m^3，其中兴利库容 5 900 万 m^3，对应水位 1 749 m。

酒钢集团现持有讨赖河地表水取水许可证 1 份，许可水量 4 500 万 m^3，详细信息见表 2-19。

表 2-19 酒钢集团讨赖河取水许可证信息一览

取水证号	取水权人名称	法人	地点	方式	取水量（万 m^3）	取水用途	水源类型	有效期	审证机关
取水（甘）字〔2016〕第 A02000006 号	酒钢集团	陈春明	渠首	地表水	4 500	工业、农业	地表水	2016-10-17 ~ 2021-10-16	甘肃省水利厅

讨赖河酒钢渠首、大草滩水库等实景图见图 2-2。

2.2.2.2 地下水

酒钢集团地下水水源分别来自北大河水源地、嘉峪关水源地和黑山湖水源地，这 3 个水源地均于 2010 年 2 月 2 日被甘肃省人民政府划定为饮用水水源保护区（甘政函〔2010〕13 号），其中北大河水源地、嘉峪关水源地 2016 年 9 月 29 日被水利部确定为国家重要饮用水水源地（水资源函〔2016〕383 号）。

根据《甘肃省人民政府关于嘉峪关市饮用水水源保护区划分的批复》（甘政函〔2010〕

图2-2 讨赖河酒钢引水渠首及大草滩水库实景图

13号)，上述前3个水源地二级保护区共5个，总控制面积52.42 km^2。其中，黑山湖水源地2个，控制面积23.26 km^2；嘉峪关水源地1个，控制面积7.49 km^2；北大河水源地2个，控制面积21.67 km^2。一级保护区共6个，总控制面积4.49 km^2。其中，黑山湖水源3个，控制面积2.26 km^2；嘉峪关水源1个，控制面积1.24 km^2；北大河水源2个，控制面积0.99 km^2。上述3个水源地二级保护区边界示意图见图2-3。

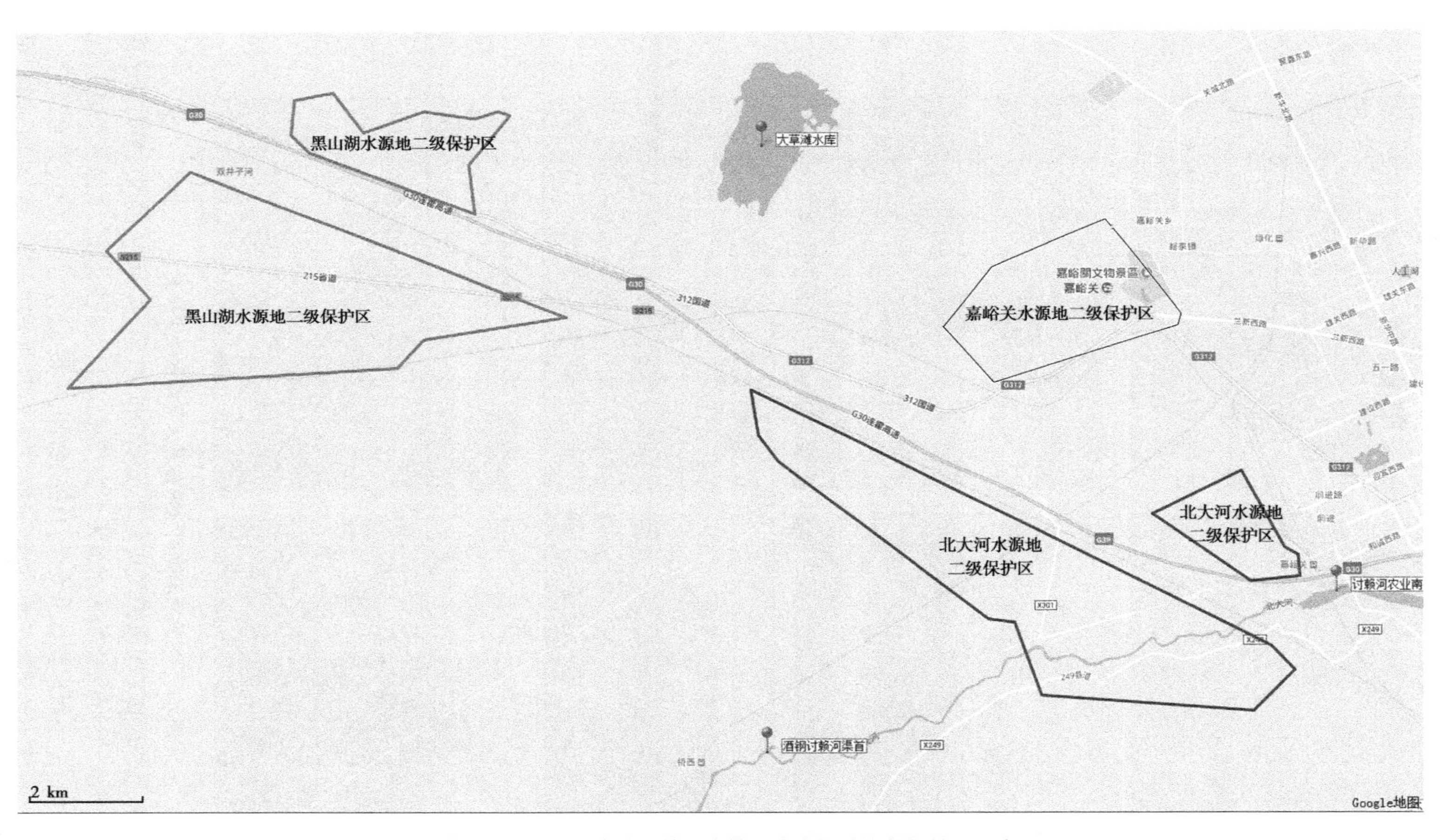

图 2-3　酒钢集团取水涉及的 3 个饮用水水源地二级保护区示意图

目前酒钢集团在上述 3 个水源地上共有机井 36 眼，其中黑山湖水源地 16 眼，北大河和嘉峪关水源地各 10 眼。取水许可统计见表 2-20。

表 2-20　酒钢集团在 3 个水源地 36 眼机井取水许可统计表

序号	取水证号	取水权人名称	水源地	许可水量（万 m^3）	取水用途	有效期
1	取水（嘉水资源）字〔2013〕第 B02000058 号	酒钢集团	黑山湖	788	生产	2013-10-18 ~ 2018-10-17
2	取水（嘉水资源）字〔2013〕第 B02000059 号	酒钢集团	黑山湖	788	生产	2013-10-18 ~ 2018-10-17
3	取水（嘉水资源）字〔2013〕第 B02000060 号	酒钢集团	黑山湖	568	生产	2013-10-18 ~ 2018-10-17
4	取水（嘉水资源）字〔2013〕第 B02000061 号	酒钢集团	黑山湖	568	生产	2013-10-18 ~ 2018-10-17
5	取水（嘉水资源）字〔2013〕第 B02000062 号	酒钢集团	黑山湖	568	生产	2013-10-18 ~ 2018-10-17
6	取水（嘉水资源）字〔2013〕第 B02000063 号	酒钢集团	黑山湖	568	生产	2013-10-18 ~ 2018-10-17
7	取水（嘉水资源）字〔2013〕第 B02000064 号	酒钢集团	黑山湖	568	生产	2013-10-18 ~ 2018-10-17
8	取水（嘉水资源）字〔2016〕第 B02000037 号	黑山湖农场 1	黑山湖	17	农灌	2016-6-17 ~ 2021-6-16
9	取水（嘉水资源）字〔2016〕第 B02000038 号	黑山湖农场 2	黑山湖	17	农灌	2016-6-17 ~ 2021-6-16
10	取水（嘉水资源）字〔2016〕第 B02000039 号	黑山湖农场 3	黑山湖	17	农灌	2016-6-17 ~ 2021-6-16
11	取水（嘉水资源）字〔2016〕第 B02000040 号	黑山湖农场 4	黑山湖	17	农灌	2016-6-17 ~ 2021-6-16
12	取水（嘉水资源）字〔2016〕第 B02000041 号	黑山湖农场 5	黑山湖	16	农灌	2016-6-17 ~ 2021-6-16
13	取水（嘉水资源）字〔2016〕第 B02000042 号	黑山湖农场 6	黑山湖	16	农灌	2016-6-17 ~ 2021-6-16
14	取水（嘉水资源）字〔2016〕第 B02000245 号	二草滩农场 1 号井	黑山湖	10	农灌	2016-5-26 ~ 2021-5-25
15	取水（嘉水资源）字〔2016〕第 B02000246 号	二草滩农场 2 号井	黑山湖	2	农灌	2016-5-26 ~ 2021-5-25
16	取水（嘉水资源）字〔2016〕第 B02000247 号	二草滩农场 3 号井	黑山湖	1	农灌	2016-5-26 ~ 2021-5-25
许可水量小计				4 529	—	—

续表 2-20

序号	取水证号	取水权人名称	水源地	许可水量（万 m^3）	取水用途	有效期
1	取水（嘉水资源）字〔2013〕第 B02000070 号	酒钢集团	嘉峪关	536	生活	2013-10-18 ~ 2018-10-17
2	取水（嘉水资源）字〔2013〕第 B02000071 号	酒钢集团	嘉峪关	409.97	生活	2013-10-18 ~ 2018-10-17
3	取水（嘉水资源）字〔2013〕第 B02000072 号	酒钢集团	嘉峪关	189	生活	2013-10-18 ~ 2018-10-17
4	取水（嘉水资源）字〔2013〕第 B02000073 号	酒钢集团	嘉峪关	346.9	生活	2013-10-18 ~ 2018-10-17
5	取水（嘉水资源）字〔2013〕第 B02000074 号	酒钢集团	嘉峪关	346.9	生活	2013-10-18 ~ 2018-10-17
6	取水（嘉水资源）字〔2013〕第 B02000075 号	酒钢集团	嘉峪关	346.9	生活	2013-10-18 ~ 2018-10-17
7	取水（嘉水资源）字〔2013〕第 B02000076 号	酒钢集团	嘉峪关	410	生活	2013-10-18 ~ 2018-10-17
8	取水（嘉水资源）字〔2013〕第 B02000077 号	酒钢集团	嘉峪关	252	生活	2013-10-18 ~ 2018-10-17
9	取水（嘉水资源）字〔2013〕第 B02000078 号	酒钢集团	嘉峪关	410	生活	2013-10-18 ~ 2018-10-17
10	取水（嘉水资源）字〔2013〕第 B02000079 号	酒钢集团	嘉峪关	410	生活	2013-10-18 ~ 2018-10-17
许可水量小计				3 657.67	—	—

续表 2-20

序号	取水证号	取水权人名称	水源地	许可水量（万 m³）	取水用途	有效期
1	取水（嘉水资源）字〔2013〕第 B02000080 号	酒钢集团	北大河	505	生产、生活	2013-10-18～2018-10-17
2	取水（嘉水资源）字【2013】第 B02000081 号	酒钢集团	北大河	505	生产、生活	2013-10-18～2018-10-17
3	取水（嘉水资源）字〔2013〕第 B02000082 号	酒钢集团	北大河	505	生产、生活	2013-10-18～2018-10-17
4	取水（嘉水资源）字〔2013〕第 B02000083 号	酒钢集团	北大河	505	生产、生活	2013-10-18～2018-10-17
5	取水（嘉水资源）字〔2013〕第 B02000084 号	酒钢集团	北大河	505	生产、生活	2013-10-18～2018-10-17
6	取水（嘉水资源）字〔2013〕第 B02000085 号	酒钢集团	北大河	505	生产、生活	2013-10-18～2018-10-17
7	取水（嘉水资源）字〔2013〕第 B02000086 号	酒钢集团	北大河	505	生产、生活	2013-10-18～2018-10-17
8	取水（嘉水资源）字〔2013〕第 B02000087 号	酒钢集团	北大河	505	生产、生活	2013-10-18～2018-10-17
9	取水（嘉水资源）字〔2013〕第 B02000088 号	酒钢集团	北大河	505	生产、生活	2013-10-18～2018-10-17
10	取水（嘉水资源）字〔2013〕第 B02000089 号	酒钢集团	北大河	505	生产、生活	2013-10-18～2018-10-17
许可水量小计				5 050	—	—

1. 北大河水源地

北大河水源地承担着嘉峪关市南市区部分居民以及酒钢生产生活、绿化供水任务，现有取水机电井 30 眼，主要水源井隶属关系及其供水方向见表 2-21。

表 2-21　北大河水源地主要水源井隶属关系及其供水方向一览表

编号	水源井所属单位	水源井个数	供水方向
1	酒钢集团	10	酒钢冶金厂区工业用水及南市区生活水
2	兰州供水段嘉峪关供水车间	6	嘉峪关市铁路地区生活、生产、生态用水
3	嘉峪关市供水管理处	13	嘉峪关市南市区生活、生产用水
4	长城第一墩景区	1	景区生活、生态和消防用水
5	合计	30	总许可水量 7 046.5 万 m³/年

北大河水源地酒钢集团群井启用时间为 1998 年 7 月，共有 10 口取水井（总许可水量

5 050 万 m^3)和 2 座 2 500 m^3蓄水池，输水主干线管径 DN1000，长度 7.3 km，材质为混凝土管、铸铁管、钢管。截至目前建设投运年限已达 20 多年，主要承担为冶金厂区提供生产生活用水及南市区 5 个街区居民用水的任务，供水人口约为 3 万人，目前厂区生产水占该水源地供水量的 90%，生活用水占 10%。

北大河水源地酒钢集团井群位置示意图见图 2-4、图 2-5，基本概况见表 2-22。

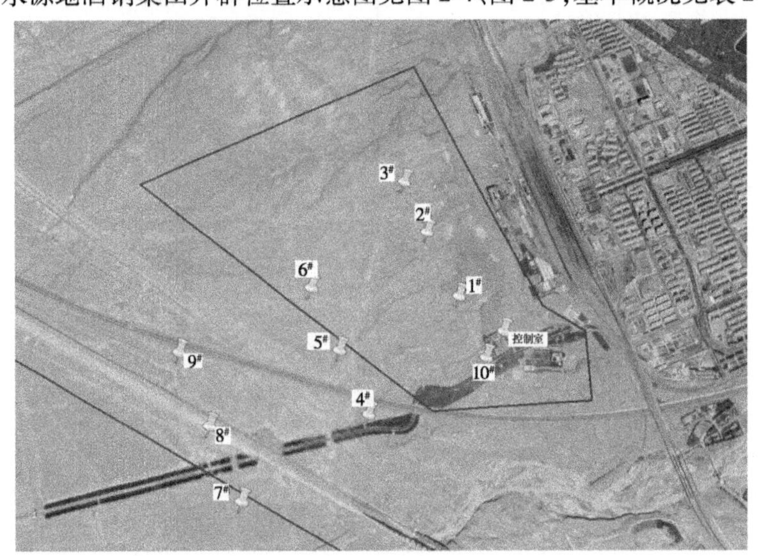

图 2-4　北大河水源地酒钢井群位置分布示意图

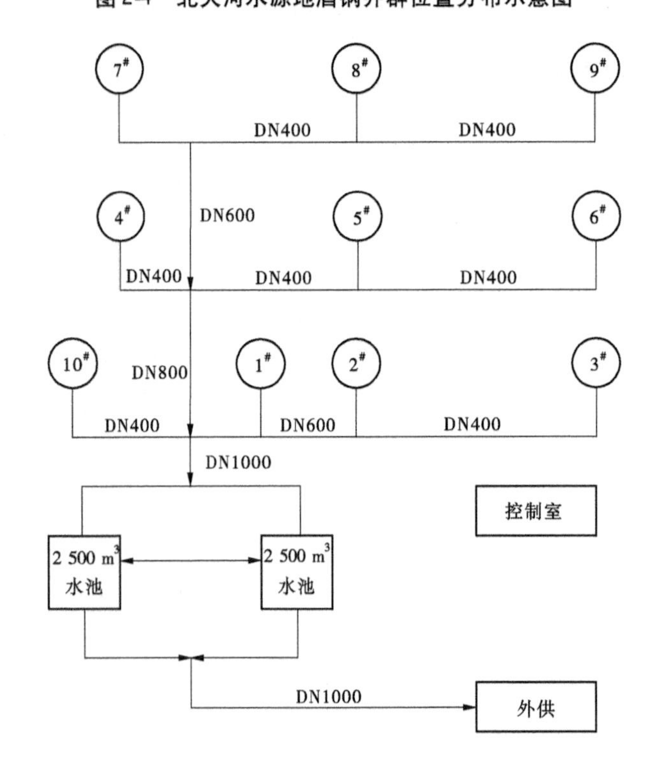

图 2-5　北大河水源地酒钢井群连通示意图

表 2-22　北大河水源地酒钢集团井群基本情况

序号	设备名称	规格型号	主要技术参数	投用日期	水井坐标
1	北大河 1#井潜水泵	400QJ500－60/4A	流量 500 m^3/h、扬程 60 m、功率 125 kW	2017-08-14	98°14′45.76″东 39°45′29.52″北
2	北大河 2#井潜水泵	400QJ500－60/4A	流量 500 m^3/h、扬程 60 m、功率 125 kW	2013-06-29	98°14′37.92″东 39°45′41.09″北
3	北大河 3#井潜水泵	400QJ500－60	流量 520 m^3/h、扬程 60 m、功率 120 kW	2014-08-26	98°14′32.19″东 39°45′50.38″北
4	北大河 4#井潜水泵	400QJ500－60	流量 500 m^3/h、扬程 60 m、功率 120 kW	2014-09-25	98°14′25.64″东 39°45′8.20″北
5	北大河 5#井潜水泵	500QJ800－50/3A	流量 800 m^3/h、扬程 50 m、功率 160 kW	2006-06-22	98°14′18.31″东 39°45′19.15″北
6	北大河 6#井潜水泵	400QJ500－60/4A	流量 500 m^3/h、扬程 60 m、功率 125 kW	2006-08-17	98°14′11.07″东 39°45′30.04″北
7	北大河 7#井潜水泵	400QJ500－60	流量 500 m^3/h、扬程 60 m、功率 120 kW	2015-03-17	98°13′57.99″东 39°44′53.01″北
8	北大河 8#井潜水泵	400QJ500－60/4A	流量 500 m^3/h、扬程 60 m、功率 125 kW	2013-07-03	98°13′49.59″东 39°45′5.26″北
9	北大河 9#井潜水泵	400QJ500－60	流量 500 m^3/h、扬程 60 m、功率 125 kW	2016-06-01	98°13′41.28″东 39°45′17.78″北
10	北大河 10#井潜水泵	500KO800－54	流量 800 m^3/h、扬程 54 m、功率 185 kW	2016-02-25	98°14′52.30″东 39°45′18.77″北

2. 嘉峪关水源地

嘉峪关水源地目前主要承担着嘉峪关北市区居民生活、生产和绿化供水任务，现有机井 28 眼，主要水源井隶属关系及其供水方向见表 2-23。

表 2-23　嘉峪关水源地主要水源井隶属关系及其供水方向一览表

编号	单位名称	眼数	供水方向
1	酒钢集团	10	北市区生产、居民生活和生态用水
2	关城文管所	2	景区生活、生态和消防用水
3	嘉峪关市峪泉供水所	8	峪泉镇镇区、嘉峪关村人畜饮水和嘉北工业园区生产、居民生活和生态用水
4	嘉峪关华圣博丰工贸有限公司	1	生产、生活用水
5	兰州供水段嘉峪关供水车间	2	生活备用
6	亨通公司	1	生产、生活(已关停,改由自来水管网供水)用水
7	高速公路	2	人饮、绿化
8	甘肃鸿翔孔雀园	1	绿化
9	华城置业有限公司	1	绿化
10	合计	28	总许可水量 4 525.92 万 m^3/年

嘉峪关水源地酒钢集团井群启用时间为1968年9月,共有10口取水井(总许可水量3 657.67万m^3)和2座2 000 m^3蓄水池,2根输水主干线管径DN600,总长度12 km,主要承担为市区居民、商业、绿化及嘉北工业园区提供生活用水的任务,供水人口约9.7万人,商业用户4 000余户,单位及企业用户110余户。

嘉峪关水源地酒钢集团井群位置示意图见图2-6、图2-7,基本概况见表2-24。

图2-6　嘉峪关水源地酒钢井群位置分布示意图

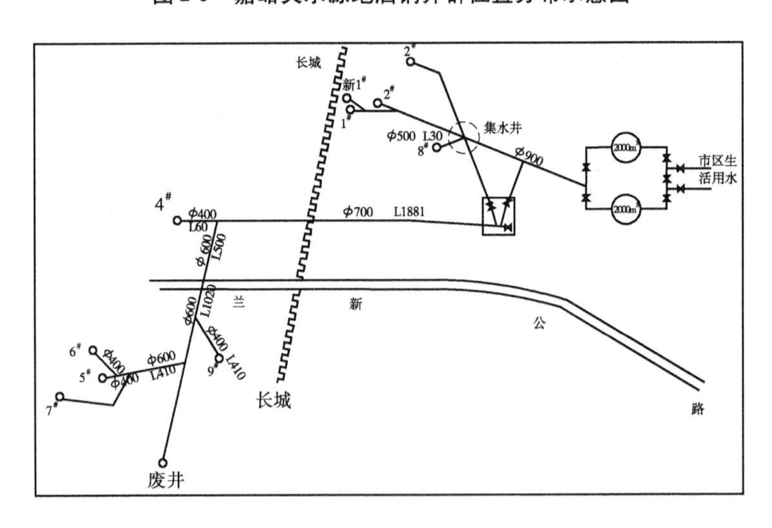

图2-7　嘉峪关水源地酒钢井群连通示意图

表 2-24　嘉峪关水源地酒钢集团井群基本情况

序号	设备名称	规格型号	主要技术参数	投用日期	水井坐标
1	嘉峪关 1#井潜水泵	400QJ500 – 60	流量 520 m^3/h、扬程 60 m、功率 120 kW	2014-12	98°14′45.76″东 39°45′29.52″北
2	嘉峪关 2#井潜水泵	400QJ/500 – 60 – 4	流量 500 m^3/h、扬程 60 m、功率 120 kW	1995-06	98°14′37.92″东 39°45′41.09″北
3	嘉峪关 3#井深水泵	400QJ/500 – 60 – 4	流量 500 m^3/h、扬程 60 m、功率 120 kW	1996-06	98°14′32.19″东 39°45′50.38″北
4	嘉峪关 4#井潜水泵	300QJR200/54/ – 2	流量 540 m^3/h、扬程 54 m、功率 55 kW	2003-10	98°14′25.64″东 39°45′8.20″北
5	嘉峪关 5#井深水泵	400QJ/500 – 60 – 4	流量 500 m^3/h、扬程 60 m、功率 120 kW	1997-04	98°14′18.31″东 39°45′19.15″北
6	嘉峪关 6#井潜水泵	400QJ/500 – 4	流量 500 m^3/h、扬程 45 m、功率 100 kW	1997-05	98°14′11.07″东 39°45′30.04″北
7	嘉峪关 7#井潜水泵	400QJ/500 – 4	流量 500 m^3/h、扬程 45 m、功率 100 kW	1997-05	98°13′57.99″东 39°44′53.01″北
8	嘉峪关 8#井深水泵	300QJR200/54/ – 2	流量 220 m^3/h、扬程 54 m、功率 55 kW	1997-05	98°13′49.59″东 39°45′5.26″北
9	嘉峪关 9#井潜水泵	400QJ500 – 60	流量 540 m^3/h、扬程 60 m、功率 125 kW	2015-11	98°13′41.28″东 39°45′17.78″北
10	嘉峪关 10#井潜水泵	800QJ/990	流量 990 m^3/h、扬程 50 m、功率 220 kW	1996-04	98°14′52.30″东 39°45′18.77′北

3. 黑山湖水源地

黑山湖水源地承担着酒钢冶金厂区、酒钢集团黑山湖农场、酒钢宏丰实业分公司二草滩农场的生产、生活供水任务，同时承担了公路、铁路养护以及零星企业的极少量生活和生产供水任务，现有取水井 25 眼，各水源井隶属关系及其供水方向见表 2-25。

表 2-25　黑山湖水源地主要水源井隶属关系及其供水方向一览表

编号	水源井所属单位	水源井个数	供水方向
1	酒钢集团	7	酒钢冶金厂区生产
2	酒钢集团黑山湖农场	6	农业灌溉
3	酒钢宏丰实业分公司二草滩农场	3	农业灌溉
4	兰州铁路局嘉峪关工务段	2	生活、绿化
5	嘉安高速公路收费管理所	1	生活
6	嘉峪关市红柳沟矿业有限责任公司	1	生产
7	中国石油嘉峪关分公司远航加油站	1	生活、绿化
8	华电嘉峪关新能源有限公司	1	生活、绿化及其他
9	甘肃茗居商贸有限责任公司	1	生产、生活
10	嘉峪关市文殊镇红柳沟兴达砖厂	1	生产、生活、绿化
11	兰州正大食品有限公司嘉峪关分公司(黑山湖项目区)	1	生产、生活
12	合计	25	总许可水量 4 554 万 m^3/年

黑山湖水源地酒钢集团生产供水井群启用时间为 1968 年 9 月，共有 7 眼取水井(总许可水量 4 416 万 m^3)，输水主干线管径 DN900，长度约 8.5 km，材质为混凝土管、铸铁管、钢管，主要承担为冶金厂区提供生产用水和酒钢嘉北新区生活供水的任务。

黑山湖水源地酒钢集团井群位置示意图见图 2-8、图 2-9，基本概况见表 2-26。

表 2-26　黑山湖水源地酒钢集团井群基本情况

序号	设备名称	规格型号	主要技术参数	水井坐标
1	黑山湖 1#井潜水泵	20H×2	流量 990 m^3/h、扬程 32 m、功率 225 kW	98°04′0.48″东 39°49′21.68″北
2	黑山湖 2#井潜水泵	20H×2	流量 990 m^3/h、扬程 32 m、功率 225 kW	98°04′6.34″东 39°49′19.64″北
3	黑山湖 3#井潜水泵	400QJ500－60/2	流量 720 m^3/h、扬程 50 m、功率 225 kW	98°04′27.60″东 39°48′20.60″北
4	黑山湖 4#井潜水泵	400QJ500－60/2	流量 720 m^3/h、扬程 50 m、功率 225KW	98°03′56.02″东 39°48′12.78″北
5	黑山湖 5#井潜水泵	400QJ500－60/4	流量 500 m^3/h、扬程 60 m、功率 120 kW	98°03′55.61″东 39°48′36.85″北
6	黑山湖 6#井潜水泵	400QJ500－60/4	流量 500 m^3/h、扬程 60 m、功率 120 kW	98°02′31.49″东 39°48′41.05″北
7	黑山湖 7#井潜水泵	400QJ500－60/4	流量 500 m^3/h、扬程 60 m、功率 120 kW	98°02′58.63″东 39°48′22.49″北

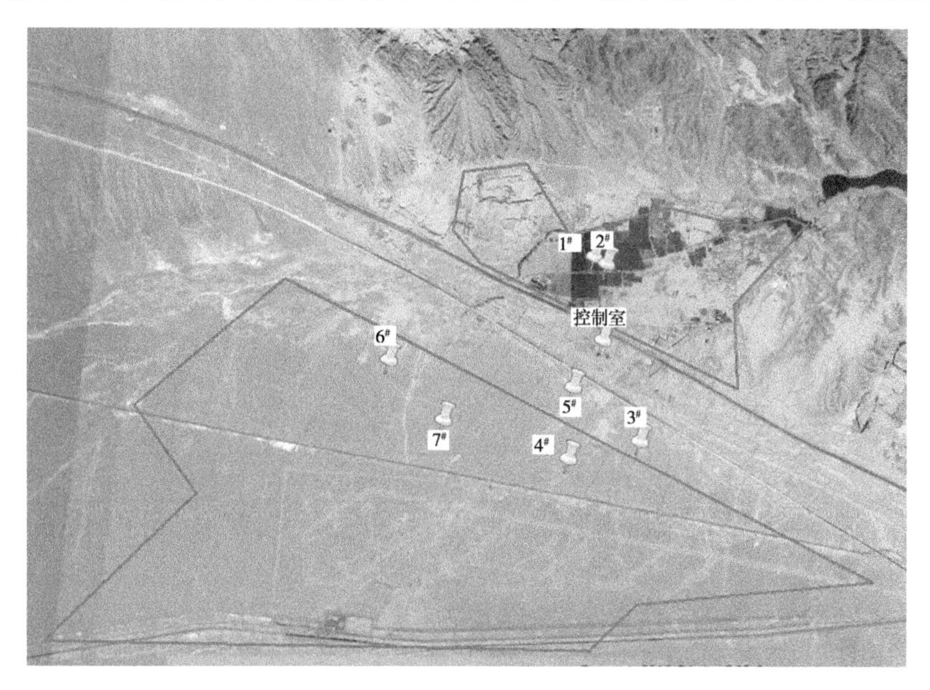

图 2-8　黑山湖水源地酒钢井群位置分布示意图

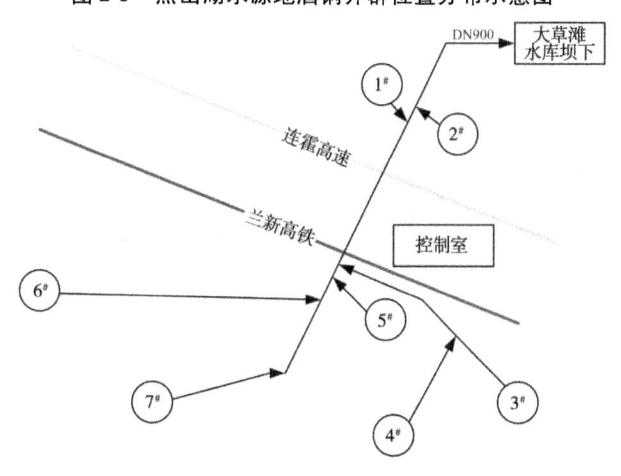

图 2-9　黑山湖水源地酒钢井群连通示意图

2.2.2.3　酒钢集团污水处理厂中水

酒钢集团污水处理厂位于酒钢尾矿坝南侧，污水的来源为酒钢生产废水、生活污水和嘉峪关市北区生活排水，处理能力 16 万 m^3/d，出水大量回用于酒钢本部的生产和绿化。详见本书 2.3 节相关内容。

2.2.3　近年来供水量及各用户用水量

2.2.3.1　近年来各水源供水量

2013～2017 年酒钢集团嘉峪关本部取地表水、3 大水源地地下水和酒钢集团污水处理厂中水的总取水量统计见表 2-27。

表 2-27　2013 ~ 2017 年酒钢集团取水量统计表　　（单位：万 m^3）

序号	水源类型		2013 年	2014 年	2015 年	2016 年	2017 年	年均
1	讨赖河地表水		8 131	8 447	9 035	8 129	7 659	8 280.2
2	地下水	北大河水源地	2 388	2 240	2 527	2 379	2 368	2 380.4
		黑山湖水源地	0	271	1 524	1 905	1 879	1 115.8
		嘉峪关水源地	1 538	1 522	1 519	1 481	1 381	1 488.2
		小计	3 926	4 033	5 570	5 765	5 628	4 984.4
3	常规水源取水量小计		12 057	12 480	14 605	13 894	13 287	13 264.6
4	非常规水源取水量		2 632.6	2 919.9	2 851.1	2 928.7	2 397.8	2 746
5	合计		14 689.6	15 399.9	17 456.1	16 822.7	15 684.8	16 010.6

注：讨赖河地表水中 4 500 万 m^3 为酒钢自有水量指标，其余为甘肃省水利厅讨赖河流域水利管理局在水量调度中的汛期分洪水量和转供水量。

由表 2-27 可知，2013 ~ 2017 年酒钢集团年均取水量为 16 010.6 万 m^3，其中取地表水 8 280.2万 m^3，取地下水 4 984.4 万 m^3，回用自身中水 2 746.0 万 m^3；2015 年取水量最大，总取水量为 17 456.1 万 m^3，其中取地表水 9 035 万 m^3，取地下水 5 570 万 m^3，回用自身中水量为 2 851.1 万 m^3。

2.2.3.2　近年来各用户用水量

2013 ~ 2017 年酒钢集团嘉峪关本部以地表水、3 大水源地地下水和酒钢集团污水处理厂中水为水源的各企业用水量统计见表 2-28 和图 2-10，酒钢集团 2013 ~ 2017 年各企业平均用水比例示意图见图 2-11。

表 2-28　2013 ~ 2017 年酒钢集团各实体用水量统计表　　（单位：万 m^3）

序号	公司	项目名称	2013 年	2014 年	2015 年	2016 年	2017 年	年均
1	股份公司	选烧厂	849.88	1 004.13	1 061.39	1 011.94	799.45	945.36
2		焦化厂	726.88	751.38	710.70	621.93	551.06	672.39
3		炼铁厂	533.46	562.51	539.81	478.75	416.78	506.26
4		炼轧厂	578.20	597.46	530.94	406.06	311.17	484.77
5		碳钢薄板厂	487.87	546.97	495.99	402.49	368.22	460.31
6		不锈钢分公司	340.46	376.68	373.56	401.47	348.14	368.06
7		动力厂	225.33	230.79	225.46	209.53	201.70	218.56
8		储运部	132.29	285.16	317.52	349.88	347.72	286.51
9		运输部	68.27	69.80	69.94	70.08	69.31	69.48
10		厂区生活绿化	1 556.05	1 556.05	1 626.55	1 294.20	1 388.50	1 484.27
11	股份公司小计		5 498.69	5 980.93	5 951.86	5 246.33	4 802.05	5 495.97

续表 2-28

序号	公司	项目名称	2013 年	2014 年	2015 年	2016 年	2017 年	年均
12	宏晟电热	一分厂老厂	433.06	430.26	455.49	433.85	426.07	435.75
13		一分厂热力站	201.09	139.73	284.14	354.40	214.51	238.77
14		二分厂 2×125 MW	596.00	418.00	567.30	560.30	534.10	535.14
15		三分厂 2×320 MW	915.60	824.26	768.52	772.25	941.86	844.50
16		三分厂 2×350 MW	140.40	320.83	311.40	359.66	354.30	297.32
17	宏晟电热小计		2 286.15	2 133.08	2 386.85	2 480.46	2 470.84	2 351.48
18	东兴铝业	自备电厂	0	206.26	437.90	423.23	400.72	293.62
19		电解铝一期	37.39	56.44	59.96	59.08	60.00	54.57
20		电解铝二期	7.00	69.00	131.09	123.86	145.08	95.21
21	东兴铝业小计		44.39	331.7	628.95	606.17	605.8	443.40
22	西部重工		96.42	79.85	65.39	43.17	36.23	64.21
23	嘉恒产业(原贵友)		1 538.00	1 522.00	1 519.00	1 481.00	1 381.00	1 488.20
24	酒钢润源	肥料厂	0	0.48	0.38	0.31	0.56	0.35
25		1 亿蒸压砖工程	6.89	10.10	9.92	8.86	5.44	8.24
26		公辅项目	11.96	14.89	13.45	13.77	13.37	13.49
27		15 万 m^3 加气混凝土	3.49	8.41	12.81	12.28	12.05	9.81
28		脱硫石膏项目	2.89	0.92	2.58	1.67	1.24	1.86
29		渣厂	113.11	121.10	190.10	184.60	247.11	171.20
30	酒钢润源小计		138.34	155.9	229.24	221.49	279.77	204.95
31	宏电铁合金	铁合金项目	91.13	91.51	90.17	82.70	98.57	90.82
32		铁合金余热发电项目	0	34.60	23.59	21.48	21.24	20.18
33	宏电铁合金小计		91.13	126.11	113.76	104.18	119.81	111.00
34	大友嘉镁钙业		0	29.06	31.31	8.86	7.28	15.30
35	宏达水泥		0	0	74.17	72.04	71.78	43.60
36	科力耐材		13.18	10.07	8.12	7.99	2.44	8.36
37	祁峰建化		3.50	4.93	6.01	4.33	4.37	4.63
38	天成彩铝		0	0	0	0	0	0
39	索通阳极		0	131.87	139.22	129.89	130.21	106.24
40	索通材料		0	0	0	69.97	128.39	39.67
41	冶建商砼		17.99	11.74	6.80	4.64	6.16	9.47
42	思安能源烧结余热发电工程		0	71.91	113.80	46.24	37.28	53.85

续表 2-28

序号	公司	项目名称	2013 年	2014 年	2015 年	2016 年	2017 年	年均
43	思安节能	煤气余热发电工程	0	164.07	103.96	86.37	53.18	81.52
44		高炉煤气发电工程	0	0.84	1.05	0.95	0.59	0.69
45	思安节能小计		0	164.91	105.01	87.32	53.77	82.21
46	奥福能源余热发电补汽锅炉项目		0	0	26.39	37.13	27.43	18.19
47	宏丰灌区		1 080.00	860.00	760.00	717.00	662.00	815.80
48	峪泉灌区		1 200.00	1 200.00	1 351.00	1 379.00	1 300.00	1 286.00
49	其余公辅实体	中兴公司	4.88	4.65	4.71	3.63	7.68	5.11
50		宏运汽修厂	0.17	0.23	0.33	0.32	0.40	0.29
51		别墅绿化用水	694.68	450.56	448.51	446.94	461.32	500.402
52		产成品总站	3.02	3.29	2.38	3.30	3.27	3.05
53		技术中心	3.69	4.05	3.18	2.31	2.28	3.10
54		检修工程部	35.23	30.25	25.44	20.62	15.56	25.42
55		生产指挥中心	3.93	7.81	8.09	4.27	4.27	5.67
56		公安处	7.33	8.15	8.04	7.93	7.84	7.86
57		检验检测中心	2.10	2.32	2.20	2.19	2.18	2.20
58		动力分厂	33.05	33.54	34.75	34.06	26.41	32.36
59		供电分厂	4.22	4.51	4.68	5.34	5.77	4.90
60		厂区物业	26.32	47.50	76.95	66.03	50.77	53.51
61		市政、外销	183.48	257.38	257.08	178	138.37	202.86
62		施工	455.55	238.24	176.94	161	141.43	234.63
63	其余公辅实体小计		1 457.65	1 092.48	1 053.28	935.94	867.55	1 081.36
64	合计		13 465.44	13 906.54	14 570.16	13 683.15	12 994.16	13 723.88
	其中回用中水量		2 632.6	2 919.9	2 851.1	2 928.7	2 397.8	2 746
65	其中取新鲜水量		10 832.84	10 986.64	11 719.06	10 754.45	10 596.36	10 977.88

由图 2-10、图 2-11 及表 2-28 可知，2013～2017 年酒钢集团各企业年均用水量为 13 723.88 万 m^3，其中股份公司用水量占比最大，为 40.0%，其余分别为宏晟电热、嘉恒产业、峪泉灌区、公辅实体、宏丰灌区、东兴铝业、酒钢润源，占比分别为 17.1%、10.8%、9.4%、7.9%、5.9%、3.2%、1.5%，剩余其他企业用水量占比仅为 4.2%。

2.2.3.3　供输水系统损耗分析

酒钢集团供输水系统由地表水、地下水和中水供输水系统组成，其中中水供输水系统

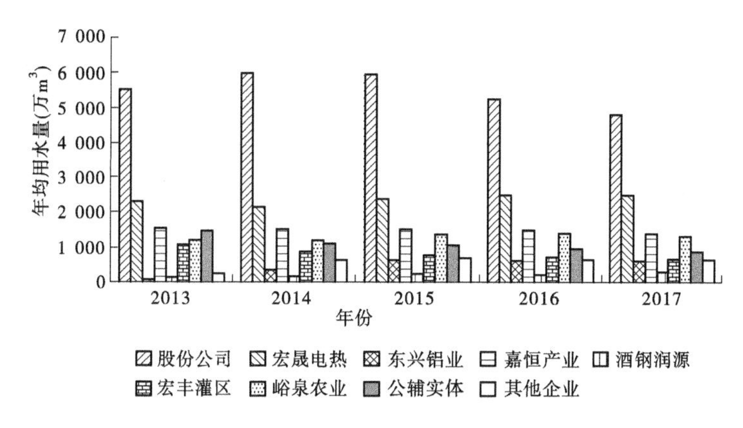

图 2-10　酒钢集团 2013 ~ 2017 年各企业用水量示意图

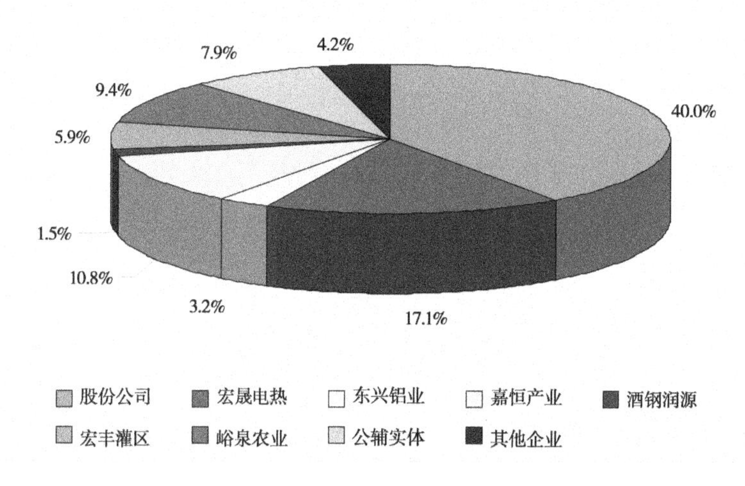

图 2-11　酒钢集团各企业 2013 ~ 2017 年平均用水比例示意图

于 2011 年建成投运，建成时间相对较晚，本次不考虑输水损耗；讨赖河酒钢渠首、大草滩水库、供水渠道于 1959 ~ 1971 年间陆续修建，1972 年正式竣工；嘉峪关水源地酒钢集团井群启用时间为 1968 年 9 月，黑山湖水源地井群启用时间为 1968 年 9 月，北大河水源地井群启用时间为 1998 年 7 月。常规水源的投运时间最短距今已有 20 余年，最长已有 50 余年，据悉在 20 世纪 80 年代对嘉峪关和黑山湖等两个水源地输水管线进行了一次系统改造更新后再无大的维护工作。

酒钢集团嘉峪关本部冶金厂区始建于 1958 年，至今已有 60 多年时间，其间历经多次改造更新续建，冶金厂区内供水管线布置复杂且年代久远、跑冒滴漏严重。2017 年股份公司耗费大量人力物力对冶金厂区的供水管线进行摸底排查，也仅仅摸清了生产供水管线的走向，对于生活供水管线供水去向至今尚不完全清楚，而酒钢集团年均生活用水量占常规水源用水量比例达 41.0%，生活供水管线的私接混供现象严重，供水主线的水量与各分支管线的水量之间差距巨大。

经分析，酒钢集团供输水管网漏失包括了一次供水管网漏失、二次供水管网漏失、因动迁断水不彻底造成的漏失、水表计量漏失、供水设施漏失、违章用水漏失和绿化用水漏失等多个方面，本次采用常规水源取水量与常规水源用水量之差与常规水源取水量相比的方法，粗估酒钢集团供输水系统的综合损耗率，见表 2-29。

表 2-29　酒钢集团 2013～2017 年取用水统计及供输水系统损耗率计算表

年份	2013	2014	2015	2016	2017	平均
取水量(万 m^3)	12 057	12 480	14 605	13 894	13 287	13 264.6
用水量(万 m^3)	10 832.84	10 986.64	11 719.06	10 754.45	10 596.36	10 977.87
损耗率(%)	10.15	11.97	19.76	22.60	20.25	17.24

由表 2-29 可知，酒钢集团 2013～2017 年供输水系统的损耗率最大为 22.60%，最小为10.15%，平均为 17.24%；另 2013 年、2014 年的损耗率较 2015～2017 年损耗率偏小很多，与实际情况不相符，经分析应是计量误差和统计口径不一致所致。经与酒钢集团及嘉恒产业公司复核，以 2015～2017 年近 3 年的损耗率平均值作为酒钢集团供输水系统的实际损耗率，为 20.87%。

2.3　现状污水处理情况及近年来退水水量

2.3.1　酒钢集团污水处理厂介绍

酒钢集团污水处理厂位于酒钢尾矿坝南侧，污水的来源为酒钢生产废水、生活污水和嘉峪关市北区生活排水，酒钢集团污水处理厂现状废污水接纳区域示意图见图 1-5。

酒钢集团污水处理厂占地面积 5.94 万 m^2，总投资约 1.4 亿元，日处理规模 16 万 m^3，采用“强化混凝沉淀＋过滤”污水处理工艺，包括引水渠(管)、预处理、混合配水、高效澄清池、V 型滤池、回用水池及泵站、加药间、泥处理间及其他附属设施(见图 2-12)，酒钢集团污水处理厂污水处理工艺流程见图 2-13。

工程 2009 年 7 月完成设计选型，2009 年 8 月正式动工建设，2011 年 6 月 1 日通过了甘肃省环保厅竣工环保验收(甘环函发〔2011〕124 号)，目前出水大量回用于酒钢本部的生产和绿化。

根据《酒泉钢铁(集团)有限责任公司污水处理及回用工程环境影响报告书》(2011)，酒钢集团污水处理厂处理工艺为“强化混凝沉淀＋过滤”，设计出水水质满足《城镇污水处理厂污染物排放标准》(GB 18918—2002)一级 B 标准，并按《城市污水再生利用　工业用水水质》(GB/T 19923—2005)中敞开式循环冷却补充水标准设计出水水质。酒钢集团污水处理厂设计出水水质标准见表 2-30。

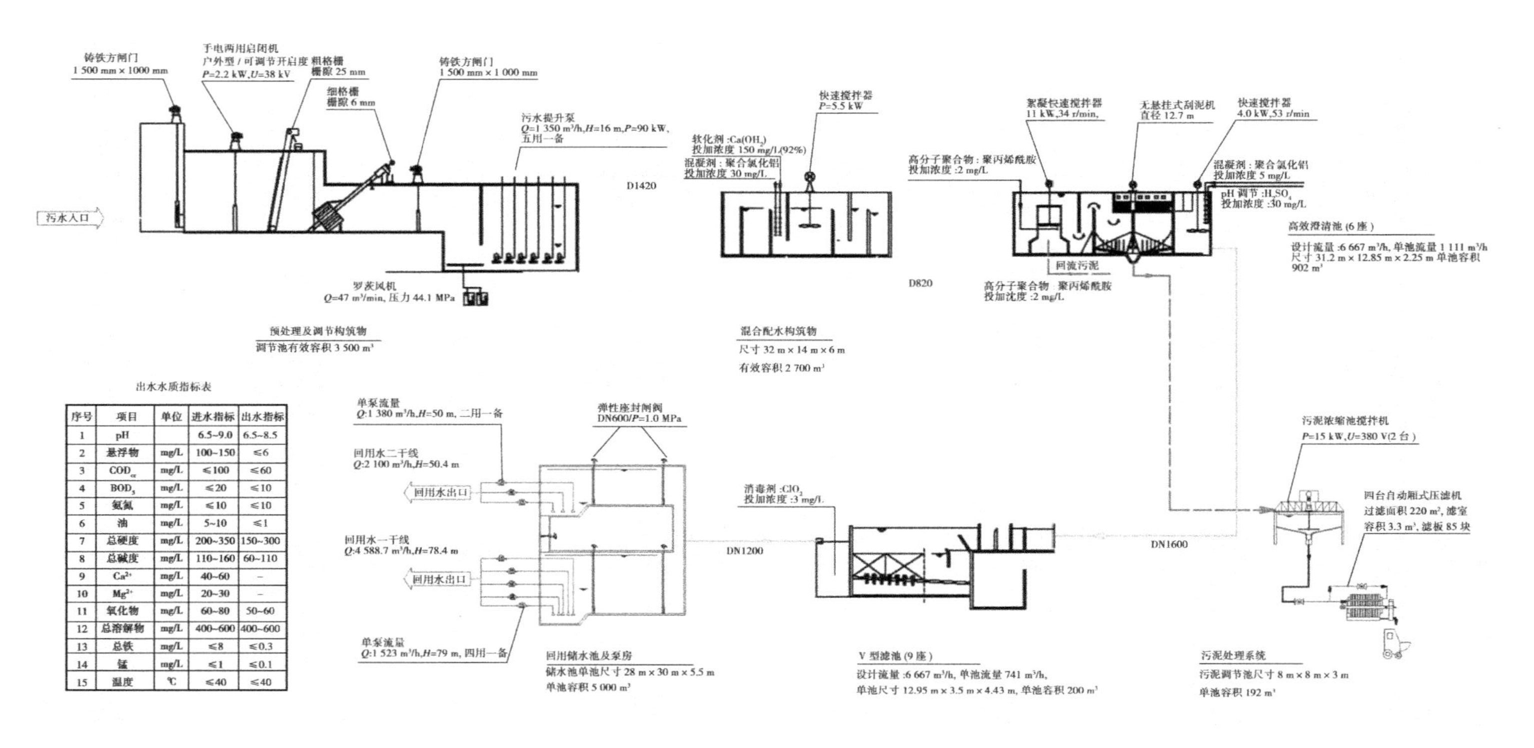

出水水质指标表

序号	项目	单位	进水指标	出水指标
1	pH		6.5~9.0	6.5~8.5
2	悬浮物	mg/L	100~150	≤6
3	COD_{cr}	mg/L	≤100	≤60
4	BOD_5	mg/L	≤20	≤10
5	氨氮	mg/L	≤10	≤10
6	油	mg/L	5~10	≤1
7	总硬度	mg/L	200~350	150~300
8	总碱度	mg/L	110~160	60~110
9	Ca^{2+}	mg/L	40~60	–
10	Mg^{2+}	mg/L	20~30	–
11	氧化物	mg/L	60~80	50~60
12	总溶解物	mg/L	400~600	400~600
13	总铁	mg/L	≤8	≤0.3
14	锰	mg/L	≤1	≤0.1
15	温度	℃	≤40	≤40

图 2-12　酒钢集团污水处理厂污水处理设施框图

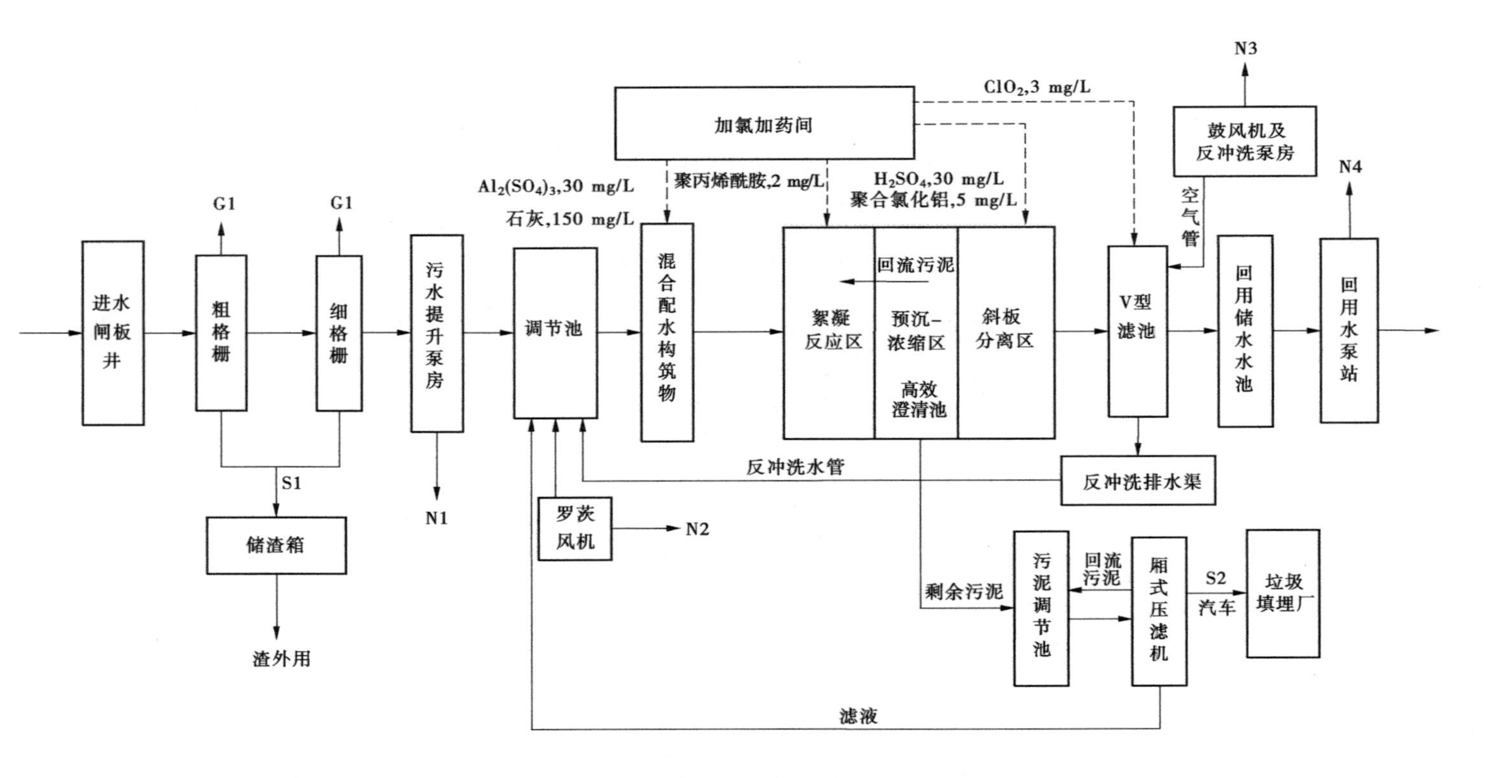

图 2-13　酒钢集团污水处理厂污水处理工艺流程图

表 2-30　酒钢集团污水处理厂设计出水水质标准

序号	基本控制项目	《城镇污水处理厂污染物排放标准》一级 B 标准	《城市污水再生利用　工业用水水质》		
			敞开式循环冷却补充水标准	锅炉补给水水质标准	工艺与产品用水水质标准
1	化学需氧量(COD ,mg/L)≤	60	60	60	60
2	生化需氧量(BOD_5,mg/L)≤	20	10	10	10
3	悬浮物(SS,mg/L)≤	20	—	—	—
4	动植物油(mg/L)≤	3	—	—	—
5	石油类(mg/L)≤	3	1	1	1
6	阴离子表面活性剂(mg/L)≤	1	0.5	0.5	0.5
7	总氮 (以 N 计,mg/L)≤	20	—	—	—
8	氨氮(以 N 计,mg/L)≤	8(15)	10	10	10
9	总磷(mg/L)≤	1	1	1	1
10	色度(度)≤	30	30	30	30
11	pH	6~9	6.5~8.5	6.5~8.5	6.5~8.5
12	粪大肠菌群数(个/L)≤	10 000	2 000	2 000	2 000
13	浊度(NTU)≤	—	5	5	5
14	铁(mg/L)≤	—	0.3	0.3	0.3
15	锰(mg/L)≤	—	0.1	0.1	0.1
16	氯离子(mg/L)≤	—	250	250	250
17	二氧化硅(SiO_2)≤	—	50	30	30
18	总硬度(以 $CaCO_3$ 计,mg/L)≤	—	450	450	450
19	总碱度(以 $CaCO_3$ 计,mg/L)≤	—	350	350	350
20	硫酸盐(mg/L)≤	—	250	250	250
21	溶解性总固体(mg/L)≤	—	1 000	1 000	1 000
22	六价铬(mg/L)≤	0.05	—	—	—

2.3.2　退水水量及退水去向

根据酒钢集团提供资料，2013 ~ 2017 年酒钢集团污水处理厂逐月收水水量、出水水量、回用水量和外排水量统计表见表 2-31，逐月中水回用率如图 2-14 所示，污水处理厂处理回用排放水量如图 2-15 所示。

表 2-31　酒钢集团污水处理厂 2013 ~ 2017 年水量统计数据

日期（年-月）	收水水量（万 m^3）	出水水量（万 m^3）	回用水量（万 m^3）	外排水量（万 m^3）	回用率（%）
2013-01	329.3	299.0	198.9	100.1	66.52
2013-02	290.5	271.5	181.1	90.4	66.70
2013-03	266.1	250.5	177.1	73.4	70.70
2013-04	263.3	258.3	185.5	72.8	71.82
2013-05	271.9	261.3	187.4	73.8	71.72
2013-06	286.6	263.9	206.0	57.9	78.06
2013-07	312.1	300.2	251.4	48.9	83.74
2013-08	335.5	325.8	259.8	66.0	79.74
2013-09	329.5	317.1	264.3	52.8	83.35
2013-10	328.6	317.7	278.5	39.2	87.66
2013-11	293.5	268.6	230.8	37.8	85.93
2013-12	274.1	260.3	211.8	48.6	81.37
2013 年小计	3 581.0	3 394.2	2 632.6	761.7	77.56
2014-01	271.5	246.4	209.2	62.3	84.90
2014-02	253.2	236.7	184.5	68.7	77.95
2014-03	294.5	277.2	198.9	95.5	71.75
2014-04	302.5	296.8	245.7	56.8	82.78
2014-05	337.2	324.0	274.2	63.0	84.63
2014-06	337.5	310.7	277.2	60.3	89.22
2014-07	356.4	342.9	285.3	71.1	83.20
2014-08	327.7	318.2	286.6	41.1	90.07
2014-09	346.3	333.2	288.8	57.5	86.67
2014-10	353.3	341.7	278.9	74.4	81.62
2014-11	340.0	311.1	200.6	139.3	64.48
2014-12	328.6	312.1	189.9	138.7	60.85
2014 年小计	3 848.7	3 651.0	2 919.8	928.7	79.97

续表 2-31

日期（年-月）	收水水量（万 m^3）	出水水量（万 m^3）	回用水量（万 m^3）	外排水量（万 m^3）	回用率（%）
2015-01	337.0	306.0	221.1	116.0	72.25
2015-02	293.8	274.6	190.5	103.2	69.37
2015-03	330.6	311.3	224.7	106.0	72.18
2015-04	296.0	290.4	210.2	85.8	72.38
2015-05	322.7	310.1	278.1	44.7	89.68
2015-06	298.8	275.1	254.0	21.1	92.33
2015-07	313.3	301.4	245.0	68.3	81.29
2015-08	319.3	310.0	281.2	38.1	90.71
2015-09	296.5	285.2	257.2	39.3	90.18
2015-10	308.5	298.3	270.7	37.8	90.75
2015-11	279.9	256.2	209.0	71.0	81.58
2015-12	291.3	276.7	209.5	81.7	75.71
2015 年小计	3 687.7	3 495.3	2 851.2	813.0	81.57
2016-01	308.1	279.7	223.1	56.6	79.76
2016-02	297.1	277.7	222.1	55.6	79.98
2016-03	194.6	183.2	171.7	11.5	93.72
2016-04	275.2	269.9	213.0	56.9	78.92
2016-05	341.2	327.9	269.2	58.7	82.10
2016-06	325.0	299.2	271.3	28.0	90.68
2016-07	362.3	348.5	322.7	25.8	92.60
2016-08	369.8	359.0	311.9	47.1	86.88
2016-09	325.5	313.2	281.0	32.2	89.72
2016-10	330.1	319.2	268.3	50.9	84.05
2016-11	343.9	314.7	198.1	116.6	62.95
2016-12	284.8	270.5	176.2	94.3	65.14
2016 年小计	3 757.6	3 562.7	2 928.6	634.2	82.20

续表 2-31

日期 (年-月)	收水水量 (万 m^3)	出水水量 (万 m^3)	回用水量 (万 m^3)	外排水量 (万 m^3)	回用率 (%)
2017-01	306.5	290.2	199.8	90.4	68.85
2017-02	270.9	256.4	164.7	91.7	64.24
2017-03	312.2	300.6	178.2	122.4	59.28
2017-04	270.7	269.8	191.8	78.1	71.09
2017-05	290.1	267.9	225.2	42.7	84.06
2017-06	301.9	272.9	227.1	45.8	83.22
2017-07	309.1	288.3	237.7	50.6	82.45
2017-08	292.7	266.0	224.3	41.6	84.32
2017-09	284.5	254.3	216.5	37.8	85.14
2017-10	269.6	245.0	200.4	44.6	81.80
2017-11	276.3	255.3	147.0	108.3	57.58
2017-12	293.1	272.0	185.1	86.9	68.05
2017 年小计	3 477.6	3 238.8	2 397.7	840.9	74.04
年均	3 670.5	3 468.4	2 746.0	795.7	79.17

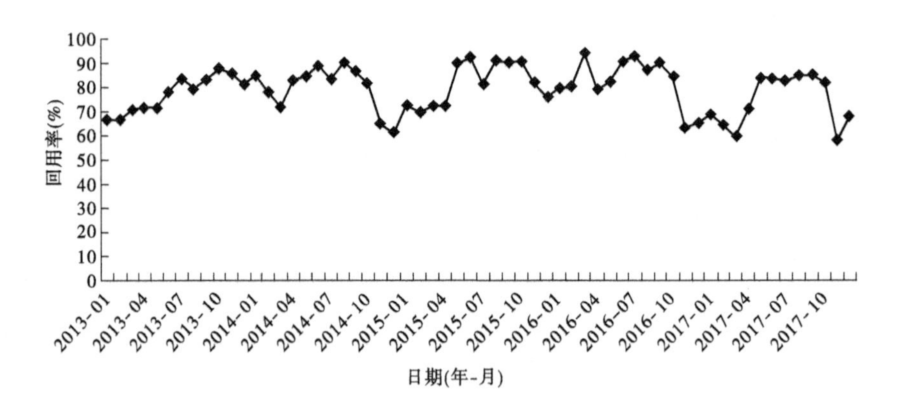

图 2-14 酒钢集团逐月中水回用率示意图

由表 2-31 和图 2-14、图 2-15 可知,酒钢集团中水回用力度较大,2013 ~ 2017 年年均中水量为 3 468.4 万 m^3,回用量为 2 746.0 万 m^3,中水回用率为 79.17%。年均外排量为 795.7 万 m^3,该部分排水与酒钢尾矿坝排水混合后,通过排水渠送至酒钢花海农场用于

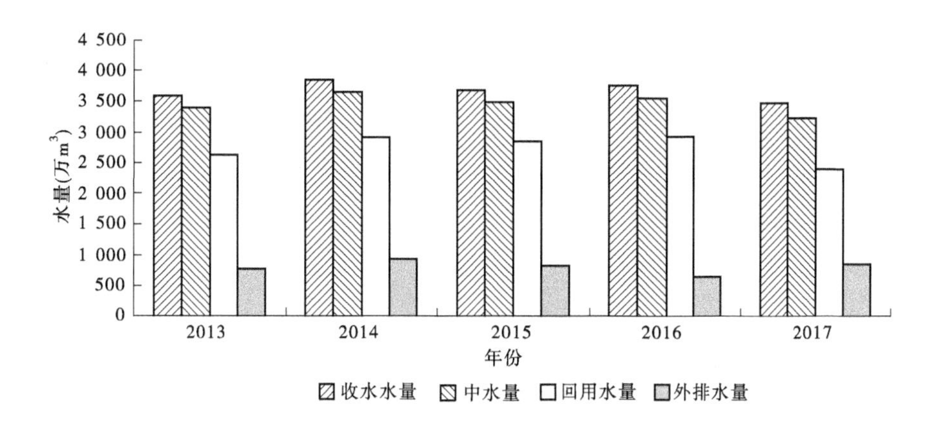

图2-15 酒钢集团污水处理厂处理回用排放水量示意图

防风林带浇灌,另排水渠沿线有多个工矿企业取水用于生产。

酒钢集团污水处理厂及收水渠道、排水渠道及沿线用水企业实景分别见图2-16、图2-17。

图2-16 酒钢集团污水处理厂收水总渠及厂区实景图

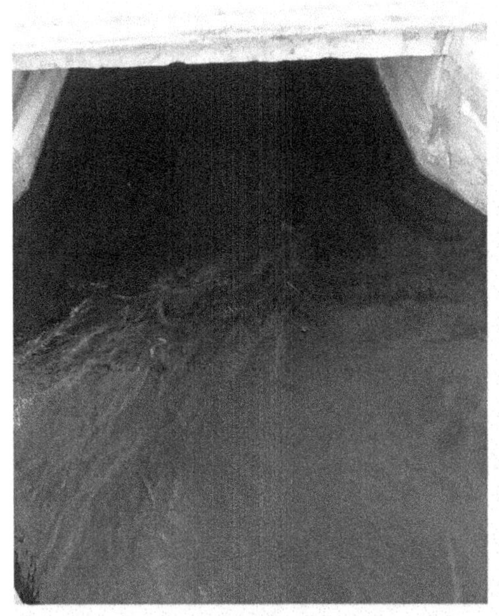

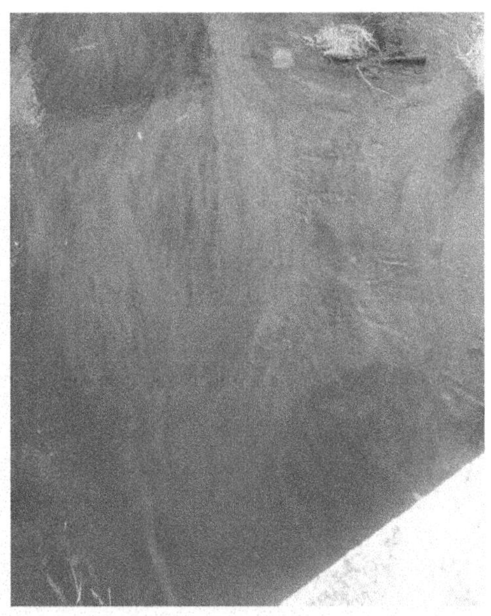

图 2-17　酒钢集团污水处理厂排水总渠及沿线用水企业实景图

2.4 酒钢本部各企业近年实际产能和用水单耗分析

2.4.1 股份公司

2.4.1.1 选烧厂

股份公司选烧厂包括一选工序、二选工序、烧结工序、球团工序。一选铁精矿年设计产能333万t,二选铁精矿设计产能239.36万t,烧结矿设计产能800万t,球团矿设计产能100万t。选烧厂2013~2017年生产情况统计见表2-32。

表2-32 选烧厂近年生产情况统计

工序	名称	单位	2013年	2014年	2015年	2016年	2017年
一选	铁精矿产量	t	3 159 266	3 311 742	3 367 976	3 127 407	2 591 222
	用水量	m^3	5 456 043	6 284 221	6 540 810	6 059 238	4 975 146
	水耗	m^3/t	1.73	1.90	1.94	1.94	1.92
二选	铁精矿产量	t	1 651 726	1 963 842	2 105 043	1 883 707	1 689 647
	用水量	m^3	1 412 626	1 529 670	1 546 554	1 396 258	1 250 339
	水耗	m^3/t	0.86	0.78	0.73	0.74	0.74
烧结	烧结矿产量	t	5 972 177	6 922 268	6 802 123	6 287 223	5 384 224
	用水量	m^3	1 566 907	2 165 797	2 464 943	2 602 262	1 722 952
	水耗	m^3/t	0.26	0.31	0.36	0.41	0.32
球团	球团矿产量	t	951 640	911 823	927 033	851 663	654 906
	用水量	m^3	63 234	61 602	61 601	61 601	46 075
	水耗	m^3/t	0.07	0.07	0.07	0.07	0.07
用水量合计		m^3	8 498 810	10 041 290	10 613 908	10 119 359	7 994 512

2.4.1.2 焦化厂

股份公司焦化厂设计年产冶金焦炭310万t,近年生产情况统计见表2-33。

表2-33 焦化厂近年生产情况统计

序号	年份	1#~4#焦炉		5#~6#焦炉		焦炭吨耗水(m^3/t)
		生产水量(m^3)	焦炭产量(t)	生产水量(m^3)	焦炭产量(t)	
1	2013	4 529 493	1 517 051	2 739 329	1 011 700	2.8
2	2014	4 675 797	1 687 305	2 837 998	1 052 784	2.7
3	2015	4 388 676	1 699 759	2 718 371	1 127 981	2.5
4	2016	3 798 616	1 541 878	2 420 697	1 057 782	2.4
5	2017	3 376 882	1 511 877	2 133 765	992 183	2.2
6	合计	20 769 464	7 957 870	12 850 160	5 242 430	12.6
7	平均	4 153 893	1 591 574	2 570 032	1 048 486	2.52

2.4.1.3 炼铁厂

股份公司炼铁厂设计年产生铁650万t，近年生产情况统计见表2-34。

表2-34 炼铁厂近年生产情况统计

序号	年份	生铁产量(万t)	用水量(万m^3)	生铁吨耗水(m^3/t)
1	2013	533.464	323.119	0.606
2	2014	562.513	448.016	0.796
3	2015	539.813	470.108	0.871
4	2016	478.750	447.428	0.935
5	2017	416.778	324.599	0.779
6	合计	2 531.318	2 013.268	0.795
7	平均	506.267	402.653	0.795

2.4.1.4 炼轧厂

股份公司炼轧厂设计规模年产钢300万t、连铸方坯150万t、连铸板坯300万t、中厚板100万t、线材150万t、棒材100万t，近年生产情况统计见表2-35。

表2-35 炼轧厂近年生产情况统计

产品	水量/产量	2013年	2014年	2015年	2016年	2017年	合计
炼钢	生产用水量(万m^3)	372.4	387.62	322.31	216.42	148.46	1 447.21
	钢产量(万t)	228.14	216.67	210.41	181.68	150.13	987.03
	吨钢耗水(m^3/t)	1.63	1.79	1.53	1.19	0.99	1.48
一高线	生产用水量(万m^3)	59.38	51.38	52.59	55.01	47.96	266.32
	材产量(万t)	65.46	69.98	67.47	55.99	50.24	309.14
	吨材耗水(m^3/t)	0.91	0.73	0.78	0.98	0.95	0.87
二高线	生产用水量(万m^3)	18.57	17.56	19.52	20.92	15.76	92.33
	材产量(万t)	67.49	63.68	62.11	49.49	38.69	281.46
	吨材耗水(m^3/t)	0.28	0.28	0.31	0.42	0.40	0.31
大棒线	生产用水量(万m^3)	60.09	76.95	74.10	63.80	59.90	334.84
	材产量(万t)	95.89	107.48	107.51	90.06	81.98	482.92
	吨材耗水(m^3/t)	0.63	0.72	0.69	0.71	0.73	0.70
中板	生产用水量(万m^3)	67.76	63.95	62.42	49.91	39.09	283.13
	材产量(万t)	87.07	94.45	80.53	51.83	52.22	366.10
	吨材耗水(m^3/t)	0.78	0.68	0.78	0.96	0.75	0.78

2.4.1.5 碳钢薄板厂

股份公司碳钢薄板厂包括炼钢工序、热轧工序、冷轧(含镀锌)工序。炼钢年设计产能350万t、热轧薄板年设计产能350万t、冷轧薄板年设计产能150万t。碳钢薄板厂

2013～2017 年生产情况统计见表 2-36。

表 2-36　碳钢薄板厂近年生产情况统计

工序	名称	单位	2013 年	2014 年	2015 年	2016 年	2017 年
炼钢	钢产量	t	3 065 956	3 519 746	3 238 272	2 607 476	2 388 900
	用水量	m^3	2 823 254	3 233 870	2 946 828	2 346 728	2 102 232
	水耗	m^3/t	0.92	0.92	0.91	0.90	0.88
热轧	热轧薄板产量	t	2 118 680	2 272 549	2 074 732	1 812 613	1 841 133
	用水量	m^3	1 891 660	1 947 185	1 735 428	1 469 917	1 380 850
	水耗	m^3/t	0.89	0.86	0.84	0.81	0.75
冷轧	冷轧薄板产量	t	778 183	1 409 095	1 318 976	1 016 014	995 711
	用水量	m^3	163 794	288 622	277 642	208 231	199 142
	水耗	m^3/t	0.21	0.20	0.21	0.20	0.20
用水量合计		m^3	4 878 708	5 469 677	4 959 898	4 024 876	3 682 224

2.4.1.6　不锈钢分公司

酒钢不锈钢分公司设计规模年产不锈钢 120 万 t，主要生产黑卷和白卷不锈钢产品，其中年产不锈钢炼钢产量为 100 万 t/年，热轧产量 110 万 t/年，冷轧酸洗产量 70 万 t/年，中厚板冷轧 20 万 t/年。近年生产情况统计见表 2-37。

表 2-37　不锈钢分公司近年生产情况统计

序列	年份	水量/产量	炼钢	热轧	冷轧	中厚板冷轧
1	2013	生产用水量（m^3）	1 168 939.6	647 379.1	1 318 853.1	269 478.04
2		产能（t）	1 188 907	1 197 357	541 897.3	42 483.61
3		单位产品水耗（m^3/t）	1	0.5	2.4	6.3
4	2014	生产用水量（m^3）	1 583 478.2	744 705.3	1 204 484	234 122.65
5		产能（t）	1 178 465	1 228 850	551 533.9	50 442.36
6		单位产品水耗（m^3/t）	1.3	0.6	2.2	4.6
7	2015	生产用水量（m^3）	1 707 682.1	702 047.6	1 032 167.3	293 750.24
8		产能（t）	1 039 358	1 106 690	511 019.7	34 442.2
9		单位产品水耗（m^3/t）	1.6	0.6	2.0	8.5
10	2016	生产用水量（m^3）	1 879 448.5	700 185.1	1 232 606.1	202 431.65
11		产能（t）	1 075 484	1 155 617	576 084.3	41 511.75
12		单位产品水耗（m^3/t）	1.7	0.6	2.1	4.9
13	2017	生产用水量（m^3）	1 550 458.4	695 957.3	993 646.4	241 330.41
14		产能（t）	977 129.8	1 045 214	526 309	61 639.66
15		单位产品水耗（m^3/t）	1.6	0.7	1.9	3.9
16	平均水耗（m^3/t）		1.5	0.6	2.1	5.7

2.4.1.7 动力厂制氧机组

股份公司动力厂制氧机组有6 000 m^3/h机组3套、21 000 m^3/h机组4套，年设计氧气产能115.44万t(氧气在标准状况下密度为1.429 g/L)。近年生产情况统计见表2-38。

表2-38 动力厂制氧机组近年生产情况统计

名称	单位	2013年	2014年	2015年	2016年	2017年
产量	万t	104.32	110.43	109.45	101.22	99.85
用水量	万m^3	225.33	230.79	225.46	209.53	201.70
用水单耗	m^3/t	2.16	2.09	2.06	2.07	2.02

2.4.1.8 储运部

储运部最早成立于1970年9月，主要负责酒钢集团大宗原燃料、设备备件、材料、废钢铁、合金、耐火材料等冶金用物资的验收、仓储、运输、供给，承担着酒钢集团公司生产及基建需要的原燃料、备品备件、设备的输入和中间输出任务，以及股份公司各生产工序的炉料、废钢铁、物资的供应和调运，同时还承担着集团公司内外部生产、检修、生活用车及特种车辆服务。

储运部有大型的原燃料集中式卸、储、供综合料场3个，有效堆存面积78.75万m^2，综合储存能力467万t；大型废钢料场1个，有效堆存面积16万m^2，综合储存能力20万t。配套有翻车机10台、堆取料机23台、天车龙门吊25台、皮带396条(水平长度62 167.2 m)、电磁站柜23个、合金烘烤炉2座。

储运部有各类车辆300余台，其中，推土机20台、挖掘机9台、抓料机2台、抓钢机4台、油罐车7台、电子称重仪装载机4台、≥50 t吊车2台、特种车40台、叉车19台、吊车13台、装载机27台、普通货车37台、客货车27台、自卸车89台。年运输总量2 700万t。

储运部有嘉东综合仓储区、东库备件仓储区、厂区耐火材料仓储区、现场物料准备区、机场路燃油仓储区、厂区加油站、厂外劳保超市、矿山材料备件仓储区，共8大仓储区，仓库面积154 783 m^2。目前储存、保管、发放各类物资5万余种，库存量近2.5万t，周转天数3~260 d，年物资吞吐量15万~20万t。

中水与生产水主要用于料场洒水、皮带洒水、绿化等；生活水用于办公楼、浴池、厕所、料场及各个分散作业点的生活需求。近年来用水情况统计见表2-39。

表2-39 储运部近年来用水量统计

序号	名称	单位	2013年	2014年	2015年	2016年	2017年
1	生活用水量	万m^3	6.84	7.54	8.68	8.66	8.62
2	生产用水量	万m^3	136.00	118.35	106.93	103.05	103.45
3	中水	万m^3	—	159.25	239.20	237.90	235.30
4	合计	万m^3	142.84	285.14	354.81	349.61	347.37

2.4.1.9　运输部

运输部成立于 1958 年 10 月,2004 年 6 月与物资储运公司合并成立物流公司,2005 年 12 月撤销物流公司成立储运部,2009 年 5 月与储运部分离成立运输部。

运输部位于酒钢冶金厂区内,主要负责集团公司嘉峪关本部钢铁、电厂、铝业等单位原燃材料到达卸车,钢材、铝锭(棒)、化产品、设备、调拨物资等的装车外发,生产单位间的工艺运输及嘉策铁路线的运营工作。厂内铁路总长 291.8 km,有道岔 698 组。目前,运输部已形成车、机、工、电、辆各子系统完备的铁路运输系统,年运输能力达 4 400 余万 t。

运输部为生产运输单位,无中间产品及最终产品。2017 年铁路运输总量完成 4 413 万 t,全年装车外发 100 370 辆,到达重车 299 273 辆,卸车 299 030 辆,劳动生产率 36 174 t/(人·年)。运输部作为生产附属单位,主要用水为办公、生活用水,生产用水主要为机务作业区机运用水、绿化用水等。近年来用水情况统计见表 2-40。

表 2-40　运输部近年来用水情况统计

序号	名称	单位	2013 年	2014 年	2015 年	2016 年	2017 年
1	生活用水量	万 m^3	6.48	6.48	6.42	6.44	6.36
2	生产用水量	万 m^3	66.29	63.31	63.30	63.47	62.78
3	合计	万 m^3	72.77	69.79	69.72	69.91	69.14

2.4.1.10　厂区生活绿化

1. 厂区生活

经前文分析,酒钢集团年均生活用水量占常规水源用水量比例达 41.0%,生活供水管线的私接混供现象极为严重,生活水供水管线供水去向至今尚不完全清楚,亦无法统计出准确的生活用水数据。本次对动力厂制氧分厂进行了典型调查,对冶金厂区的职工生活用水按照 0.20 m^3/(人·d)进行确定,符合《嘉峪关市行业用水定额(试行)》规定的矿山及高温、粉尘企业厂区职工生活用水定额 0.26 m^3/(人·d)的规定。

冶金厂区现有职工 10 042 人,生活用水按照 0.20 m^3/(人·d)计算,则冶金厂区生活年用水量为 73.32 万 m^3。

2. 厂区绿化

根据资料,酒钢集团嘉峪关本部冶金厂区用地主要由工业用地、道路用地、铁路用地、公用设施用地、绿化用地、其他用地等组成,其中绿化用地面积达 620 万 m^2。近年来厂区绿化用水情况统计见表 2-41。

表 2-41　股份公司近年绿化用水情况统计

用水项目	2013 年	2014 年	2015 年	2016 年	2017 年	年均
厂区绿化(万 m^3)	1 482.73	1 482.73	1 553.23	1 220.88	1 315.18	1 410.95
绿化定额[m^3/m^2·年]	2.39	2.39	2.51	1.97	2.12	2.28

由表 2-41 可知,酒钢集团冶金厂区的绿化用水定额 2013 ~ 2017 年平均为 2.28

m^3/(m^2 · 年),远远超出《嘉峪关市行业用水定额(试行)》规定的绿化用水定额 1.5 m^3/(m^2 · 年)的规定,这与冶金厂区长期绿化无序用水、缺乏管理、大部分进行漫灌的实际是相符的。根据酒钢集团近期规划,冶金厂区绿化用水将进行滴灌等节水改造,节水改造后酒钢冶金厂区绿化用水将满足 1.5 m^3/(m^2 · 年)的定额规定,年用水量可控制在 930 万 m^3/年以内。

2.4.2 宏晟电热

2.4.2.1 发电一分厂

1. 发电一分厂老厂

发电一分厂老厂装机容量 79 MW,近年生产情况统计见表 2-42。

表 2-42 发电一分厂老厂近年生产情况统计

名称	单位	2013 年	2014 年	2015 年	2016 年	2017 年
发电量	MW · h	444 771.88	435 775.29	469 203.20	449 401.66	446 556.90
生产水量	万 m^3	415.23	409.38	439.33	415.23	408.15
生活水量	万 m^3	15.84	17.94	13.38	15.16	14.89
绿化水量	万 m^3	1.99	2.94	2.78	3.46	3.03
用水总量	万 m^3	433.06	430.26	455.49	433.85	426.07
生产、生活水量(不含外供)	万 m^3	173.46	152.52	168.91	143.81	140.19
水耗	m^3/(MW · h)	3.9	3.5	3.6	3.2	3.1
发电小时数	h	5 630	5 516	5 939	5 689	5 653

2. 发电一分厂热力站

发电一分厂热力站装机容量 131 MW,近年生产情况统计见表 2-43。

表 2-43 发电一分厂热力站近年生产情况统计

名称	单位	2013 年	2014 年	2015 年	2016 年	2017 年
发电量	MW · h	737 533.12	722 614.71	778 045.80	745 210.34	740 493.10
生产水量	万 m^3	198.48	136.39	280.93	350.82	210.86
生活水量	万 m^3	1.74	1.75	1.76	1.75	1.75
绿化水量	万 m^3	0.87	1.59	1.45	1.83	1.9
用水总量	万 m^3	201.09	139.73	284.14	354.40	214.51
生产、生活水量(不含外供)	万 m^3	184.38	158.98	140.05	141.59	126.06
水耗	m^3/(MW · h)	2.5	2.2	1.8	1.9	1.7
发电小时数	h	5 630	5 516	5 939	5 689	5 653

3. 发电二分厂

发电二分厂为 2 × 125 MW 自备热电联产工程(湿冷机组),近年生产情况统计见表 2-44。

表 2-44　2 × 125 MW 自备热电联产工程近年生产情况统计

序号	年份	发电量（万 kW · h）	生产水量（万 m^3）	水耗[m^3/(MW · h)]	年运行小时数(h)
1	2013	184 821.52	596	3.23	7 992
2	2014	133 092.66	418	3.14	5 616
3	2015	168 274.11	567.3	3.37	7 570
4	2016	169 166.49	560.3	3.31	7 941
5	2017	165 447.87	534.1	3.23	7 663

2.4.2.2　发电三分厂

1.2 × 320 MW 自备热电联产工程（湿冷机组）

2 × 320 MW 自备热电联产工程（湿冷机组）近年生产情况统计见表 2-45。

表 2-45　2 × 320 MW 自备热电联产工程近年生产情况统计

序号	年份	发电量（万 kW · h）	生产新水量（万 m^3）	中水量（万 m^3）	水耗[m^3/(MW · h)]	年运行小时数(h)
1	2014	429 129.18	824.26	0	1.92	7 824.75
2	2015	393 702.91	733.78	34.74	1.95	7 477.26
3	2016	426 997.29	661.10	111.15	1.81	8 046.64
4	2017	483 392.70	827.26	114.60	1.95	7 691.21

2.2 × 350 MW 自备热电联产工程（间接空冷机组）

2 × 350 MW 自备热电联产工程（间接空冷机组）近年生产情况统计见表 2-46。

表 2-46　2 × 350 MW 自备热电联产工程近年生产情况统计表

序号	年份	发电量（万 kW · h）	生产水量（万 m^3）	水耗[m^3/(MW · h)]	年运行小时数(h)
1	2014	429 129.18	320.83	0.75	7 824.75
2	2015	393 702.91	311.40	0.79	7 477.26
3	2016	426 997.29	359.66	0.84	8 046.64
4	2017	483 392.70	354.30	0.73	7 691.21

2.4.3 东兴铝业

2.4.3.1 电解铝一期

电解铝一期设计产能为45万t/年，近年生产情况统计见表2-47。

表2-47 东兴铝业一期项目近年生产情况统计

年份	2013	2014	2015	2016	2017
重熔铝锭(万t)	45	44	34	31	43
生产、生活水量(万m^3)	35.98	46.16	45.46	43.73	46.5
绿化水量(万m^3)	1.41	10.28	14.5	15.35	13.5
用水总量(万m^3)	37.39	56.44	59.96	59.08	60
水耗(m^3/t)	0.80	1.05	1.34	1.41	1.08

2.4.3.2 电解铝二期

电解铝二期设计产能为90万t/年，近年生产情况统计见表2-48。

表2-48 东兴铝业二期项目近年生产情况统计

年份	2013	2014	2015	2016	2017
重熔铝锭(万t)	5.2	55	88.4	89	89
生产、生活水量(万m^3)	7	62	124.95	111.12	113.04
绿化水量(万m^3)	—	—	6.14	12.74	32.04
用水总量(万m^3)	7	62	131.09	123.86	145.08
水耗(m^3/t)	1.35	1.13	1.41	1.25	1.27

2.4.3.3 自备电厂

东兴铝业自备电厂装机容量4×350 MW，近年生产情况统计见表2-49。

表2-49 4×350 MW自备机组近年生产情况统计

序号	年份	生产水量(万m^3)	生活水量(万m^3)	年发电量(万kW·h)	年供热量(GJ)	发电量用水单耗[m^3/(MW·h)]	说明
1	2014	200.528	5.732	365 667.3	134 035	0.55	5~12月
2	2015	428.518	9.382	918 700.8	357 530	0.47	全年
3	2016	402.958	20.273	962 367.58	351 585	0.42	全年
4	2017	381.216	19.5	999 070.1	399 203	0.38	全年

2.4.4 西部重工

西部重工是集钢、铁、有色金属铸造、锻造、铆焊、机械加工、金属热处理等专业于一体的综合性制造企业。西部重工近年生产情况统计见表 2-50。

表 2-50　西部重工近年生产情况统计

年份	2013	2014	2015	2016	2017
产品产量(万 t)	5.3	4.5	3.6	2.4	2.1
用水总量(万 m^3)	96.42	79.85	65.39	43.17	36.23
用水单耗(m^3/t)	18.2	17.7	18.2	17.9	17.2

2.4.5　嘉恒产业

嘉恒产业管理运营的水源地为嘉峪关水源地、北大河水源地，主要承担市区动力能源系统煤气、供热、给排水、供电的能源转供及设备设施管理，近年取水总量及各水源地取水量统计见表 2-51。

表 2-51　嘉恒产业近年取水总量及各水源地取水量统计

序号	水源地	单位	2015 年	2016 年	2017 年
1	北大河水源地	万 m^3	2 631.68	2 379.18	2 368.12
2	嘉峪关水源地	万 m^3	1 519.38	1 481.03	1 381.99

2.4.6　酒钢润源

酒钢润源是酒钢集团专业从事循环经济的产业公司，主要负责集团公司钢铁、电解铝、电力、煤化工等产业各类废弃物的综合循环利用。本次评估包含润源公司下属肥料厂、墙材厂、渣厂的 6 个项目。各项目近年生产情况统计见表 2-52 ~ 表 2-57。

表 2-52　肥料厂年产 10 万 t 复混肥项目近年生产情况统计

名称	单位	2013 年	2014 年	2015 年	2016 年	2017 年
复混肥产量	t	—	13 659.01	9 427.98	6 119.14	19 276.52
生活水量	m^3	—	550	550	550	550
生产水量	m^3	—	2 731	1 886	1 220	3 650
绿化水量	m^3	—	1 470	1 390	1 282	1 415
用水总量	m^3		4 751	3 826	3 052	5 615
水耗	m^3/t	—	0.24	0.26	0.29	0.22

表 2-53 墙材厂年产 1 亿块蒸压砖项目近年生产情况统计

名称	单位	2013 年	2014 年	2015 年	2016 年	2017 年
蒸压砖产量	万块	7 000.42	7 991.66	6 962.34	5 959.07	3 143.98
生产水量	m^3	65 715	74 008	69 110	56 554	27 601
生活水量	m^3	3 200	3 785	3 065	3 390	3 180
绿化水量	m^3	—	23 174.68	27 073.1	28 652.48	23 649.53
用水总量	m^3	68 915	100 967.68	99 248.1	88 596.48	54 430.53
水耗	m^3/万块	9.8	9.7	10.4	10.1	9.8

表 2-54 墙材厂资源综合利用项目近年生产情况统计

名称	单位	2013 年	2014 年	2015 年	2016 年	2017 年
砌块等产量	万块	11 344.83	15 100.38	12 751.7	13 226.76	11 389.48
生产水量	m^3	111 132	131 187	124 334	120 166	117 040
生活水量	m^3	8 500	9 032	8 678	8 839	8 805
绿化水量	m^3	—	8 696.89	1 465.36	8 652.48	7 900
用水总量	m^3	119 632	148 915.89	134 477	137 657	133 745
水耗	m^3/万块	10.5	9.3	10.4	9.8	11.0

表 2-55 墙材厂 15 万 m^3 加气混凝土项目近年生产情况统计

名称	单位	2013 年	2014 年	2015 年	2016 年	2017 年
加气混凝土产量	万块	1 053.26	5 498.92	5 672.23	7 267.69	7 367.92
生产水量	m^3	10 298	65 254	72 379	88 064	93 005
生活水量	m^3	3 085	3 274	3 105	3 057	3 000
绿化水量	m^3	21 476	15 566	52 665	31 670	24 452
用水总量	m^3	34 859	84 094	128 149	122 791	120 457
水耗	m^3/万块	12.7	12.5	13.3	12.5	13.0

表 2-56 墙材厂脱硫石膏项目近年生产情况统计

名称	单位	2013 年	2014 年	2015 年	2016 年	2017 年
脱硫石膏产量	t	19 338.4	33 375.82	41 661.1	29 100.24	17 990.3
生产水量	m^3	0	0	0	0	0
绿化水量	m^3	27 403	7 655.7	24 275.9	15 213.87	11 123.84
生活水量	m^3	1 500	1 500	1 500	1 500	1 300
用水总量	m^3	28 903	9 155.7	25 775.9	16 713.87	12 423.84

表 2-57　冶金渣厂喷淋抑尘项目近年生产情况统计

名称	单位	2013 年	2014 年	2015 年	2016 年	2017 年
碳钢直立墙用水量	万 m^3	57	61	62	59	60
不锈钢直立墙用水量	万 m^3	56	60	61	59	60
球磨机用水量	万 m^3	—	—	67	66.5	67
喷淋抑尘用水量	万 m^3	—	—	—	—	60
生活用水量	万 m^3	0.11	0.10	0.10	0.10	0.11
用水总量	万 m^3	113.11	121.10	190.10	184.60	247.11

2.4.7　宏电铁合金

宏电铁合金主要从事硅铁、铬铁等铁合金产品的加工生产，本次评估包含铁合金生产 2 个项目及余热发电项目，年设计铁合金产能 20 万 t，装机 1.8 万 kW。各项目近年生产情况统计见表 2-58、表 2-59。

表 2-58　10 万 t 硅铁合金与 10 万 t 高碳铬铁合金项目近年生产情况统计

名称	单位	2013 年	2014 年	2015 年	2016 年	2017 年
铁合金产量	万 t	19.18	18.05	12.81	9.45	14.39
生活、绿化水量	万 m^3	34.31	34.31	34.31	34.31	34.31
生产用水量	万 m^3	56.82	57.20	55.86	48.39	64.26
用水总量	万 m^3	91.13	91.51	90.17	82.7	98.57
水耗	m^3/t	3.0	3.2	4.4	5.1	4.5

表 2-59　余热发电项目近年生产情况统计

名称	单位	2013 年	2014 年	2015 年	2016 年	2017 年
发电量	万 MW · h	—	4.70	3.39	2.43	2.30
生产用水量	万 m^3	—	34.57	23.57	21.46	21.22
生活用水量	万 m^3	—	0.023 6	0.023 6	0.023 6	0.023 6
用水总量	万 m^3	—	34.60	23.59	21.48	21.24
水耗	m^3/t	—	7.4	7.0	8.8	9.2

2.4.8　大友嘉镁钙业

大友嘉镁钙业主要从事活性石灰及轻烧白云石的生产，形成了 135.4 万 t 冶金熔剂（活性石灰、轻烧白云石），60 万 t 冶金粉剂（活性石灰粉剂、轻烧白云石粉剂、石灰石粉剂）、5 万 t 纳米级碳酸钙的生产规模，各项目近年生产情况统计见表 2-60。

表 2-60　大友嘉镁钙业公司近年生产情况统计

序号	年份	产量(t)	生产用水量(m^3)	生活用水量(m^3)	单位产品水耗(m^3/t)	说明
1	2014	1 543 307	168 441	122 152	0.11	生产用水含施工用水
2	2015	1 619 118	244 956	68 142	0.15	
3	2016	1 428 142	46 385	42 166	0.03	
4	2017	1 262 233	47 620	25 148	0.04	

2.4.9　宏达水泥

宏达水泥利用冶金废渣建设 4 000 t/d 熟料新型干法水泥生产线及配套纯低温余热发电工程，设计年产熟料 124 万 t，年产水泥 160 万 t，配套 9 MW 纯低温余热电站。近年生产情况统计见表 2-61。

表 2-61　4 000 t/d 熟料新型干法水泥生产线近年生产情况统计

序号	年份	用水总量(m^3)	产量(t)	单位产品水耗(m^3/t)
1	2015	741 730	895 706	0.83
2	2016	720 444	855 530	0.84
3	2017	717 776	1 060 389	0.68

2.4.10　酒钢宏丰

酒钢宏丰的宏丰灌区 10 万亩戈壁葡萄种植产业化示范工程有效灌溉面积 4.0 万亩，并配套防风林面积 0.3 万亩，另有田间道路面积0.67万亩。近年用水情况统计见表 2-62。

表 2-62　宏丰灌区近年用水情况统计

年份	生产用水量(万 m^3)	葡萄面积(亩)	枸杞面积(亩)	防风林面积(亩)	水耗(m^3/亩)
2013	1 080	7 000	30 000	3 000	292
2014	860	7 000	30 000	3 000	232
2015	910	7 000	30 000	3 000	246
2016	1 000	7 000	30 000	3 000	270
2017	900	7 000	30 000	3 000	243

根据黄河水资源保护科学研究院编制完成的《嘉峪关市宏丰灌区水资源论证报告书》(2018 年 12 月 29 日通过嘉峪关市水务局组织的专家审查)和专家组审查意见，宏丰灌区讨赖河地表取水指标通过嘉峪关市地下水超采区治理，对北大河和嘉峪关两个地下水源地内酒钢集团地下水指标进行核减、置换地表水指标取得，不新增取水指标。宏丰灌区灌溉水利用系数 0.78，最大取讨赖河地表水量为 1 717 万 m^3/年，其中农田灌溉取水量

1 332 万 m^3/年，防风林带灌溉取水量为 385 万 m^3/年，各作物净用水定额均符合《嘉峪关市行业用水定额（试行）》规定。

2.4.11　科力耐材

科力耐材产品有定型、不定型耐火材料和电解糊，近年生产情况统计见表 2-63。

表 2-63　科力耐材近年生产情况统计

序号	年份	用水总量（m^3）		产量（t）		
		绿化	生产、生活	定型耐火材料	不定型耐火材料	电极糊
1	2013	109 492	22 273	10 526.06	26 696.95	3 866.81
2	2014	78 175	22 480	4 535.2	22 761.88	4 972.52
3	2015	65 188	16 025	4 576.61	13 921.1	3 879.81
4	2016	68 882	11 036	3 189.63	10 630.04	2 682.97
5	2017	13 880	10 482	2 303.2	11 806.24	4 429.76

2.4.12　祁峰建化

祁峰建化主要生产“嘉峪关牌”普硅 42.5 级和复合 32.5 级水泥，是甘肃省建材骨干企业之一，年设计水泥产能 80 万 t，近年生产情况统计见表 2-64。

表 2-64　祁峰建化近年生产情况统计

名称	单位	2013 年	2014 年	2015 年	2016 年	2017 年
水泥产量	t	153 067	124 972.56	129 245.9	251 434.05	227 666.15
生产水量	m^3	6 090	5 973.75	6 012.4	5 990.3	6 000
厂区生活水量	m^3	2 479	1 983	2 120	1 498	1 990
家属院生活水量	m^3	23 494	23 495	23 530	23 498	23 500
绿化水量	m^3	2 944	17 851.25	28 403.6	12 341.7	12 210
用水总量	m^3	35 007	49 303	60 066	43 328	43 700
水耗	m^3/t	0.06	0.06	0.06	0.03	0.04

2.4.13　天成彩铝

天成彩铝主要进行铝的冶炼、铸造、轧制等工作，生产铝卷、铝板、铝带、铝箔等产品。本次评估包含天成彩铝的一个项目：绿色短流程铸轧铝深加工项目，项目于 2016 年 3 月立项，2016 年 11 月完成环评批复，年设计产能 40 万 t，目前按 60 万 t 产能在建中，尚未投产。

2.4.14　索通阳极

索通阳极年产 25 万 t 预焙阳极项目近年来生产情况统计见表 2-65。

表 2-65　年产 25 万 t 预焙阳极项目近年生产情况统计

序号	年份	生产用水量(m^3)	中水(m^3)	生活用水量(m^3)	产量(t)	水耗(m^3/t)
1	2014	1 110 928	6 336	201 388	300 250.88	3.7
2	2015	1 081 391	102 173.6	208 599	300 386.55	3.6
3	2016	1 004 699	143 784	150 447	264 394.64	3.8
4	2017	991 208	157 735	153 158	275 335.80	3.6

2.4.15　索通材料

索通材料 34 万 t/年预焙阳极及余热发电项目近年生产情况统计见表 2-66。

表 2-66　34 万 t/年预焙阳极及余热发电项目近年生产情况统计

序号	年份	生产用水量(m^3)	生活用水量(m^3)	绿化用水量(m^3)	产量(t)	水耗(m^3/t)
1	2016	549 702	—	150 000	211 424.23	2.6
2	2017	978 501	55 385	250 000	349 464.95	2.8

2.4.16　冶建商砼

冶建商砼主要生产商品混凝土，现有 3 个搅拌基地，年设计产能 100 万 t。近年生产情况统计见表 2-67。

表 2-67　冶建商砼近年生产情况统计

名称	单位	2013 年	2014 年	2015 年	2016 年	2017 年
混凝土产量	t	690 000	450 000	260 000	230 000	306 000
生产用水	m^3	179 400	117 000	67 600	46 000	61 200
生活用水	m^3	450	430	430	430	360
用水总量	m^3	179 850	117 430	68 030	46 430	61 560
水耗	m^3/t	0.26	0.26	0.26	0.20	0.20

2.4.17　思安能源

思安能源烧结余热发电工程装机规模为 1 ×7.5 MW +1 ×15 MW，近年生产情况统计见表 2-68。

表 2-68　烧结余热发电工程项目近年生产情况统计

序号	年份	生产用水量 (m^3)	生活用水量 (m^3)	除盐水量 (m^3)	总发电量 (kW·h)	水耗 [m^3/(MW·h)]
1	2014	301 658	298 360	119 111	60 729 246	11.84
2	2015	305 576	143 612	688 794	67 392 538	16.89
3	2016	269 493	155 018	37 880	64 463 714	7.17
4	2017	238 593	128 847	5 378	70 889 180	5.26

2.4.18　思安节能

2.4.18.1　2×30 MW 煤气发电工程

思安节能酒钢2×30 MW煤气发电工程近年生产情况统计见表2-69。

表 2-69　煤气发电工程项目近年生产情况统计

序号	年份	生产用水量 (m^3)	生活用水量 (m^3)	中水量 (m^3)	总发电量 (kW·h)	水耗 [m^3/(MW·h)]
1	2014	670 471	9 267	960 931	362 554 932	4.53
2	2015	319 950	9 199	710 500	392 628 600	2.65
3	2016	213 128	12 404	638 200	351 350 100	2.46
4	2017	171 756	3 989	356 073	291 788 500	1.82

2.4.18.2　4×450 m^3 高炉煤气余热余压发电工程

思安节能酒钢4×450 m^3高炉煤气余热余压发电工程装机规模为2×6 MW,近年生产情况统计见表2-70。

表 2-70　高炉煤气余热余压发电工程项目近年生产情况统计

序号	年份	生活、生产用水量 (m^3)	总发电量 (kW·h)	水耗 [m^3/(MW·h)]
1	2014	8 390	44 720 905	0.19
2	2015	10 509	47 848 897	0.22
3	2016	9 474	35 147 580	0.27
4	2017	5 946	28 002 730	0.21

2.4.19　奥福能源

奥福能源酒钢1#、2#焦炉干熄焦余热发电补汽锅炉项目装机规模为1×30 MW,近年生产情况统计见表2-71。

表 2-71　奥福能源余热发电项目近年生产情况统计

名称	单位	2015 年	2016 年	2017 年
发电量	万 MW·h	9.141	11.356 8	9.016 4
生产用水	万 m^3	26.38	37.12	27.42
生活用水	万 m^3	0.012	0.012	0.012
用水总量	万 m^3	26.392	37.132	27.432
水耗	m^3/(MW·h)	2.89	3.27	3.04

2.4.20　其他公辅实体

除上述的 19 家企业外,本次取水许可延续评估对象还包括了相关公辅实体,如汽修、市政、施工、房地产等,其用水量较少,主要为市政、生活、绿化、外销、施工等用水,本次在用水中将其合并统计。近年来用水情况统计见表 2-72。

表 2-72　其他公辅实体近年来用水情况统计　(单位:万 m^3)

序号	项目名称	2013 年	2014 年	2015 年	2016 年	2017 年	年均
1	中兴公司	4.88	4.65	4.71	3.63	7.68	5.11
2	宏运汽修厂	0.17	0.23	0.33	0.32	0.40	0.29
3	别墅绿化用水	694.68	450.56	448.51	446.94	461.32	500.402
4	产成品总站	3.02	3.29	2.38	3.30	3.27	3.05
5	技术中心	3.69	4.05	3.18	2.31	2.28	3.10
6	检修工程部	35.23	30.25	25.44	20.62	15.56	25.42
7	生产指挥中心	3.93	7.81	8.09	4.27	4.27	5.67
8	公安处	7.33	8.15	8.04	7.93	7.84	7.86
9	检验检测中心	2.10	2.32	2.20	2.19	2.18	2.20
10	动力分厂	33.05	33.54	34.75	34.06	26.41	32.36
11	供电分厂	4.22	4.51	4.68	5.34	5.77	4.90
12	厂区物业	26.32	47.50	76.95	66.03	50.77	53.51
13	市政、外销	183.48	257.38	257.08	178	138.37	202.86
14	施工	455.55	238.24	176.94	161	141.43	234.63
15	合计	1 457.65	1 092.48	1 053.28	935.94	867.55	1 081.36

由表 2-72 可知,其他公辅实体中,用水量最大的为别墅区绿化,其次是施工用水、市政外销用水,其余水量均较小。

(1)经地图量算,别墅区总面积 0.30 km^2(见图 2-18),绿化区约占总面积的 70%,绿化面积为 0.21 km^2,按照《嘉峪关市行业用水定额(试行)》规定的绿化用水定额 1.5

$m^3/(m^2$ · 年)进行复核,酒钢别墅区绿化用水量为 31.5 万 m^3,与酒钢集团用水统计数据严重不符,经核实,酒钢公司别墅区绿化用水计量由原贵友负责,该区域存在计量不准、相关漏损水量在别墅区绿化用水中计列等问题,因此导致用水统计数据偏差极大。经复核,酒钢别墅区绿化用水按照 31.5 万 m^3/年核定。

图 2-18　酒钢别墅区位置示意图

(2)酒钢集团本部的施工用水、市政外销用水有其不确定性,其余公辅实体用水基本稳定。综合考虑后,对酒钢别墅区绿化用水严格按照定额进行核减,其余公辅实体按照 2013 ~ 2017 年的平均用水量来核定用水量,经核算,公辅实体年用水量为 612.46 万 m^3/年。

2.4.21　峪泉灌区

根据酒钢集团与嘉峪关市协议,由酒钢集团每年转供 1 200 万 m^3 地表水给峪泉灌区。根据酒钢集团与峪泉灌区的结算水量数据,近年来峪泉灌区用水情况统计见表 2-73。

表 2-73　峪泉灌区近年来用水情况统计　(单位:万 m^3)

灌区名称	2013 年	2014 年	2015 年	2016 年	2017 年	年均
峪泉灌区	1 200.00	1 200.00	1 351.00	1 379.00	1 300.00	1 286.00

第 3 章 区域水资源条件分析

3.1 分析范围内基本情况

3.1.1 地理位置

讨赖河流域地处河西走廊中部,属黑河水系一级支流。流域东起马营河,西以嘉峪关市境内的黑山为界,南与疏勒河流域毗邻,北以金塔盆地马鬃山为界,介于北纬 38°24′～40°56′,东经 97°22′～99°27′之间,涉及行政区有青海省海北藏族自治州祁连县,甘肃省张掖市肃南县、高台县,酒泉市肃州区、金塔县以及嘉峪关市。流域总面积 2.81 万 km²,讨赖河流域水系图见图 3-1。

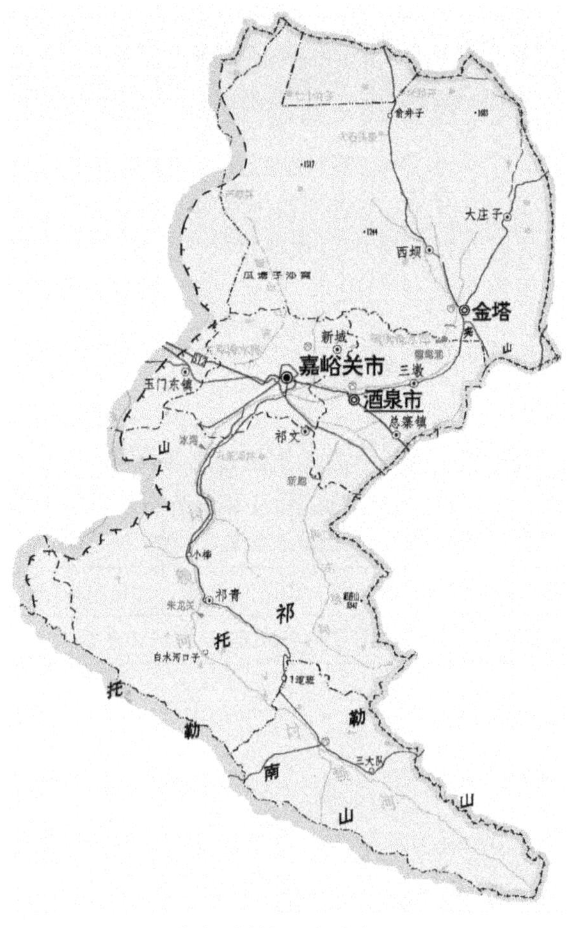

图 3-1 讨赖河流域水系图

嘉峪关市位于甘肃省西北的河西走廊中部,东临甘肃省酒泉市,距省会兰州 776 km;西连甘肃省玉门市,至新疆哈密 650 km;南倚祁连山与肃南裕固族自治县接壤,与青海省相距 300 余 km;北枕黑山,与金塔县、酒泉卫星发射基地和内蒙古额济纳旗相连接,中部为酒泉绿洲西缘。嘉峪关市介于北纬 39°37′~40°04′、东经 97°49′~98°31′之间,全市总面积1 224 km^2。

嘉峪关市交通便利,兰新铁路、嘉(峪关)镜(铁山)铁路、312 国道干线及嘉(峪关)—星(星峡)高速公路、嘉峪关—西沟矿区公路、嘉峪关—文殊镇公路、嘉峪关—玉门市公路纵横穿越本市;位于嘉峪关市东北侧的嘉峪关机场,可起降中小型飞机,现有省际航班通航,嘉峪关市交通位置图见图 3-2。

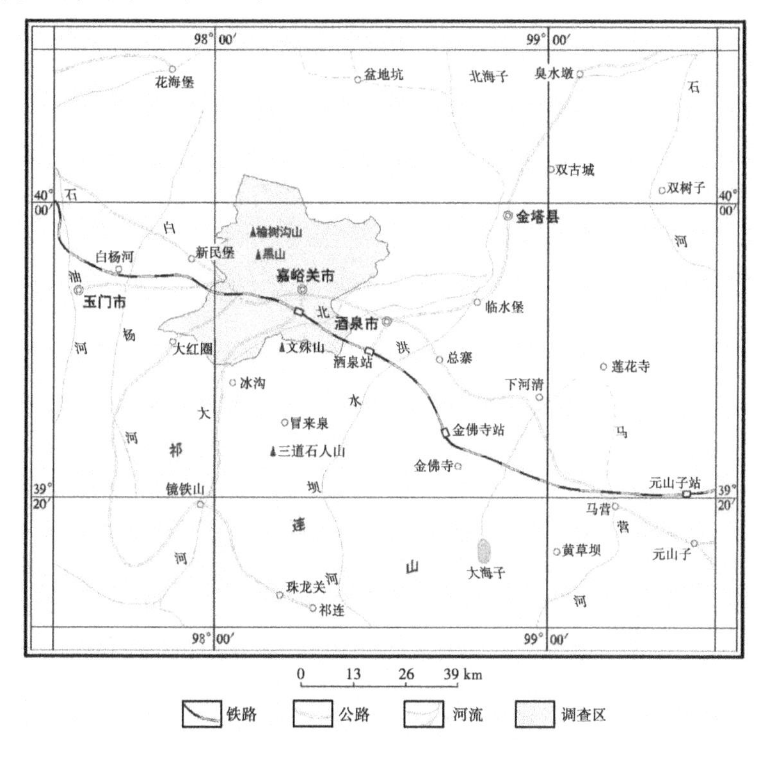

图 3-2 嘉峪关市交通位置图

3.1.2 地形地貌

讨赖河流域包括三大地形地貌区,分别是南部祁连山区、中部酒泉盆地区和北部金塔盆地区。南部祁连山区海拔 3 000~5 000 m,冰川发育;中部酒泉盆地区南起祁连山前,北至金塔夹山子,东接高台县,西至该盆地与赤金盆地地下水分水岭(白杨河附近),是一四周高而中间低的封闭盆地,地形总趋势由南西向北东方向倾斜,海拔 1 340~2 200 m;北部金塔盆地区南起北山,北至马鬃山,东以黑河出大墩门后冲洪积扇西缘为界,西与玉门市花海灌区相连,地形总趋势由南西向北东倾斜,海拔 1 200~1 450 m。

嘉峪关市地处祁连山北麓的戈壁平原地带,三面环山,总体地势为西南高,东北低,呈扇形由西南向东北收敛。南部东段为文殊山的北坡,最高峰海拔 2 228 m。南部西段与祁连山北麓毗邻,为广袤戈壁;北部西段为崇山秃岭黑山,最高峰海拔 2 799 m;北部东段为早更新世晚期隆升的残丘及古河道地区地下水溢出形成的沼泽。全市海拔为 1 412 ~2 722 m,绿洲分布于海拔 1 450 ~1 700 m,城市中心海拔 1 462 m。境内地势平坦,山地、丘陵、戈壁、绿洲地貌相间分布,土地类型多样。城市的中西部多为戈壁,是市区和工业企业所在地;东南、东北为绿洲,是农业区,绿洲随地貌被戈壁分割为点、块、条、带状,占全市总土地面积的 1.9%。平原区高程为 1 400 ~2 262 m,平均地面坡度 13‰。

3.1.3　地质构造

3.1.3.1　地层

本区出露地层在黑山地区有寒武系灰岩、板岩、砂岩、砾岩,奥陶系砾岩、灰岩、粉砂质板岩,侏罗系砾岩、细砂岩、砂质泥岩。麻芦山地区出露地层为白垩系砂质泥岩和泥岩互层夹泥灰岩,下更新统八格楞组砂质泥岩、砂岩和砾岩互层。文殊山地区有新近系的粉砂质泥岩夹砂岩及砾岩。嘉峪关和文殊山有第四系下更新统玉门组砾岩。大草滩、嘉峪关的台地上及北大河河槽内可见中更新统下酒泉组砾卵石层,泥、钙质半胶结或未胶结。戈壁滩普遍分布上更新统上酒泉组漂砾卵石层。古河道出口处和地下水溢出带附近有全新统黄土状亚砂土分布。

3.1.3.2　构造

本区在大地构造上属走廊凹陷带。北部为黑山隆起,西部为酒泉西盆地,东部为酒泉东盆地,介于两盆地之间的是嘉峪关大断层,东南部为文殊山褶皱隆起(见图 3-3)。区内构造以新构造为主,新构造运动现象普遍存在,对地下水的形成、运移和赋存起着非常重要的作用。区内新构造均受老构造的控制,并继承了老构造运动特点而发育起来。

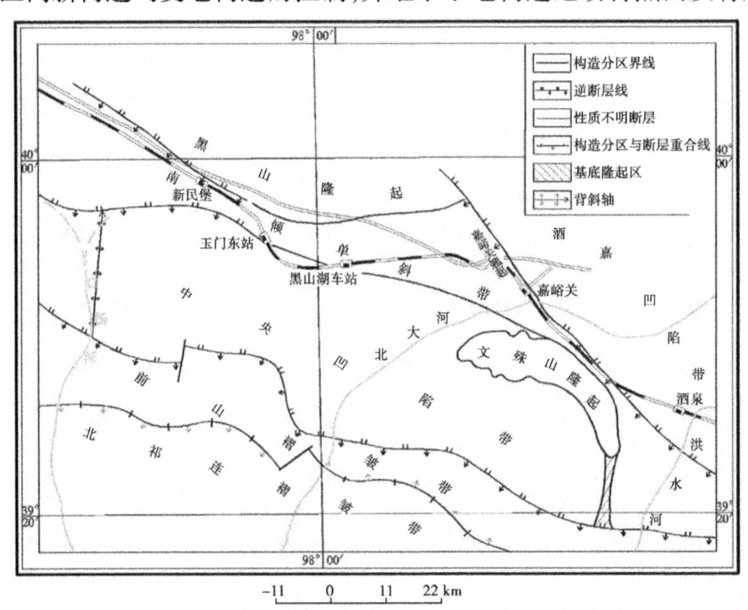

图 3-3　嘉峪关市构造分区略图

根据其构造特征又分为中央凹陷带、南倾单斜带、中心隆起带和阿拉善隆起带等次一级构造单元。文殊山以西的戈壁平原为西部中央凹陷带,市区至羊神庙滩为东部中央凹陷带,第四纪表现为急剧沉降,凹陷带内砾卵石层堆积厚度达1 000~1 500 m。文殊山与黑山之间的黑山湖地区及蒲草沟、断山口、新城一带,为南倾单斜带,是受南部沉降和北部隆起影响的结果。第四系砾卵石层南部厚150~200 m,北部仅几十米,甚至基岩裸露。

黑山一直处于缓慢上升过程,黑山隆起带构成了酒泉西盆地北部屏障。文殊山在第三系末第四系初属急剧下沉区,堆积了600余m厚的沉积物,中更新统伴随祁连山山前褶皱带的急剧上升,基底断块复活而隆起成山。文殊山隆起带为基底断块复活隆起。东北部的麻芦山为阿拉善隆起,与南倾单斜带呈断层接触。

嘉峪关断层复活翘起和文殊山的上升,不仅塑造了酒泉西盆地的东部和东南部边界,而且抬高了西盆地的地下水位,在断层带上形成水位落差达150~200 m的“地下瀑布”(见图3-4)。

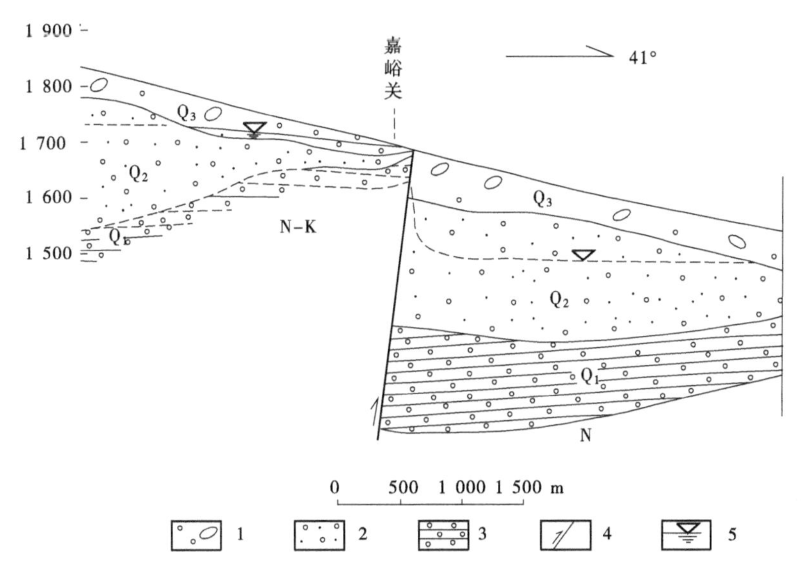

1—砾卵石;2—砂砾卵石;3—砾岩;4—断层;5—地下水位

图3-4 嘉峪关断层剖面图

本区新构造运动非常活跃,其中最典型的是复活的嘉峪关大断层。断层北起黑山东侧,向东南延伸,经黄草营、嘉峪关、龙王庙、双泉、文殊车站直至文殊沟口,总长达30余km。走向N35°W,倾向SW,倾角73°~78°,为高角度逆冲断层。嘉峪关大断层是一条长期处于间歇性活动的老断层,产生于白垩系前,新近系末活动最为剧烈,一直延续到第四系,总断距达1 200~1 400 m。该断层活动以不断扩大断距为特点,仅第四系期间复活断距即达450~500 m。断层东侧(下盘)为戈壁平原(酒泉东盆地),西侧(上盘)为断层翘起形成的高台地,在大断层附近发育有规模不等的次一级小断层,但未影响上更新统沉积物,因此可以认为该断层自晚更新世以后处于相对稳定状态。

外貌呈长垄状的嘉峪关高台地,为嘉峪关断层翘起所致,它与同期隆起的黑山迫使当时处于漫流状态的北大河由北向南改道,逐步由水关峡、黑山湖、二草滩、大草滩水库、大草滩车站、嘉峪关归流于现在的北大河地段,并在上述地带形成古河道。上更新统以来,文殊山的振荡式上升又使现代河床不断下切，在北大桥以西形成切割深度 30 ~ 100 m 的箱形谷，河流侵蚀基准面高于地下水位。

3.1.4 水文

嘉峪关市属讨赖河流域，位于讨赖河中游。讨赖河流域位于河西走廊西部，为黑河西部子水系。讨赖河干流发源于祁连山区讨赖南山东段的讨赖掌，其从河源至出山口冰沟口的河长为 330 km，集水面积 6 883 km^2。来水以山区降水、冰川融水（含雪融水）和地下水为主要补给来源。采用冰沟水文站 1948 ~ 2017 年系列水文资料分析（冰沟水文站 2002 年迁至嘉峪关站，1948 ~ 2002 年为冰沟水文站实测资料，2002 ~ 2017 年为嘉峪关站实测资料通过河流引水量及河流渗漏量推算而得），讨赖河冰沟断面多年平均年径流量为 6.70 亿 m^3，见表 3-1。

表 3-1　讨赖河冰沟水文站年径流量计算成果（1948 ~ 2017 年）

项目	均值	C_v	C_s	不同频率 P 下的计算值				
				10%	50%	75%	90%	95%
流量（m^3/s）	21.2	0.20	1.10	26.9	20.5	18.1	16.5	15.8
径流量（亿 m^3）	6.699 8			8.496 9	6.458 8	5.716 4	5.216 6	4.494 8

3.1.5 水文地质

嘉峪关市地下水主要分布在平原区，赋存于酒泉西盆地和酒泉东盆地两个水文地质单元。以嘉峪关大断层为界，西部是酒泉西盆地的东端，东部是酒泉东盆地的西端。地下水类型有松散岩类孔隙水、碎屑岩类孔隙 - 裂隙水和基岩裂隙水等三大类型。

松散岩类孔隙水属于单一大厚度为特征的潜水，局部地带分布有承压水，含水层主要由第四系中上更新统砾卵石层构成。区内潜水含水层厚度大，富水性强，给水度达 0.15 ~ 0.28。受含水层厚度、含水层颗粒大小及地下水补给条件等诸多因素制约，松散岩类孔隙水含水层富水性自西南向北东由大渐小。西部一带含水层富水性较好，单井涌水量一般大于 10 000 m^3/d，东部泥沟附近单井涌水量一般小于 2 000 m^3/d。

碎屑岩类孔隙 - 裂隙水主要分布于鳖盖山和文殊山，含水层由白垩系、第四系下更新统砾岩及砂岩等构成，单井涌水量一般小于 100 m^3/d，水质较差，矿化度 1 ~ 3 g/L，水化学类型以 $SO_4^{2-}-Cl^{-}-Mg^{2+}-Na^{+}$ 型水为主。

基岩裂隙水主要分布在黑山一带，含水层由奥陶系变质岩和碎屑岩构成，地下水径流模数小于 1 L/(s · km^2)，水质差，矿化度 1.1 ~ 2.6 g/L，水化学类型以 $SO_4^{2-}-Cl^{-}-Na^{+}-Mg^{2+}$ 型为主。

3.1.6 气象

嘉峪关市深居内陆，远离海洋，属温带干旱气候区。由于嘉峪关市气象站资料系列较短，但肃州区新地与嘉峪关市紧邻，都属于山前，气候环境基本一致，为此借用肃州区资料来分析嘉峪关气候环境变化可行且可靠。

嘉峪关区域多年平均气温 7.0 ~ 8.1 ℃,7 月最高平均气温为 20.2 ~ 23.4 ℃,1 月最低平均气温为 -7.1 ~ 9.1 ℃,极端最高温度 38.6 ℃,极端最低温度 -31.6 ℃;多年平均蒸发量1 175.8 ~ 2 205.4 mm,主要集中在 5 ~ 8 月,占全年蒸发量的 55.6%;多年平均降水量 85.4 mm,降水主要集中在 6 ~ 8 月,占全年降水量的 56.7%;多年平均相对湿度 42% ~46%;盛行西北风,多年平均风速 2.3 ~ 3.2 m/s。嘉峪关市各气象要素年内逐月变化详见图 3-5,降水量、蒸发量等值线详见图 3-6。

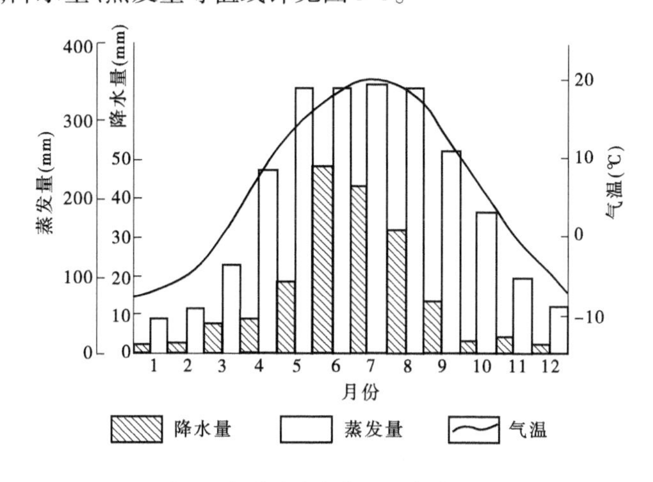

图 3-5　嘉峪关市多年平均气象要素图

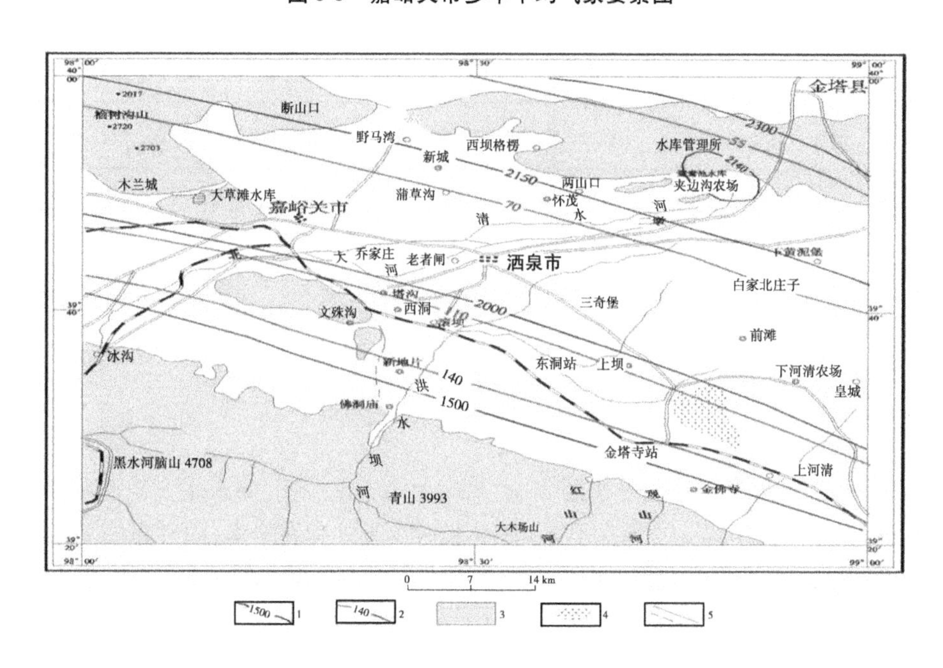

1—蒸发等值线(mm);2—降水等值线(mm);3—山区;4—沙丘;5—断层及推测隐伏断层

图 3-6　嘉峪关市降水量、蒸发量等值线图

3.1.7 社会经济状况

嘉峪关市历史上无郡县设置，是1958年伴随着国家“一五”重点建设项目“酒泉钢铁公司”的建设而逐步发展起来的一座新兴的现代化城市。1965年设市，1971年经国务院批准为省辖市。嘉峪关市下辖长城区、镜铁区、雄关区和峪泉、文殊、新城三个镇。2017年年底全市常住人口24.98万人，城镇人口23.36万人，城镇化率为93.5%。

嘉峪关市经济质量较高，人民生活水平在全省处于领先地位。2017年嘉峪关市地区生产总值(GDP)为210.99亿元，其中，第一产业完成增加值4.58亿元，第二产业完成增加值109.42亿元，第三产业完成增加值96.99亿元。

近年嘉峪关市社会经济统计见表3-2。

表3-2 近年嘉峪关市社会经济统计

年份	人口(万人)			国内生产总值(亿元)				工业增加值(亿元)	播种面积(万亩)	粮食产量(万t)	牲畜(万头)
	城镇	农村	合计	第一产业	第二产业	第三产业	合计				
2013	21.99	1.56	23.55	3.90	143.50	63.80	211.20	1.22	7.57	1.22	7.41
2014	22.54	1.59	24.13	3.87	162.68	64.14	230.69	1.25	8.26	1.25	8.26
2015	22.79	2.14	24.93	4.17	108.36	77.51	190.04	1.26	8.29	1.26	8.29
2016	23.03	1.61	24.64	4.35	108.78	85.43	198.56	95.54	5.58	1.27	8.72
2017	23.36	1.62	24.98	4.58	109.42	96.99	210.99	98.79	5.76	1.29	9.40

3.2 水资源状况

3.2.1 嘉峪关市地表水资源

3.2.1.1 地表水资源量

受典型河西冷温带干旱区气候的影响，嘉峪关市干旱少雨，降水主要受西风带气流影响，一次降水量超过10 mm的场次不多，基本上不能形成有效降水；同时嘉峪关市境内大部分下垫面为沙土、卵石和砂砾卵石，难以形成地表径流；夏季偶发暴雨，局部有地表径流，但其量很小且流程短，很快下渗补给地下水。根据《嘉峪关市水资源调查评价报告》成果，嘉峪关市自产地表水资源量通过径流深等值线图量算得出，约0.010亿m^3/年。

讨赖河是流经嘉峪关市的唯一河流，采用讨赖河干流冰沟水文站1948～2017年均的年径流量数据，进行径流量频率分析可知，讨赖河干流出山口处多年平均来水量6.70亿m^3，讨赖河冰沟站10%、50%、75%、90%和95%频率年的来水量分别为8.50亿m^3、6.46

亿 m^3、5.72 亿 m^3、5.22 亿 m^3 和 4.49 亿 m^3。

3.2.1.2　地表水资源可利用量

嘉峪关市地表水资源可利用量主要是讨赖河的水资源可利用量。讨赖河现行分水制度正式始于1963年的《讨赖河系1963年灌溉管理实施办法(草案)》,之后分水制度又因为灌区规模扩大、鸳鸯池水库修建和酒钢集团成立等因素,分别于1974年、1976年、1980年、1984年作了4次调整和修改。

1.讨赖河流域分水制度

讨赖河流域现行分水制度是1984年8月经原讨赖河流域管理委员会第六次会议讨论通过,由原酒泉地区行署和嘉峪关市人民政府批准生效的。其规定如下:

(1)讨赖灌区(包括嘉峪关、酒泉肃州区、农林场)用水:

①3月25日中午12时至4月18日中午12时(以下均为12时)共24 d;

②5月5日至7月15日共71 d;

③7月31日至8月15日共15 d;

④8月31日至9月15日共15 d;

⑤9月25日至10月15日共20 d;

⑥10月31日至11月8日共8 d。

讨赖灌区共计用水153 d。其中春、夏、秋给洪水河灌区分水3 000万 m^3 左右(春灌1 000万 m^3,夏灌800万 m^3,秋灌1 200万 m^3 左右)。3月春灌开始时间,根据气温变化情况,可提前或推后,连续供水24 d不变。

(2)鸳鸯灌区(金塔县):

年内用水175 d,分7个用水时段。

(3)酒钢用水:

全年按4 500万 m^3 供给,今后生产规模扩大需要增加水量另行商定。冬季从12月28日至次年2月3日供水37 d,这期间河道来水量要尽量做到全部引进,以免浪费。不足部分在7~9月3个月讨赖灌区用水时间内补够。冬季供水开始日期,讨赖河流域水利管理局可视气温情况适当提前或推后。

讨赖河给酒钢集团、讨赖灌区、鸳鸯灌区分水水量分别以大草滩水库渠首和讨赖河渠首计算。

2.嘉峪关市讨赖灌区地表水资源可利用量

讨赖河流域现行的分水制度的核心是“定时不定量(酒钢集团除外)”,因此嘉峪关市地表水资源可利用量是在制度规定分水时段内可能获得的最大水量。随着历年来水量的变化,嘉峪关市讨赖灌区可利用的讨赖河水资源量也在发生变化。根据现行《讨赖河流域分水制度》对1980年以来33年的讨赖河嘉峪关水文站断面在讨赖灌区153 d的来水量进行统计,扣除掉向洪水河灌区、边湾农场供水量及近10年酒钢集团在7~9月3个月里的平均引水量外,按照嘉(峪关)酒(泉)分水比例(33.7%/66.3%),计算得出近33年嘉峪关市讨赖灌区地表水资源可利用量平均为0.88亿 m^3/年。

考虑酒钢集团持有讨赖河地表水分水指标0.45亿 m^3/年,则嘉峪关市自1980年以来的地表水资源可利用量平均为1.33亿 m^3/年。

3.2.2　地下水资源

3.2.2.1　地下水资源量

地下水资源量是指地下水中参与水循环且可以更新的动态水量，其计算方法是采用补给量法。根据补给来源划分，地下水的补给可分为侧向地下径流流入量、地表径流渗漏量、大气降水入渗量、渠系田间渗漏量、凝结水渗入量、基岩裂隙水侧向和顶托补给量。根据水文地质单元划分，嘉峪关市可分为酒泉东、西两盆地计算地下水天然补给量。

1. 西盆地地下水资源量

经分析，西盆地地下水总的天然补给量为2.555 8亿 m^3/年。其中地表径流渗漏补给量为1.229 6亿 m^3/年，包括白杨河和讨赖河渗漏补给量，占西盆地地下水总补给量的48.1%；侧向流入量为1.226 7亿 m^3/年，包括南部山前小沟小河出山地表渗漏及沟谷潜流量、基岩裂隙水侧向流入量和深层基岩承压水顶托补给量，占西盆地地下水总补给量的48.0%。西盆地地下水补给量计算成果见表3-3。

表3-3　酒泉西盆地嘉峪关部分地下水补给量计算成果　（单位：亿 m^3/年）

补给项	地表径流渗漏补给	沟谷潜流	侧向补给	降水入渗，渠道、田间渗漏补给	总补给量
补给量	1.229 6	0.099 5	1.226 7	0	2.555 8

2. 东盆地地下水资源量

经分析，东盆地的天然补给量为2.532 1亿 m^3/年，其中西盆地地下水侧向补给东盆地的量为1.667 3亿 m^3/年。东盆地地下水补给量计算成果见表3-4。

表3-4　酒泉东盆地嘉峪关部分地下水补给量计算成果　（单位：亿 m^3/年）

补给项	地表径流渗漏补给	侧向补给	渠道渗漏补给	降水入渗补给	田间渗漏补给	总补给量
补给量	0.305 5	1.667 3	0.482 7	0.025 6	0.051 0	2.532 1

3. 嘉峪关市地下水资源量

嘉峪关市地下水天然补给量为东西盆地地下水天然补给量之和扣除重复计算量（西盆地向东盆地的侧向补给量）而得，为3.420 6亿 m^3/年。

3.2.2.2　地下水可开采量

嘉峪关区域水文地质条件研究程度较高，浅层地下水含水层的岩性组成、厚度、渗透性能及单井涌水量、单井影响半径等掌握比较清楚，多年以来积累了大量的监测资料，本区域地下水可开采量适宜采用可开采系数法进行分析。

根据《嘉峪关市水资源调查评价报告》《甘肃省嘉峪关市用水总量控制指标》，同时考虑到含水层给水能力和向下游地区要保持一定数量的侧向补给量，确定嘉峪关市全区域地下水可开采系数为0.65，嘉峪关市地下水可开采量确定为2.22亿 m^3/年。

3.2.3　水资源总量及可利用量

《全国水资源综合规划技术细则》规定，一定区域内的水资源总量是指当地降水形成的地表和地下产水量，即地表径流量与降水入渗补给量之和，不包括过境水量。嘉峪关市当地自产地表水资源量为 100 万 m^3/年，降水入渗补给量为 256 万 m^3/年，因此嘉峪关市自产水资源总量为 356 万 m^3/年。

经前文分析，嘉峪关市地表水资源可利用量平均为 1.33 亿 m^3/年；地下水可开采量为 2.22 亿 m^3/年，则嘉峪关市总的水资源可利用量为 3.55 亿 m^3/年。

根据《嘉峪关市人民政府办公室关于下达嘉峪关市 2015 年 2020 年 2030 年水资源管理控制指标的通知》（嘉政办发〔2015〕12 号），2015 年、2020 年、2030 年嘉峪关市水资源总量控制指标分别为 1.81 亿 m^3、1.91 亿 m^3、2.21 亿 m^3。

3.2.4　水资源质量

3.2.4.1　地表水资源质量

1. 嘉峪关市地表水功能区划

根据甘肃省人民政府批复的《甘肃省地表水水功能区划（2012—2030）》，讨赖河嘉峪关段所在一级水功能区为讨赖河肃南、嘉峪关、肃州、金塔开发利用区，二级水功能区为讨赖河肃南、嘉峪关、金塔工业、农业用水区。起始断面为镜铁山，终止断面为金塔，长度 130 km，水质目标Ⅲ类。水功能区划图见图 3-7。

图 3-7　讨赖河嘉峪关水功能区划图

2. 讨赖河嘉峪关段水质现状评价

对讨赖河嘉峪关水质监测断面 2017 年汛期、非汛期 2 次常规水质监测结果进行评价，评价标准为《地表水环境质量标准》（GB 3838—2002），评价结果见表 3-5。由评价结果可知，2017 年讨赖河嘉峪关水质监测断面汛期水质达到地表水Ⅲ类水质，非汛期达到地表水Ⅱ类水质，全年平均达到地表水Ⅱ类水质。水质评价结果表明，讨赖河嘉峪关段水质良好，完全满足水功能区水质目标要求。

表3-5 讨赖河嘉峪关水质监测断面2017年水质评价成果 (单位：mg/L)

采样日期	汛期(2017-07-08)		非汛期(2017-01-08)		全年平均	
监测项目	监测值	类别	监测值	类别	监测值	类别
pH(无量纲)	8.3	Ⅰ	8.3	Ⅰ	8.3	Ⅰ
溶解氧	8.7	Ⅰ	8.2	Ⅰ	9.6	Ⅰ
高锰酸盐指数	0.6	Ⅰ	0.66	Ⅰ	0.62	Ⅰ
COD	<10	Ⅰ	<10	Ⅰ	<10	Ⅰ
BOD_5	2.5	Ⅰ	<2	Ⅰ	<2	Ⅰ
氨氮	0.1	Ⅰ	0.159	Ⅱ	0.076	Ⅰ
挥发酚	<0.002	Ⅰ	<0.002	Ⅰ	<0.002	Ⅰ
氰化物	<0.004	Ⅰ	<0.004	Ⅰ	<0.004	Ⅰ
砷	0.002	Ⅰ	0.000 8	Ⅰ	0.003 8	Ⅰ
六价铬	<0.004	Ⅰ	0.005	Ⅰ	0.005	Ⅰ
汞	<0.000 01	Ⅰ	<0.000 01	Ⅰ	0.000 02	Ⅰ
铜	<0.01	Ⅰ	<0.01	Ⅰ	<0.01	Ⅰ
锌	<0.01	Ⅰ	<0.01	Ⅰ	<0.01	Ⅰ
铅	<0.02	Ⅰ	<0.02	Ⅰ	<0.02	Ⅰ
镉	<0.003	Ⅰ	<0.003	Ⅰ	<0.003	Ⅰ
铁	<0.02	Ⅰ	<0.02	Ⅰ	<0.02	Ⅰ
锰	<0.01	Ⅰ	<0.01	Ⅰ	<0.01	Ⅰ
氟化物	0.31	Ⅰ	0.21	Ⅰ	0.27	Ⅰ
石油类	<0.01	Ⅰ	<0.01	Ⅰ	<0.01	Ⅰ
总磷	0.173	Ⅲ	0.026	Ⅱ	0.031	Ⅱ
硒	<0.000 3	Ⅰ	<0.000 3	Ⅰ	<0.000 3	Ⅰ
硫化物	<0.005	Ⅰ	<0.005	Ⅰ	<0.005	Ⅰ
阴离子表面活性剂	<0.05	Ⅰ	<0.05	Ⅰ	<0.05	Ⅰ
粪大肠菌群(个/L)	<20	Ⅰ	<20	Ⅰ	<20	Ⅰ
综合类别	Ⅲ		Ⅱ		Ⅱ	

3.2.4.2 地下水资源质量

1. 地下水功能区划

根据《嘉峪关市地下水利用与保护规划》成果,嘉峪关市地下水功能区划分为3个1级区和6个2级区,见表3-6和图3-8。

表3-6 嘉峪关市地下水功能区划成果

一级功能区	一级代码	二级代码	功能区编码	功能区名称	面积(km^2)
开发区	1	Q	K0262021Q01	河西内陆河流域嘉峪关市分散式开发利用区	492.1
开发区	1	P	K0262021P01	河西内陆河流域嘉峪关市集中式开发利用区	163.34
保护区	2	T	K0262022T01	河西内陆河嘉峪关市黑山湖地下水源涵养区	333.31
保护区	2	T	K0262022T02	河西内陆河嘉峪关市祁连山地下水水源涵养区	21.91
保护区	2	T	K0262022T03	河西内陆河嘉峪关市文殊山地下水水源涵养区	33.84
保留区	3	U	K0262023U01	河西内陆河嘉峪关市地下水不宜开采区	179.5

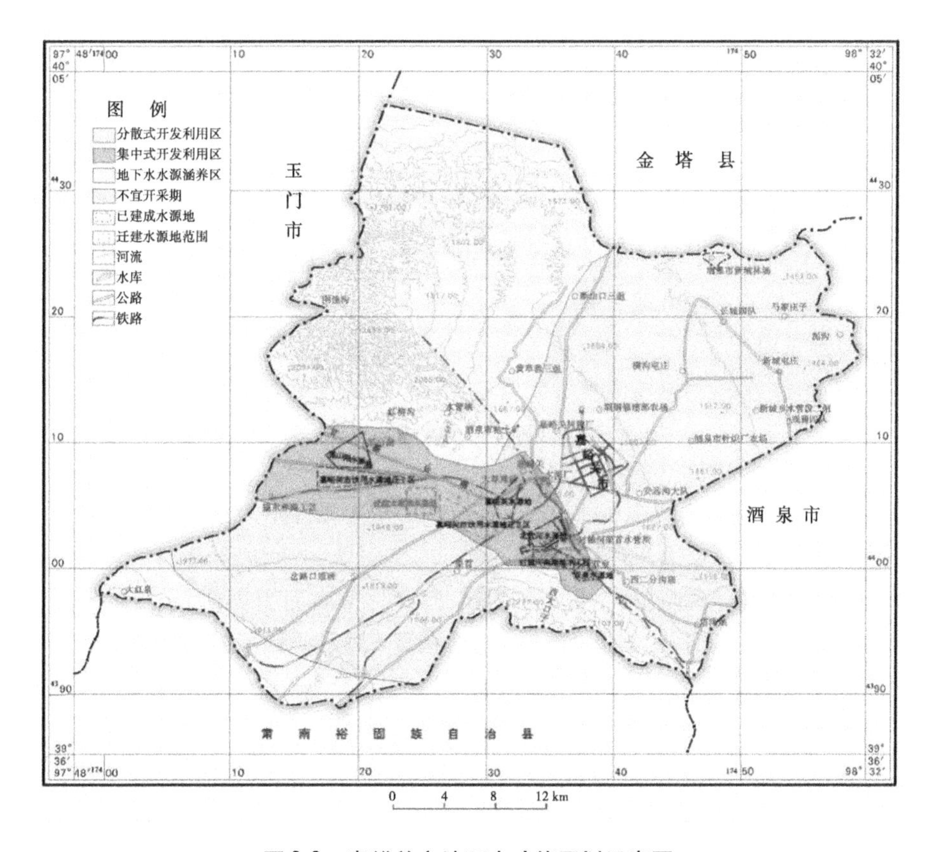

图3-8 嘉峪关市地下水功能区划示意图

由表3-6和图3-8可知:嘉峪关市地下水分散式开发利用区1个,集中式开发利用区1个,地下水源涵养区3个,不宜开采区1个。

2. 地下水资源质量

采用综合评价法对嘉峪关市各水源地水质进行评价，见表3-7。嘉峪关水源地、双泉水源地、黑山湖水源地、北大河水源地和新城地下水各项指标均符合《生活饮用水卫生标准》(GB 5749—2006)，满足集中式生活饮用水水源及工业、农业用水需求。

表3-7　2017年嘉峪关市各水源地地下水水质评价表

序号	水源地名称	市(州)	水源地类型	水质类别	水源地水质达标状况
1	嘉峪关水源地	嘉峪关市	浅层地下水	Ⅰ	达标
2	双泉水源地	嘉峪关市	浅层地下水	Ⅰ	达标
3	黑山湖水源地	嘉峪关市	浅层地下水	Ⅱ	达标
4	北大河水源地	嘉峪关市	浅层地下水	Ⅰ	达标
5	新城地下水	嘉峪关市	浅层地下水	Ⅱ	达标

3.3　水资源开发利用现状分析

3.3.1　水利工程现状

嘉峪关市水利工程主要有引水工程、蓄水工程、渠道工程和机井工程，嘉峪关市水利工程及水源地分布示意图见图3-9。

3.3.1.1　引水工程

讨赖河是流经嘉峪关市境内唯一的常年河流，在境内龙王庙处筑有分水闸，将水分入主河道南北两侧的人工水渠——南干渠与北干渠，分别流向本市文殊镇和新城镇方向，为农业灌溉输水，后进入酒泉境内。

(1)讨赖河南干渠：始建于1958年，1966年进行改建，1967年竣工投入运行，属中型灌溉引输水渠道工程。渠道设计流量20 m^3/s，实际最大过水流量为14 m^3/s。该渠道从渠首至南干渠四支渠分水闸止，全长14.8 km，设计渠道断面为梯形，采用浆砌石砌筑，渠底宽3.5 m，渠上口宽7.5 m，渠深1.8 m，边坡系数1.25。沿线共有建筑物35座，其中有3级落差20 m的陡坡，渠道平均坡降1/320。

(2)讨赖河北干渠：始建于1959年，1965年进行改建，1966年竣工投入运行。工程上段、下段设计流量均为20 m^3/s，实际最大过水流量为16 m^3/s。该渠道从讨赖河渠首北干进水闸开始引水，沿东北向布置至鸳鸯分水闸前，全长17.23 km，其中上段长10.04 km，下段长7.19 km，沿线共有建筑物20座。

(3)酒钢讨赖河渠首：水源为讨赖河，自讨赖河沟口下游约19 km处引水至大草滩水库，引水渠总长10.2 km(暗渠长7.5 km，明渠长2.7 km)，设计引水量为18 m^3/s，加大引水量为25 m^3/s。

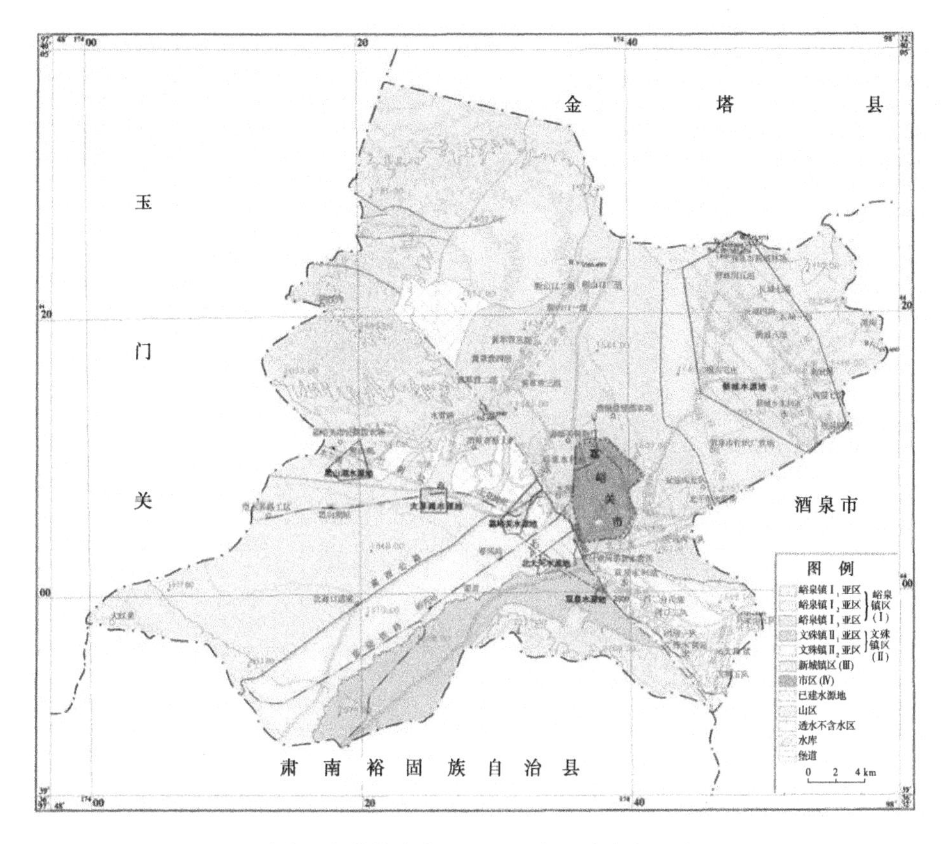

图 3-9 嘉峪关市水利工程及水源地分布示意图

3.3.1.2 蓄水工程

嘉峪关市共有中型水库1座，库容6 400万m^3，即大草滩水库；小型水库14座，总库容7 788万m^3，即双泉水库、拱北梁水库、迎宾湖水库、安远沟水库（东湖）、酒钢种植园水库、酒钢养殖园水库、酒钢公园人工湖、酒钢三号门水库、紫轩葡萄酒庄园调蓄水库、龙湖水库、双泉应急备用水库、讨赖河生态公园人工湖、明珠文化公园人工湖、九眼泉湖。

3.3.1.3 农业灌区

嘉峪关市共有灌区4处，均为中型灌区，分别为文殊灌区、新城灌区、嘉峪关灌区和宏丰灌区，有效灌溉面积15.457 2万亩。文殊灌区干渠长13.8 km，3条支渠长27.91 km，7条斗渠长18.74 km；新城灌区干渠长度10.44 km，4条支渠长17.65 km，11条斗渠长14.67 km，干渠完好率87%，支渠完好率84%，斗渠完好率60%；嘉峪关灌区3条支渠长15.3 km，13条斗渠长32.48 km；宏丰灌区2条支渠长20 km，50条斗渠长30 km。

3.3.1.4 机井工程

嘉峪关市共有机井265眼，分别分布于嘉峪关水源地、黑山湖水源地、北大河水源地、双泉水源地、大草滩水源地、新城水源地等6个水源地。除大草滩水源地为酒钢集团应急备用水源地、新城水源地占地面积大，机井较分散外，其余4个水源地属于集中式地下水供水水源地，地下水机井分布见图3-10。

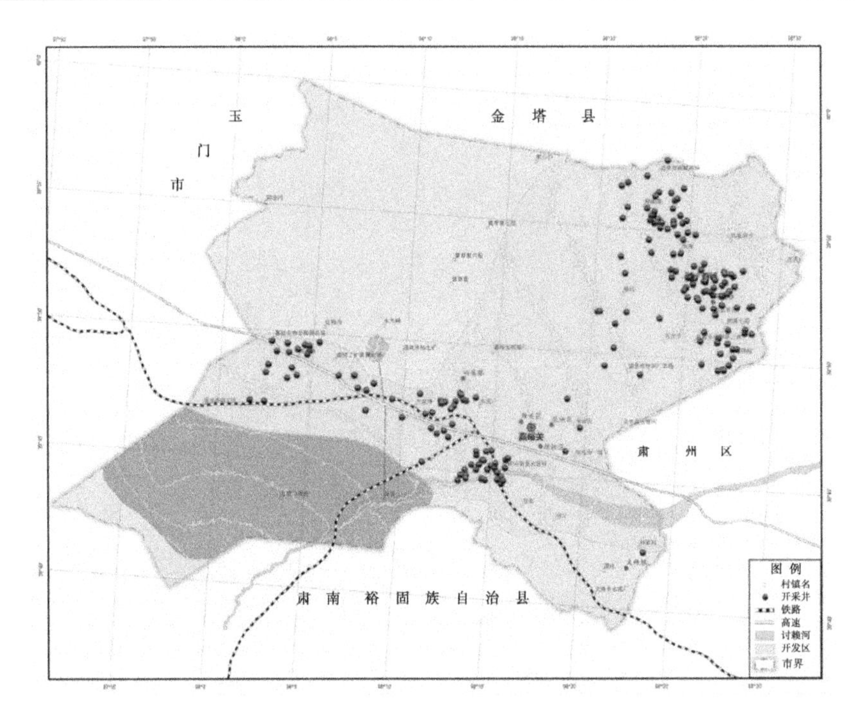

图 3-10　嘉峪关市地下水机井分布图

3.3.2　污水处理工程

目前嘉峪关市已建成污水处理厂 3 座，分别为嘉峪关市污水处理厂、酒钢集团污水处理厂和嘉东工业园区污水处理站；在建污水处理厂 1 座，为嘉北工业园区污水处理厂，嘉峪关市污水处理厂地理位置示意图见图 3-11。

图 3-11　嘉峪关市污水处理厂地理位置示意图

（1）嘉峪关市污水处理厂于 2003 年建成，位于嘉峪关市东南部，设计处理规模 5.0 万 m^3/d，出水水质符合《城镇污水处理厂污染物排放标准》（GB 18918—2002）一级 B 类。目前主要处理南市区生活污水，平均日处理量约 2.5 万 m^3/d，出水夏季主要用于嘉酒路与机场路道路两侧绿化，冬季排入红柳基地。

(2)酒钢集团污水处理厂于 2009 年建成，处理规模 16 万 m^3/d，出水水质符合《城市污水再生利用　工业用水水质》(GB/T 19923—2005)。目前主要处理酒钢集团工业、生活污水及北市区部分生活污水，出水回用至厂区生产，多余部分排入花海农场作为防风林带浇灌用水。

(3)嘉东工业园区分布式污水处理站于 2017 年年底建成，占地面积 4 800 m^2，设计处理规模 2 000 m^3/d，采用粗细格栅 + 膜格栅 + 兼氧 FMBR 一体化处理工艺，出水水质满足城镇污水处理厂污染物一级 A 排放标准。目前主要收集和处理嘉东工业园内企业的生活污水和符合污水处理站进水水质的工业废水。

(4)嘉峪关市嘉北污水处理厂 2019 年 6 月底建成试通水，主要负责处理北市区生活污水、嘉北工业园区及酒钢嘉北新区市政污水，设计规模 3.5 万 m^3/d，采用预处理 + 膜格栅 + AAO + MBR 工艺，出水执行《城镇污水处理厂污染物排放标准》(GB 18918—2002)一级 A 排放标准。出水同时满足《城市污水再生利用　城市杂用水水质》(GB/T 18920—2002)中的道路清扫及城市绿化用水水质和《城市污水再生利用　工业用水水质》(GB/T 19923—2005)中洗涤、工艺用水水质。出水主要用于嘉北工业园区、酒钢嘉北新区的企业生产用水和城市绿化用水。项目估算总投资 21 986.66 万元。

3.3.3　现状供水、用水统计

3.3.3.1　供水统计

根据《甘肃省水资源公报》(2013～2017)，2013～2017 年，嘉峪关市平均供水量为 20 423 万 m^3，其中地表水源平均供水量为 8 943 万 m^3，地下水源平均供水量为 9 138 万 m^3，中水平均供水量为 2 341 万 m^3。2017 年，嘉峪关市总供水量为 20 633 万 m^3，其中地表水供水量为 6 917 万 m^3，地下水供水量为 10 266 万 m^3，中水供水量为 3 450 万 m^3。

近年嘉峪关市供水量统计见表 3-8 和图 3-12，近年各水源平均供水比例示意图见图 3-13。

表 3-8　近年嘉峪关市供水统计　(单位：亿 m^3)

年份	地表水源供水量	地下水源供水量	中水供水量	总供水量
2013 年	1.040 5	0.907 3	0.038 9	1.986 7
2014 年	1.034 4	0.849 8	0.053 1	1.937 3
2015 年	0.964 1	0.788 1	0.316 9	2.069 1
2016 年	0.740 9	0.997 5	0.416 6	2.155 0
2017 年	0.691 7	1.026 6	0.345 0	2.063 3
平均	0.894 3	0.913 8	0.234 1	2.042 3

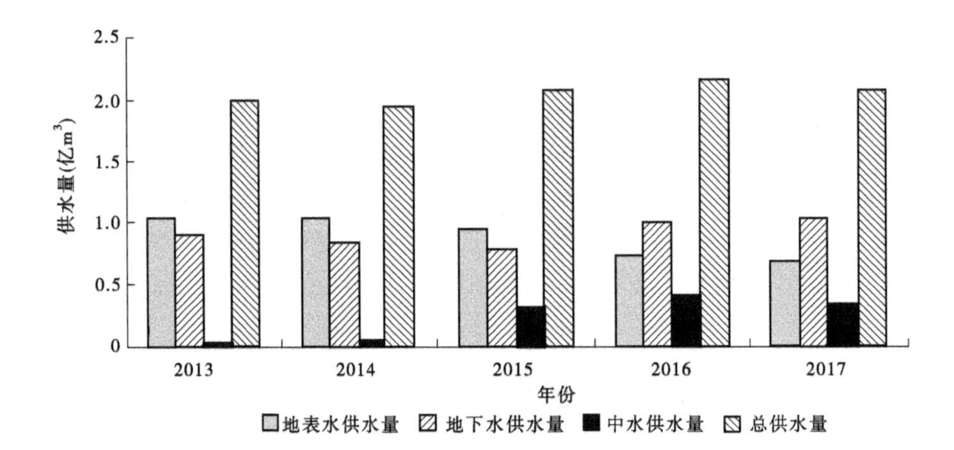

图 3-12 近年嘉峪关市供水量统计示意图

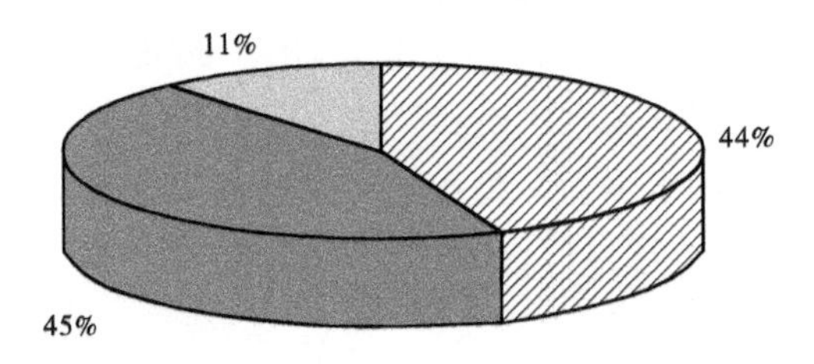

图 3-13 近年嘉峪关市各水源平均供水比例示意图

3.3.3.2 用水统计

根据《甘肃省水资源公报》(2013～2017),2013～2017 年嘉峪关市平均用水量为 20 423 万 m^3。其中,农田灌溉用水量为 6 103 万 m^3,林牧渔畜用水量为 1 789 万 m^3,工业用水量为 8 700 万 m^3,城镇公共用水量为 238 万 m^3,居民生活用水量为 804 万 m^3,生态环境用水量为 2 789 万 m^3。

2017 年,嘉峪关市总用水量为 20 633 万 m^3,其中,农田灌溉用水量为 7 548 万 m^3,林牧渔畜用水量为 1 570 万 m^3,工业用水量为 7 309 万 m^3,城镇公共用水量为 247 万 m^3,居民生活用水量为 829 万 m^3,生态环境用水量为 3 310 万 m^3。

近年嘉峪关市用水统计见表 3-9 和图 3-14,近年各业平均用水比例示意图见图 3-15。

3.3.4 现状用水水平分析

经分析,现状年 2017 年嘉峪关市人均用水量为 826 m^3,万元 GDP(当年价)用水量 98 m^3,万元工业增加值用水量 74 m^3;城镇居民综合用水指标 121 L/(人·d)。2017 年嘉峪关市主要用水指标对比分析见表 3-10。

表3-9　近年嘉峪关市用水统计表　（单位：亿 m^3）

年份	农田灌溉	林牧渔畜	工业	城镇公共	居民生活	生态环境	合计
2013	0.542 4	0.173 0	0.967 1	0.022 1	0.077 2	0.204 9	1.986 7
2014	0.542 4	0.165 9	0.916 1	0.026 7	0.079 2	0.207 0	1.937 3
2015	0.531 6	0.165 9	0.898 5	0.022 7	0.080 9	0.369 5	2.069 1
2016	0.680 4	0.232 6	0.837 6	0.022 8	0.081 6	0.300 0	2.155 0
2017	0.754 8	0.157 0	0.730 9	0.024 7	0.082 9	0.313 0	2.063 3
平均	0.610 3	0.178 9	0.870 0	0.023 8	0.080 4	0.278 9	2.042 3

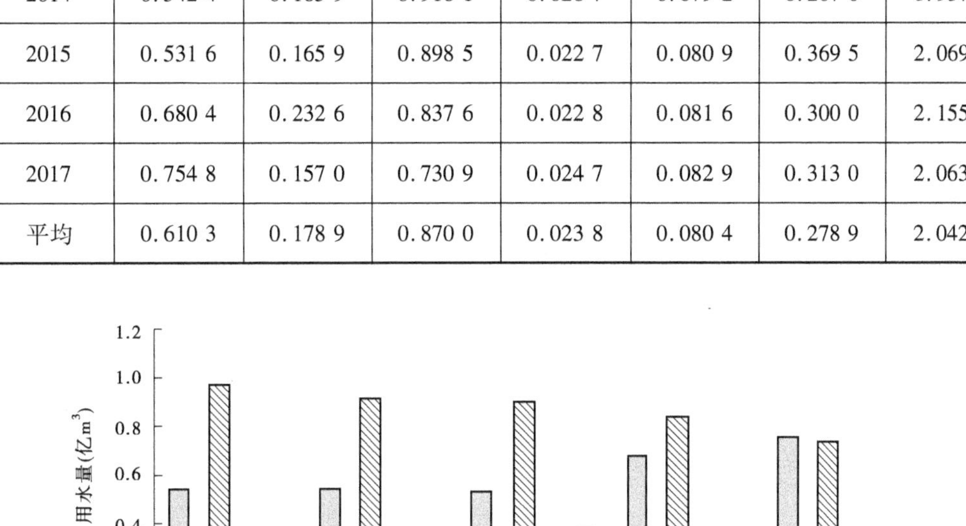

图3-14　近年嘉峪关市各业用水量示意图

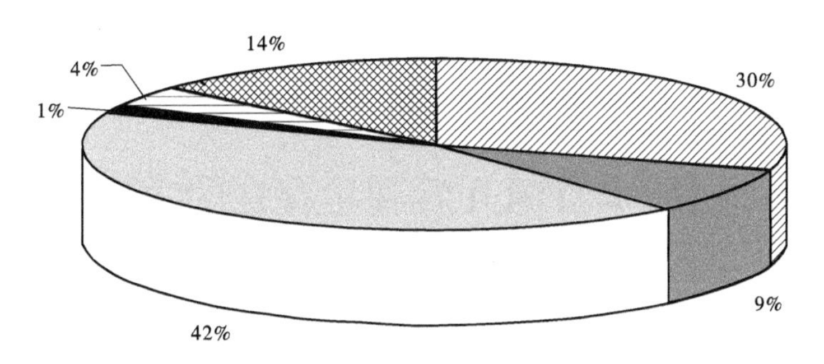

图3-15　近年嘉峪关市各业平均用水比例示意图

表 3-10　2017 年嘉峪关市主要用水指标统计

用水指标	嘉峪关市	甘肃内陆河流域	甘肃省
万元 GDP 用水量(m^3/万元)	98	404	151
人均用水量(m^3)	826	1 528	442
农田灌溉亩均用水量(m^3/亩)	611	518	470
万元工业增加值用水量(m^3/万元)	74	79	58
城镇居民综合用水指标[L/(人·d)]	121	167	150

注:数据来自《2017 年甘肃省水资源公报》。

3.3.5　水资源开发利用与最严格水资源管理要求符合性分析

根据《甘肃省人民政府办公厅关于下达甘肃省地级行政区 2015 年　2020 年　2030 年水资源管理控制指标的通知》(甘政办发〔2013〕171 号),嘉峪关市 2020 年、2030 年用水总量、用水效率和重要江河湖泊水功能区水质达标率等指标见表 3-11。

表 3-11　嘉峪关市 2020 年、2030 年水资源管理控制指标

嘉峪关市最严格水资源管理控制指标	用水总量(亿 m^3)	用水效率		重要江河湖泊水功能区水质达标率(%)
		万元工业增加值用水量(m^3/万元)	农田灌溉水有效利用系数(%)	
2020 年控制指标	1.91	28	0.60	100
2030 年控制指标	2.21	17	0.65	100
2017 年实际情况	1.718 3	74	0.57	100

由表 3-11 可知,2017 年嘉峪市的实际用水总量控制在 2020 年"三条红线"控制指标之内;万元工业增加值用水量不符合用水效率控制指标;农田灌溉水有效利用系数接近控制指标;全市重要江河湖泊水功能区,水质达标率为 100%,符合"三条红线"控制指标。

3.4　区域水资源开发利用存在的主要问题

3.4.1　水资源利用率低

嘉峪关市属资源型缺水地区,用水主要依靠过境地表水和开采地下水。讨赖河来水时空分布不均,除酒钢集团用水由大草滩水库调蓄保证外,讨赖灌区渠首对河川径流不起控制作用,不能有效地利用讨赖河来水,水资源利用率较低。

3.4.2　水利工程基础薄弱

嘉峪关市大部分供水设施基础薄弱,设计标准低,灌区配套程度低;灌区管理人员中,

技术人员比重小,难以实施科学、有效的管理;部分农田灌溉、绿化用水等还存在着漫灌情况,水资源存在浪费现象。由于资金等问题,水利工程投资不足,全市的节水技术和节水工程推广应用缓慢。

3.4.3　非常规水源利用程度有待提高

由于受到水源调蓄工程的制约,冬季嘉峪关市污水处理厂和酒钢集团污水处理厂多余的中水,未得到充分利用,分别排入郊区的红柳林基地和花海农场。

3.4.4　水资源监管体制不完善

《中华人民共和国水法》第十二条规定,国务院水行政主管部门负责全国水资源的统一管理和监督工作。由于历史、体制和认识上的原因,嘉峪关市在水资源管理体制上将城市与乡村、水量与水质、供水与排水分割开来,在管理过程中实行多部门分权管理,多家单位及部门在供水分配及管理上各自为政。例如在水源井的管理上,不同的单位管理数量不一的水源井,不利于水资源开发利用、管理、节约和保护;现状嘉峪关市的3座污水处理厂分属企业及政府管辖,不能很好地对中水回用和排放进行管理与监督。

建议嘉峪关市未来社会经济发展建设中,加强水资源管理,转变经济增长方式,调整产业结构,大力发展优质高产节水农业项目,建立以节水、增效为核心的节水型社会,实现以水资源可持续利用促进当地社会经济可持续发展。

第 4 章　酒钢本部各企业取水许可落实情况评估

4.1　取水许可水源、水量符合性评估

4.1.1　取水水源、水量评估

酒钢集团嘉峪关本部现持有嘉峪关水源地、北大河水源地、黑山湖水源地的地下水取水许可证共 27 份，许可水量共 13 123.67 万 m^3，有效期均为 2013 年 10 月 18 日至 2018 年 10 月 17 日；持有讨赖河地表水取水许可证 1 份，许可水量 4 500 万 m^3，有效期为 2016 年 10 月 17 日至 2021 年 10 月 16 日。

4.1.1.1　地表水评估

据统计，酒钢集团上个取水许可期年平均取讨赖河地表水量为 8 280.2 万 m^3，超出了 4 500 万 m^3 的许可水量，参见表 4-1。

表 4-1　酒钢集团上个取水许可期取讨赖河地表水量　（单位：万 m^3）

年份	2013	2014	2015	2016	2017	年均
取水量	8 131	8 447	9 035	8 129	7 659	8 280.2
转供峪泉灌区	1 200	1 200	1 351	1 379	1 300	1 286
自身取水量	6 931	7 247	7 684	6 750	6 359	6 994.2
许可水量	4 500	4 500	4 500	4 500	4 500	4 500
超引水量	3 631	3 947	4 535	3 629	3 159	3 780.2

酒钢集团均严格按照甘肃省水利厅讨赖河流域水利管理局的水量调度指令引水，无擅自取水的行为。近些年讨赖河来水持续偏丰，超引水量为甘肃省水利厅讨赖河流域水利管理局在水量调度中的汛期分洪水量和转供水量。通过利用汛期分洪水和转供水，有效地减少了地下水水源的开采，对北大河和嘉峪关两个地下水超采区的治理和水位恢复有积极效果。

酒钢集团与峪泉灌区分属不同部门，目前酒钢集团每年需向峪泉灌区转供 1 200 万 m^3 农业灌溉水，按照《水利部办公厅关于加强农业取水许可管理的通知》（办资源〔2015〕175 号）文件精神，建议酒钢集团与峪泉灌区上级主管部门进行协商，尽快按照相关要求办理取水许可手续。

4.1.1.2　地下水评估

据统计，酒钢集团上个取水许可期年平均取地下水量为4 984.4 万 m^3，未超出地下水13 123.67 万 m^3 的许可水量，参见表 4-2。

表 4-2　酒钢集团上个取水许可期取地下水量　（单位：万 m^3）

水源地名称	2013 年	2014 年	2015 年	2016 年	2017 年	年均	许可水量
北大河水源地	2 388	2 240	2 527	2 379	2 368	2 380.4	5 050
黑山湖水源地	0	271	1 524	1 905	1 879	1 115.8	4 416
嘉峪关水源地	1 538	1 522	1 519	1 481	1 381	1 488.2	3 657.67
合计	3 926	4 033	5 570	5 765	5 628	4 984.4	13 123.67

由表 4-2 数据计算可知，北大河水源地、黑山湖水源地、嘉峪关水源地上个取水许可期最大年开采量分别占许可水量的 50.0%、43.1%、42.0%；平均开采量分别占许可水量的 47.1%、25.3%、40.7%。

考虑到近年来讨赖河来水持续偏丰，酒钢集团通过超引地表水（汛期分洪水量和转供水量）置换了部分地下水，近年来地下水开采量偏小是特殊情况。将近年来多引地表水量置换为等量地下水来进行分析，则酒钢集团上个取水许可期取地下水量见表 4-3。

表 4-3　多引地表水量置换为等量地下水后的取地下水量　（单位：万 m^3）

水源类型	2013 年	2014 年	2015 年	2016 年	2017 年	年均	许可水量
地下水	3 926	4 033	5 570	5 765	5 628	4 984.4	13 123.67
地表水超引水量	3 631	3 947	4 535	3 629	3 159	3 780.2	
合计	7 557	7 980	10 105	9 394	8 787	8 764.6	

由表 4-3 可知，如将近年来多引地表水量置换为等量地下水来进行分析，酒钢集团上个取水许可期年均取地下水量为 8 764.6 万 m^3，最大取地下水量为 10 105 万 m^3，未超出地下水许可总量指标。

根据《嘉峪关市地下水超采区治理方案》（嘉峪关市水务局，2018 年 5 月），嘉峪关水源地、北大河水源地处于嘉峪关市浅层小型一般超采区范围内，需要逐步压减两个水源地的设计开采量。2020 年，嘉峪关水源地设计总开采量为 2 397 万 m^3/年（酒钢集团配水量为 1 482 万 m^3/年，压减指标 2 175.67 万 m^3/年），北大河水源地设计总开采量为 3 595 万 m^3/年（酒钢集团配水量为 2 341 万 m^3/年，压减指标 2 709 万 m^3/年）。下个取水许可期，酒钢集团原有的 13 123.67 万 m^3 地下水取水许可量中，北大河、嘉峪关 2 个地下水源地需核减 4 884.67 万 m^3 的取水许可指标，剩余 8 239 万 m^3 的地下水取水许可总量指标与大草滩水源地 198 万 m^3 许可指标（嘉水务许可〔2018〕1 号），不能满足上个取水许可期平均 8 764.6 万 m^3、最大年 10 105 亿 m^3 地下水开采量的需求。

根据本次取水许可延续评估的需水量分析结果，为保障酒钢集团正常用水需要和地下水超采区治理方案的实施，考虑北大河、嘉峪关和黑山湖等 3 个水源地同时启用，同时确保北大河、嘉峪关和黑山湖等 3 个地下水水源地不超采，根据本次地下水取水可靠性和取水影响分析成果，建议的地下水取水许可方案见表 4-4。

表 4-4　嘉峪关市各水源地规划年设计开采方案

水源地名称	设计开采总量（万 m^3/年）	酒钢集团设计开采方案	
		设计开采量（万 m^3/年）	供水井数量（眼）
黑山湖水源地	3 784	3 784	7
嘉峪关水源地	2 397	1 482	10
北大河水源地	3 595	2 341	10
合计	9 776	7 607	27

由表 4-4 可知，根据超采区治理方案，嘉峪关水源地 2020 年设计总开采量为 2 397 万 m^3/年（酒钢集团配水量为 1 482 万 m^3/年，压减指标 2 175.67 万 m^3/年）；北大河水源地 2020 年设计总开采量为 3 595 万 m^3/年（酒钢集团配水量为 2 341 万 m^3/年，压减指标 2 709 万 m^3/年）；黑山湖水源地设计总开采量为 3 784 万 m^3/年（酒钢集团配水量为 3 784 万 m^3/年，压减指标 632 万 m^3/年）。总体上，在确保各水源地不超采的基础上，本次取水许可延续评估建议的地下水取水许可量为 7 607 万 m^3，比上个取水许可期酒钢持有的 13 123.67 万 m^3 地下水取水许可量核减 5 516.67 万 m^3。

4.1.2　用水户评估

（1）本次取水许可延续评估对象中存在多项目在酒钢集团现有取水许可指标内取水，由酒钢集团负责供水，其中部分项目非酒钢集团所属企业，应依法开展水资源论证工作，完善取水许可手续后，方可合法供水、取水。

（2）酒钢集团循环经济和结构调整项目包括了股份公司所属的选烧厂、焦化厂、炼铁厂、炼轧厂、碳钢薄板厂、动力厂、储运部、运输部、股份公司不锈钢分公司和冶金渣厂等，以上项目用水在酒钢集团现有取水指标内解决，符合甘肃省水利厅甘水资源发〔2016〕172 号文件批复要求。

（3）宏晟电热所属的酒钢集团自备电厂能源综合利用技术改造 2×300 MW 工程未按照水利部黄河水利委员会黄水调〔2010〕7 号文件批复要求取水，项目生产少量使用中水，大量使用地表水；酒泉钢铁（集团）有限责任公司嘉峪关 2×350 MW 自备热电联产工程未按照甘肃省水利厅甘水资源发〔2016〕172 号文件批复要求取水，项目生产部分使用中水，大量使用地表水。

（4）东兴铝业所属的酒钢集团嘉峪关 4×35 万 kW 自备机组工程未按照甘肃省水利

厅甘水资源发〔2015〕246 号文件批复要求取中水生产水，目前项目生产全部使用地表水。

4.2　水计量器具情况评估

4.2.1　水计量设施配备相关规定

4.2.1.1　相关规定

《取水许可管理办法》（水利部令第 34 号）第四十二条规定：取水单位或者个人应当安装符合国家法律法规或者技术标准要求的计量设施，对取水量和退水量进行计量，并定期进行检定或者核准，保证计量设施正常使用和量值的准确、可靠。

《取水许可和水资源费征收管理条例》（国务院令第 460 号）第四十三条规定：取水单位或者个人应当依照国家技术标准安装计量设施，保证计量设施正常运行，并按照规定填报取水统计报表。

4.2.1.2　相关规范要求

《用水单位水计量器具配备和管理通则》（GB/T 24789—2009）要求，应配备水计量器具计量各用水系统用量，建立水计量体系，并严格实施。

4.2.2　水计量器具的配备情况分析

4.2.2.1　取供水计量器具

（1）根据酒钢集团检验检测中心提供资料，酒钢集团嘉峪关本部生产、生活用水结算计量网络中各水计量器具信息见表 4-5、表 4-6，结算计量网络图分别见图 4-1 ~ 图 4-5，部分计量装置实景图见图 4-6。

酒钢集团嘉峪关本部供用水计量器具配备齐全，在各个供水干线、支线及用水户端表计齐全，基本上做到了对各生产实体、各用水户的全计量。

（2）根据酒钢集团检验检测中心提供，股份公司各分厂用水计量器具较全，基本做到了分厂、各用水单元和重点用水装置的全计量，股份公司各分厂水计量器具配备数量统计见表 4-7。

（3）宏晟电热下辖的电厂用水计量器具配备较为齐全，其余实体公司亦配备有少量水计量器具，但基本上未做到各实体内部用水的三级计量，建议按照相关要求进行完善。

4.2.2.2　退水计量器具

据调查，酒钢集团尾矿坝排水明渠处有 1 套在线水计量设施，酒钢集团污水处理厂进水明渠、中水回用一干线、二干线和外排水泵房共配备有 4 套水计量设施。酒钢集团嘉峪关本部其余各生产实体均未安装退水计量器具，不符合《取水许可管理办法》（水利部令第 34 号）和《用水单位水计量器具配备和管理通则》（GB/T 24789—2009）相关要求，建议按照相关要求进行完善。

表 4-5　酒钢集团嘉峪关本部生产用水一、二级计量网络各水计量器具信息统计表

序号	水表编号	水表名称	型号	类型	精度	校准周期	测量范围	计量级别	用水去向
1	41106	新水一干线	LCZ－803CF	超声波流量计	1.0 级	0	0～4 000 t/h	一级	高炉、热电、焦化、烧结
2	41102	新水二干线	LCZ－803CF	超声波流量计	1.0 级	0	0～4 000 t/h	一级	高炉、热电、焦化、烧结
3	18314377F	新水三干线	TDS－100F	超声波流量计	1.0 级	0	0～8 000 t/h	一级	二热
4	41104	机修支线	LCZ－803CF	超声波流量计	1.0 级	0	0～1 000 t/h	一级	机修
5	18324701F	新水四干线	TDS－100F1	超声波流量计	1.0 级	0	0～4 000 t/h	一级	7#高炉
6	15907412F	一空压站冷却水	TDS－100F1	超声波流量计	1.0 级	0	0～60 t/h	二级	动力厂一空压站
7	930010	炼钢环网一支线	DN600	孔板	1.5 级	0	0～1 000 t/h	二级	炼钢工序
8	SL919119	热电一干线流量	V200PI－10－H－T2－B5C $D=612$ mm	威力巴	1.0 级	0	0～2 000 t/h	二级	一热电厂
9	H13201359	1#高炉新泵房补生产水量	IFC100W	电磁流量计转换器	0.5 级	0	0～600 t/h	二级	1#高炉
10	H1119385	1#高炉一泵站补生产水量	OPTIFLUX2000F	电磁流量计传感器	0.5 级	0	0～600 t/h	二级	1#高炉
11	H13210598	2#高炉新泵房补生产水量	IFC100W	电磁流量计转换器	0.5 级	0	0～600 t/h	二级	2#高炉
12	H13210593	2#高炉一泵站补生产水量	OPTIFLUX2000F	电磁流量计传感器	0.5 级	0	0～600 t/h	二级	2#高炉
13	SL919120	热电二干线量	V200PI－10－H－T2－B5C $D=309$ mm	威力巴	1.0 级	0	0～1 000 t/h	二级	一热电厂
14	CN5.065.206 20071101869	热电化学二干线生产水	MFC00000000000 5EH1301111	电磁流量计	0.5 级	0	0～400 t/h	二级	一热电厂
15		铸铁机生产新水							
16	141184	焦化生产水	LCZ－803 DN525	超声波流量计转换器	1.0 级	0	0～1 500 t/h	二级	焦化厂

续表 4-5

序号	水表编号	水表名称	型号	类型	精度	校准周期	测量范围	计量级别	用水去向
17	930011	炼钢环网二支线	DN600	孔板	1.5 级	0	0 ~ 1 000 t/h	二级	老炼钢工序
18		原料生产水							
19	41114	嘉北支线生产水	LCZ - 803	超声波流量计转换器	1.0 级	0	0 ~ 250 t/h	二级	嘉北区
20	41127	联合泵站生产水	LCZ - 803	超声波流量计传感器	1.0 级	0	4 ~ 20 mA	二级	选矿工序
21	H1110527	5#、6#焦炉生产水	EFC100	电磁流量计转换器	0.5 级	0	0 ~ 800 t/h	二级	5#、6#焦炉
22	H1103878	5#、6#焦炉生产水	OPT1FLUX2100C	电磁流量计	0.5 级	0	0 ~ 800 t/h	二级	5#、6#焦炉
23	15003713F	宏晟二热生产新水	TDS - 100F 530 × 10	超声波流量计	1.0 级	0	0 ~ 2 000 t/h	二级	二热电
24	18307945F	养殖园支线生产水	TDS - 100F1	超声波流量计转换器	0.5 级	0	0 ~ 500 t/h	二级	养殖园
25	18331016F	炉卷支线生产水量	TDS - 100F1	超声波流量计传感器	0.5 级	0	0 ~ 1 500 t/h	二级	热轧工序
26		别墅区绿化用水							
27	18743299	六千制氧新水补水	TDS - 100F	超声波流量计	1.0 级	0	0 ~ 100 t/h	二级	6 000 制氧
28	H1111780	新制氧生产水量	IFC100W	电磁流量计转换器	0.5 级	0	0 ~ 300 t/h	二级	三制氧
29	18104856F	二空补水量	TDS - 100F1	超声波流量计	1.0 级	0	0 ~ 100 t/h		二空压站
30	12700470Z	200 万区域 1#支线	TDS - 100Z	超声波流量计	1.0 级	0	0 ~ 1 500 t/h	二级	2#喷煤
31	12700516Z	200 万区域 2#支线	TDS - 100Z	超声波流量计	1.0 级	0	0 ~ 150 t/h	二级	2#喷煤
32	H1017031	7#高炉生产水支线	OP1FLUX2100C DN500 K:8.1527	电磁流量计	0.5 级	0	0 ~ 2 000 t/h	二级	7#高炉
33	S0219148	二高线泵站新水量	V150(205 mm) - 05 - H - R - PSW(DN205)	威力巴	1.0 级	0	0 ~ 200 t/h	三级	线棒工序
34	99F140	方坯泵站新水量	MTPCL - 5G/B	超声波流量计	1.0 级	0	0 ~ 600 t/h	三级	方坯泵站

续表 4-5

序号	水表编号	水表名称	型号	类型	精度	校准周期	测量范围	计量级别	用水去向
35	61068	板坯泵站新水量	LCZ－803CF	超声波流量计	1.0 级	0	0～500 t/h	三级	板坯泵站
36	07703845F	一高线泵站新水量	TDS－100F	超声波流量计	1.0 级	0	0～300 t/h	三级	一高线
37	84753－222	机修换热站新水量	K300（DN80、G_k＝5.571）	电磁流量计	0.5 级	0	0～50 t/h	三级	机修换热站
38	H12213508	400 万铁选过滤间生产水量	OPTIFLUX2300F DN100	电磁流量计传感器	0.5 级	0	0～250 t/h	三级	400 万过滤间
39		400 万铁选生产水量							
40	10081908	宏晟二热绿化泵站出水量	MFC30158110A995 ER1401111	电磁流量计传感器	0.5 级	0	0～763 t/h	三级	二热电
41	18307945F	养殖园生产水量	TDS－100F1	超声波流量计转换器	0.5 级	0	0～500 t/h	三级	养殖园
42		粉煤灰							
43		炉卷泵站净环补水量							
44		不锈钢炼钢生产新水量							
45	609370	不锈钢冷轧一期生产水量	MFC30158110B205 DN300	电磁流量计传感器	0.5 级	0	0～1 000 t/h	三级	不锈钢冷轧一期工序
46		不锈钢冷轧二期生产水量							
47		烧结泵站新水补水							
48	H13216570	4#烧结泵站新水补水	OPTIFLUX2000F DN300	电磁流量计	0.5 级	0	0～500 t/h	三级	4#烧结机
49		五泵站新水补水							
50		种植园生产水							
51		孔雀养殖基地							

续表 4-5

序号	水表编号	水表名称	型号	类型	精度	校准周期	测量范围	计量级别	用水去向
52		亨通公司生产水							
53		葡萄园生产水							
54		人工湖生产水							
55		铁合金基地生产水							
56		耐材散料作业区							
57		金属镁生产水							
58		不锈钢工业园用水							
59	18428723	铁合金支线生产水	TDS－100F	超声波流量计转换器	1.0 级	0	0～1 000 t/h	一级	铁合金、耐火材料、金属镁、不锈钢工业园区
60		索通生产水							
61	H40C2E18000	电解铝生产水	50L3H－UD0A1AC2AAAW	电磁流量计	0.5 级	0	0～1 000 t/h	二级	电解铝区
62		宏达水泥厂生产水							
63		祁丰建化生产水							
64		坦克旅生产水							
65		花海养牛场生产水							
66		200 万铁系统生产水							
67		软水泵站生产水							
68		200 万钢系统生产水							
69	CSB－01	CSP 泵站生产水	TDS－100	超声波流量计	1.0 级	0	0～200 t/h	三级	碳钢 CSP

续表 4-5

序号	水表编号	水表名称	型号	类型	精度	校准周期	测量范围	计量级别	用水去向
70		200 万综合料场生产水							
71		200 万连铸炼轧生产水							
72	V13605－05.1S0819024	碳钢冷轧生产水	V150－10－H－PS－PSW（$L=207$ mm）	威力巴	1.0 级	0	0～800 t/h	三级	碳钢冷轧
73	4BZ2	四泵站补水	IFM4080FDN250－NEOPM0	电磁流量计传感器	0.5 级	0	0～500 t/h	三级	四泵站
74		宏丰轧钢生产水							
75		轧辊厂生产水							
76		3#、4#高炉生产水							
77		4#高炉生产水							
78		5#、6#高炉生产水							
79		6#高炉生产水							
80		1#～3#转炉生产水							
81		1#～3#精炼炉生产水							
82		板坯连铸生产水							
83	3022242	4 万立水池生产水	H40BE41800	电磁流量计	0.5 级	0	0～7 000 t/h	一级	嘉北区
84	131382	嘉北电厂	MFC－1511012101CH111	电磁流量计	0.5 级	0	0～1 600 t/h	二级	嘉北电厂
85	H40C2E18000	嘉北铝厂	50L3H－UD0A1AC2AAAW	电磁流量计	0.5 级	0	0～1 000 t/h	二级	电解铝区
86	H40BE318000	嘉北铝厂	50L5H－U20A1AC2AAAW	电磁流量计	0.5 级	0	0～2 000 t/h	二级	嘉北电厂

表4-6 酒钢集团嘉峪关本部生活用水一、二、三级计量网络各水计量器具信息统计表

序号	水表编号	水表名称	型号	类型	精度	校准周期	测量范围	计量级别	用水去向
1		北大河生活水							
2		2000立兰新供水							
3		2000立市区供水							
4		建林街生活水							
5		宏晟生活水							
6		厂区四干线生活水							
7	18428732F	北大河北线生活水	TDS-100F	超声波流量计	1.0级	0	0~3 000 t/h	二级	200万区域
8		游泳馆生活水							
9		厂区一干线生活水							
10		厂区二干线生活水							
11		储运皮带通廊生活水							
12	18209916F	宏丰养殖园生活水量	TDS-100F1	超声波流量计转换器	0.5级	0	0~500 t/h	三级	养殖园
13	Z1357	吉瑞墙材厂生活水量	1FM4080K-DN150-NEOP-MO	电磁流量计	0.5级	0	0~100 t/h	三级	吉瑞墙材厂
14	21032	21000制氧生活水量	LCZ-803CF	超声波流量计	1.0级	0	0~1 000 t/h	三级	21000制氧部
15		炉卷支线生活水量							
16	18314345F	125 MW生活水	TDS-100F	超声波流量计转换器	0.5级	0	0~200 t/h	三级	二热电
17	SR6	发电三分厂生活水	DN108	喷嘴	1.0级	0	0~30 t/h	三级	发电三分厂
18		6000制氧生活水量							
19		炉卷换热站生活水量							

续表 4-6

序号	水表编号	水表名称	型号	类型	精度	校准周期	测量范围	计量级别	用水去向
20	41125	废钢生活水量	LCZ－803CP	超声波流量计传感器	1.0 级	0	0～100 t/h	三级	储运部废钢区
21	12700484Z	200 万生活水量	TDS－100Z	超声波流量计	1.0 级	0	0～150 t/h	三级	2#喷煤
22	18311500F	物流嘉东生活水	TDS－100F1AC－DN600	超声波流量计	1.0 级	0	0～200 t/h	三级	物流嘉东库
23	18324706F	焦化生活水	TDS－100F	超声波流量计传感器	1.0 级	0	0～200 t/h	三级	焦化厂
24	D5702	中板浴池	K300(DN200－NEOP－MO)	电磁流量计	0.5 级	0	0～200 t/h	三级	中板工序
25	18428785F	一热电生活水	TDA－100F1	超声波流量计	1.0 级	0	0～100 t/h	三级	一热电
26	41183	炉衬支线生活水	LCZ－803－C－F	超声波流量计	1.0 级	0	0～200 t/h	三级	10 万立煤气柜
27		三轧北侧生活水							
28		三轧南侧生活水							
29	183310117F	汽运公司生活水量	TDS－100F	超声波流量计	1.0 级	0	0～200 t/h	三级	汽运公司
30	15908686	冶建公司区域生活水	TDS－100F1	超声波流量计	1.0 级	0	0～100 t/h	三级	冶建公司
31	18329941F	检修工程部生活水量	TDS－100F1	超声波流量计	1.0 级	0	0～100 t/h	三级	检修工程部
32	H1111778	新制氧生活水量(北)	IFC100W	电磁流量计转换器	0.5 级	0	0～300 t/h	三级	三制氧
33	H1111779	新制氧生活水量(西)	IFC100W	电磁流量计转换器	0.5 级	0	0～300 t/h	三级	三制氧
34	81047	物流嘉北入口生活水	LCZ－803 $D=275$ mm W.T＝12.5 mm	超声波流量计传感器	1.0 级	0	0～400 t/h	三级	物流嘉北区
35	41086	选矿厂生活水	LCZ－803	超声波流量计转换器	1.0 级	0	0～100 t/h	三级	选矿工序
36	4084	烧结入口生活水	LCZ－803	超声波流量计转换器	1.0 级	0	0～400 t/h	三级	烧结工序
37	41112	宏昌公司生活水	LCZ－803CP	超声波流量计传感器	1.0 级	0	0～1 200 t/h	三级	西部重工

续表 4-6

序号	水表编号	水表名称	型号	类型	精度	校准周期	测量范围	计量级别	用水去向
38	4084	烧结生活水量	LCZ－803	超声波流量计转换器	1.0 级	0	0～400 t/h	三级	烧结工序
39	18438674F	自动化北侧生活水	TDS－100F	超声波流量计	1.0 级	0	0～200 t/h	三级	自动化北侧区域
40	41131	自动化南侧生活水	LCZ－803CP	超声波流量计传感器	1.0 级	0	0～200 t/h	三级	自动化南侧区域
41	41097	生产指挥中心北侧生活水	LCZ－803CF	超声波流量计	1.0 级	0	0～100 t/h	三级	生产指挥中心北侧区
42	18314377F	生产指挥中心南侧生活水	TDS－100F1	超声波流量计	1.0 级	0	0～700 t/h	三级	生产指挥中心南侧区
43	41098	炼铁生活水	LCZ－803CF	超声波流量计	1.0 级	0	0～100 t/h	三级	1#喷煤
44	41110	炼钢 1#生活水	LCZ－803CF	超声波流量计转换器	1.0 级	0	0～250 t/h	三级	炼钢工序
45	41092	炼钢 2#生活水	LCZ－803CP	超声波流量计传感器	1.0 级	0	0～250 t/h	三级	炼钢工序
46		100 万线棒工序							
47		嘉兴车站							
48		污水处理厂							
49		330 变电所							
50	18201142F	不锈钢热轧支线生活	TDS－100F	超声波流量计转换器	0.5 级	0	0～100 t/h	三级	热轧工序
51	18329970F	五空站生活水	TDS－100F1	超声波流量计转换器	1.0 级	0	0～700 t/h	二级	热轧工序
52	18329970F	炉卷消防中心生活水	TDS－100F1	超声波流量计传感器	1.0 级	0	0～700 t/h	二级	热轧工序
53	Z06091994	不锈钢冷轧生活水	MFC00000000000 ER1301111	电磁流量计转换器	0.5 级	0	0～160 t/h	三级	冷轧工序
54	H5089	不锈钢炼钢生活水	IFM4080F	电磁流量计转换器	0.5 级	0	0～200 t/h	三级	炼钢工序
55		石油公司生活水							

续表 4-6

序号	水表编号	水表名称	型号	类型	精度	校准周期	测量范围	计量级别	用水去向
56		二空生活水							
57		储运合金库生活水							
58		物流北区入口生活水							
59		炼铁三泵站生活水							
60		200 万料场生活水							
61		嘉北信号楼生活水							
62		炭黑厂生活水							
63		200 万料场生活水							
64		一总降							
65		通讯部							
66		供电部							
67	183310117F	汽运办公楼	TDS - 100F	超声波流量计	1.0 级	0	0 ~ 200 t/h	三级	汽运办公楼
68		汽运油铲队							
69	H13210008	1#、2#高炉软水站生活水	OPTIFLUX4000F	电磁流量计传感器	0.5 级	0	0 ~ 200 t/h	三级	1#2#高炉
70		四泵站板框生活水							
71	CSBZ - 02	CSP 总量生活水	TDS - 100Z	超声波流量计转换器	1.0 级	0	0 ~ 200 t/h	二级	CSP 计量站
72		四泵站软水站生活水							
73		六空压站生活水							
74		200 万消防中心							
75		CSP 理化检验站生活水							

续表 4-6

序号	水表编号	水表名称	型号	类型	精度	校准周期	测量范围	计量级别	用水去向
76		CSP 泵站生活水							
77		9#连铸机泵站生活水							
78		CSP 变电所生活水							
79		200 万浴池							
80		200 万办公楼							
81		200 万鼓风机站							
82	H1017017	4#烧结机生活水	OPTIFLUX2100C DN250	电磁流量计	0.5 级	0	0 ~ 300 t/h	三级	4#烧结机
83		7#高炉生活水							
84	LJK7584	四轧区域	TDS - 100	超声波流量计	1.0 级	0	0 ~ 200 t/h	三级	四轧区域
85		四泵站铁系统生活水							
86		四泵站钢系统生活水							
87		八万立气柜生活水							
88		CSP 生活水							
89		碳钢冷轧生活水							
90		宏丰轧钢生活水							
91		轧辊厂生活水							
92		大友公司生活水							
93	3022240	4 万立水池生活水	H40BE21800	电磁流量计	0.5 级	0	0 ~ 1 200 t/h	一级	嘉北区域
94	131383	嘉北电厂	MFC - 1511012101CH111	电磁流量计	0.5 级	0	0 ~ 110 t/h	二级	嘉北电厂
95	H5014318000	嘉北铝厂	50L2H - UD0A1AC2AAAW	电磁流量计	0.5 级	0	0 ~ 1 000 t/h	三级	电解铝一期办公楼
96	H40C2C18000	嘉北铝厂	50L3H - U20A1AC2AAAW	电磁流量计	0.5 级	0	0 ~ 300 t/h	二级	铝电一期

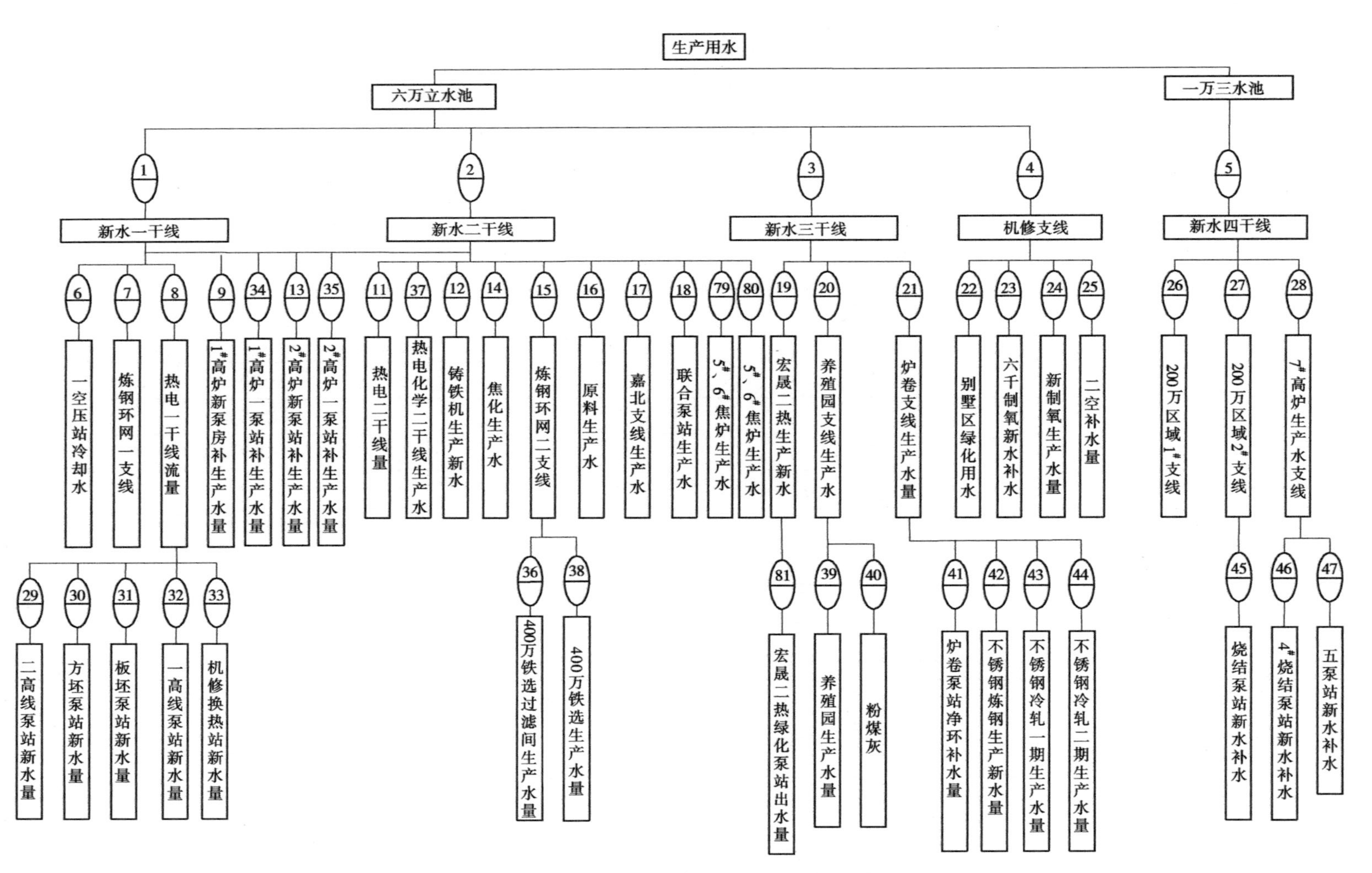

图 4-1　酒钢集团嘉峪关本部生产供水计量网络图 1

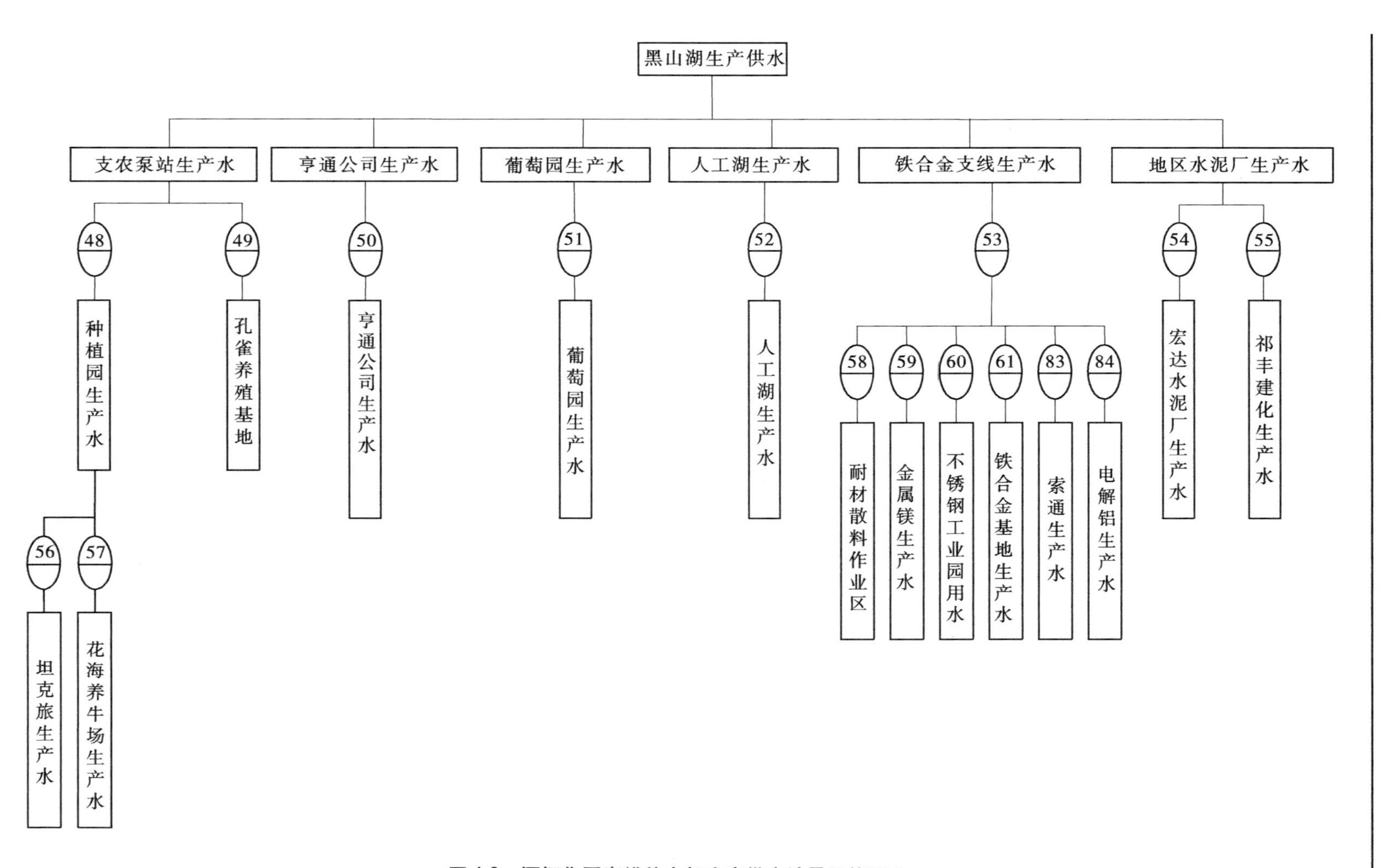

图 4-2　酒钢集团嘉峪关本部生产供水计量网络图 2

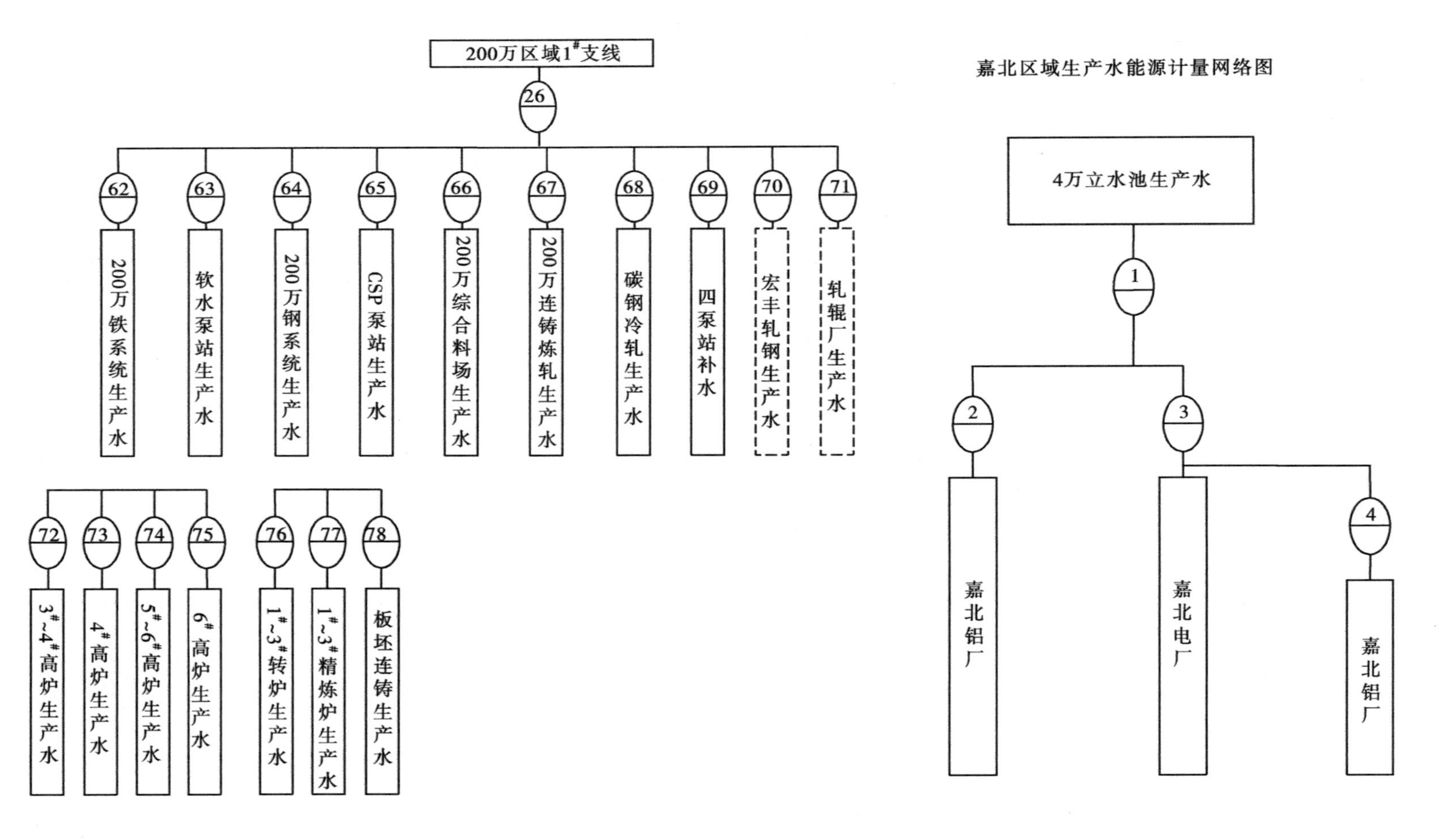

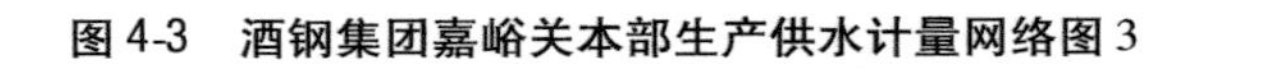
图 4-3　酒钢集团嘉峪关本部生产供水计量网络图 3

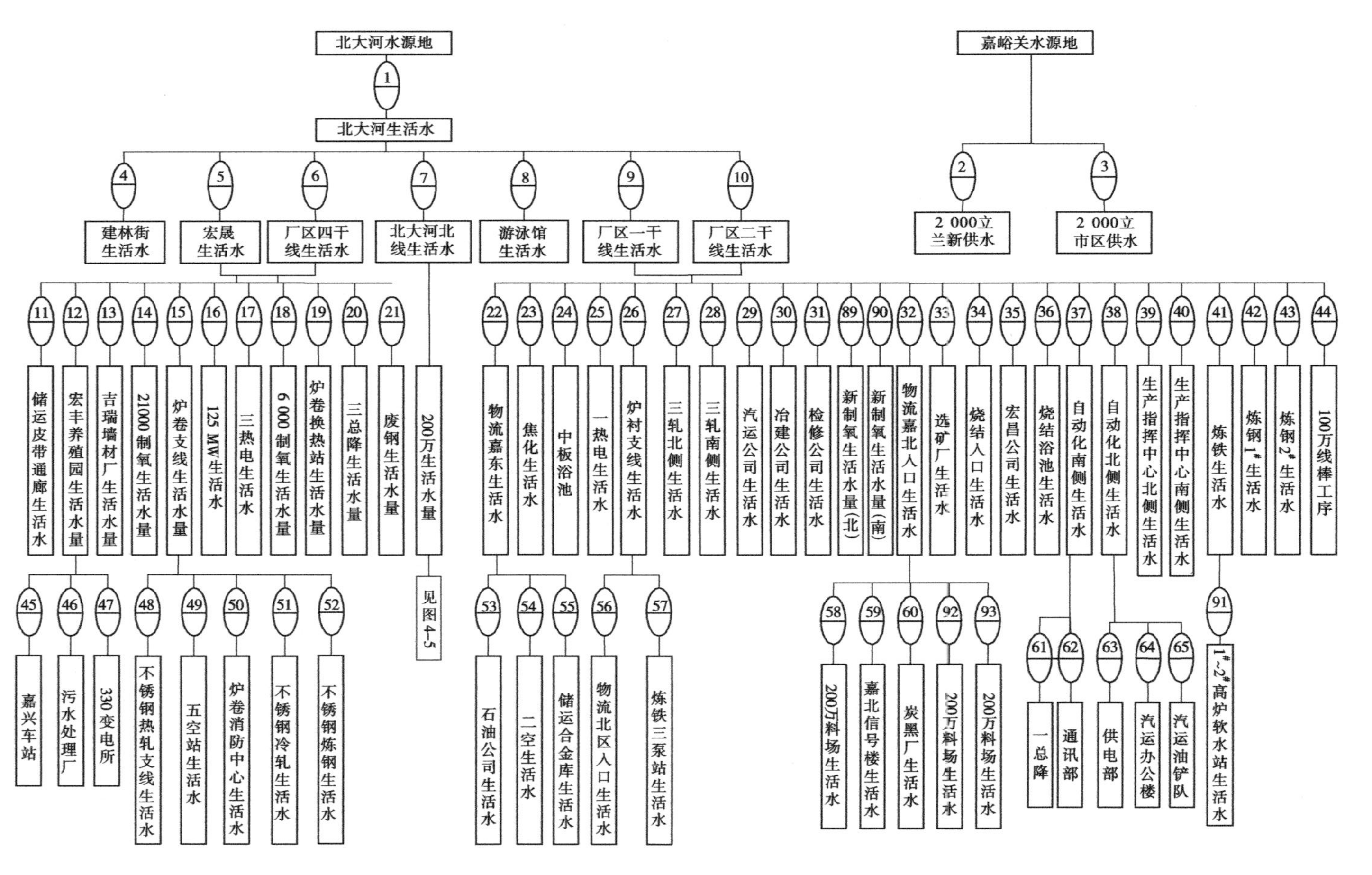

图4-4　酒钢集团嘉峪关本部生活供水计量网络图1

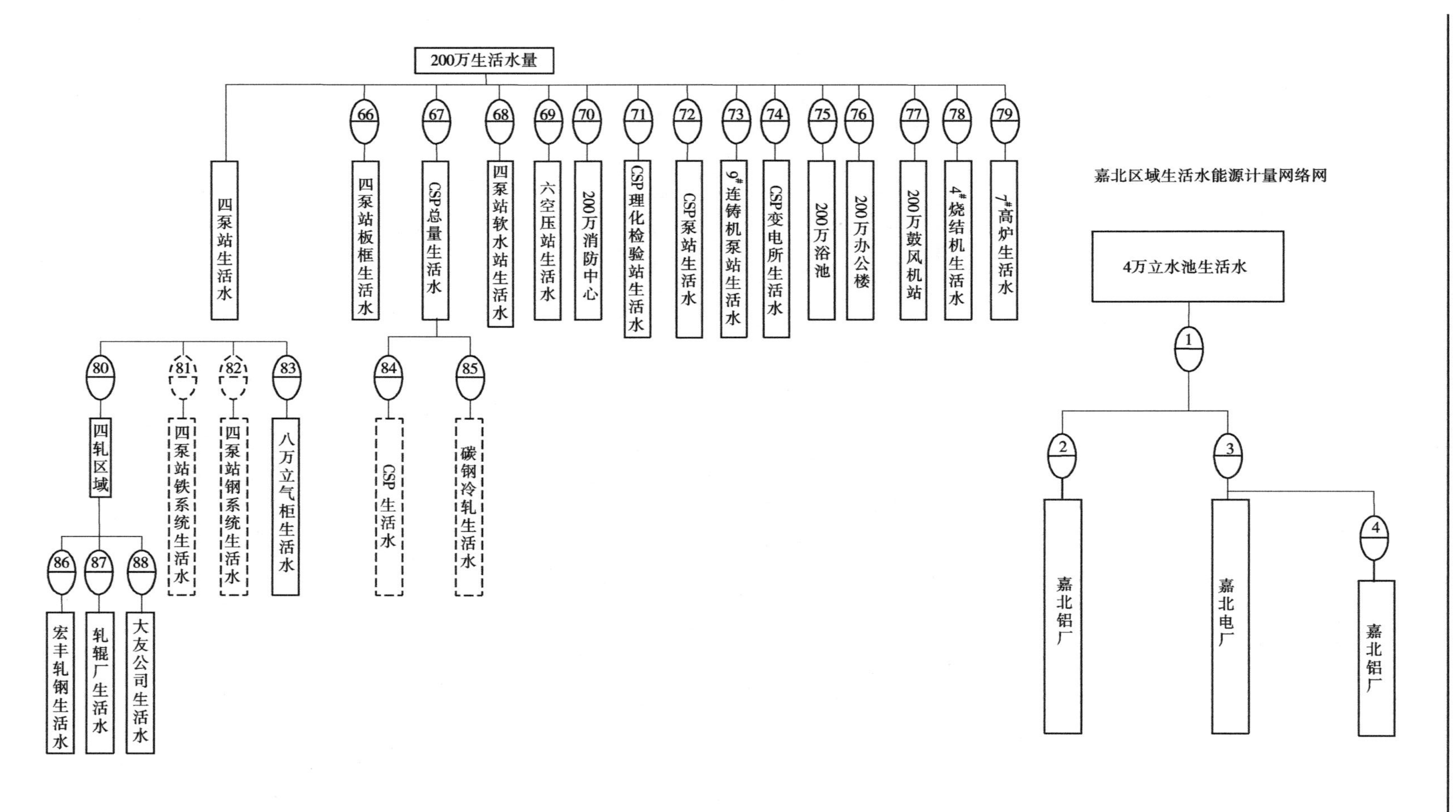

图 4-5　酒钢集团嘉峪关本部生活供水计量网络图 2

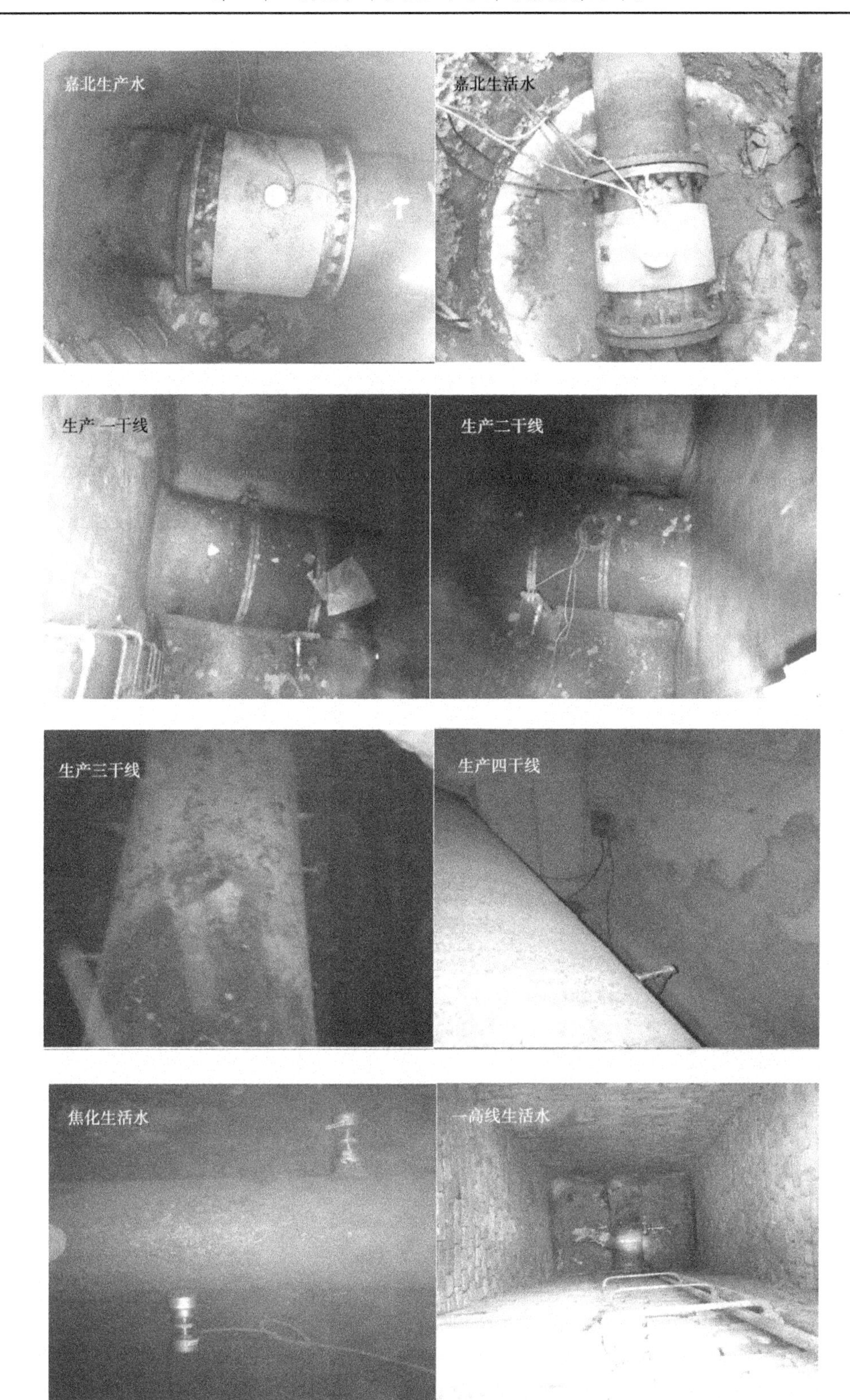

图 4-6　部分水计量装置实景图

表 4-7 股份公司各分厂水计量器具配备数量统计

序号	实体名称	生产水(套)	生活水(套)	合计
1	选烧厂	116	7	123
2	焦化厂	90	4	94
3	炼铁厂	228	4	232
4	炼轧厂	143	8	151
5	碳钢厂	232	3	235
6	不锈钢分公司	45	13	58
7	动力厂(含运输部)	390	23	413
8	储运部	1	5	6
9	合计	1 245	67	1 312

4.2.3 水计量器具的维护校验情况

据调查,酒钢集团在各种计量器具的维护校准方面工作扎实。酒钢集团下设设备能源处、检验检测中心等专职机构负责各种表计的运行、维护、校准、校验工作,在仪表作业区配备专职人员 219 人负责计量器具维护校准,对标准器按时外送检定,对各类水计量器具建立有完善的台账,校准记录可查,校准有明确周期,水计量器具的维护校准情况较好。

4.2.4 建议

建议酒钢集团嘉峪关本部各企业和项目按照《用水单位水计量器具配备和管理通则》(GB 24789—2009)要求,配备水计量器具,计量各用水系统水量,建立水计量管理体系,并严格执行实施。

4.2.4.1 水计量器具的配备原则

(1)应对各类供水进行分质计量,满足对取水量、用水量、重复利用水量、回用水量和排水量等进行分项统计的需要。

(2)应对生活用水与生产用水分别计量。

(3)应同时满足工业用水分类计量的要求。

4.2.4.2 水计量器具的计量范围

(1)全装置的输入水量和输出水量。

(2)次级用水单位的输入水量和输出水量。

4.2.4.3 水计量器具的配备要求

1. 配备要求

按照《用水单位水计量器具配备和管理通则》(GB 24789—2009)要求,用水单位水计量器具配备率和水表计量率应均达到100%,次级用水单位水计量器具配备率和水表计量率均达到95%;主要用水系统水计量器具配备率达到80%,水表计量率达到85%,详见表4-8。

表4-8 水计量器具配备要求

考核项目	用水单位	次级用水单位	主要用水(设备)系统(水量≥1 m^3/h)
水表计量器具配备率(%)	100	≥95	≥80
水表计量率(%)	100	≥95	≥85

2. 精度要求

按照《用水单位水计量器具配备和管理通则》(GB 24789—2009)及《用能单位能源计量器具配备和管理通则》(GB 17167—2006)要求,水计量器具准确度应满足表4-9要求。

表4-9 水计量器具准确度等级要求

计量项目	准确度等级要求
取水、用水的水量	优于或等于2级水表
废水排放	不确定度优于或等于5%

冷水水表的准确度等级应符合《饮用水水表检定规程》(JJG 162—2019)要求。

4.2.4.4 水计量管理要求

1. 水计量制度

(1)各项目应建立水计量管理体系及管理制度,形成文件,并保持和持续改进其有效性。

(2)各项目应建立、保持和使用文件化的程序来规范水计量人员行为、水计量器具管理和水计量数据的采集和处理。

2. 水计量人员

(1)各项目应设专人负责水计量器具的管理,负责水计量器具的配备、使用、检定(校准)、维修、报废等管理工作。

(2)各项目应设专人负责主要次级用水单位和主要用水设备水计量器具的管理。

(3)水计量管理人员应通过相关部门的培训考核,持证上岗;用水单位应建立和保存水计量管理人员的技术档案。

(4)水计量器具检定、校准和维修人员,应具有相应的资质。

3. 水计量器具

(1)各项目应备有完整的水计量器具一览表。表中应列出计量器具的名称、型号规格、准确度等级、测量范围、生产厂家、出厂编号、用水单位管理编号、安装使用地点、状态(合格、准用、停用等)。主要次级用水单位和主要用水设备应备有独立的水计量器具一览表分表。

(2)项目应建立水计量器具档案,内容包括:

①水计量器具使用说明书；

②水计量器具出厂合格证；

③水计量器具最近连续两个周期的检定（测试、校准）证书；

④水计量器具维修或更换记录；

⑤水计量器具其他相关信息。

（3）项目应有水计量器具量值传递或溯源图，其中作为用水单位内部标准计量器具使用的，要明确规定其准确度等级、测量范围、可溯源的上级传递标准。

（4）项目的水计量器具，凡属自行校准且自行确定校准间隔的，应有现行有效的受控文件（即自校水计量器具的管理程序和自校规范）作为依据。

（5）水计量器具应由专业人员实行定期检定（校准）。凡经检定（校准）不符合要求的或超过检定周期的水计量器具一律不准使用。属强制检定的水计量器具，其检定周期、检定方式应遵守有关计量技术法规的规定。

（6）在用的水计量器具应在明显位置粘贴与水计量器具一览表编号对应的标签，以备查验和管理。

4. 水计量数据

（1）各项目应建立水统计报表制度，水统计报表数据应能追溯至计量测试记录。

（2）水计量数据记录应采用规范的表格样式，计量测试记录表格应便于数据的汇总与分析，应说明被测量与记录数据之间的转换方法或关系。

（3）各项目可根据需要建立水计量数据中心，利用计算机技术实现水计量数据的网络化管理。

5. 水计量网络图

（1）各项目应有详细的全厂供水、排水管网网络图。

（2）各项目应有详细的全厂水表配备系统图。

（3）根据项目的用、排水管网图和用水工艺，绘制出企业内部用水流程详图，包括车间或用水系统层次、重要装置或设备（用水量大或取新水量大）层次的用水流程图。

4.3　延续取水申请情况

根据水利部办公厅《关于对2016年度水资源专项监督检查发现问题进行整改的通知》（办资源函〔2017〕266号），2016年水利部对甘肃省最严格水资源管理专项督察中发现的酒钢集团存在地表取水许可延续不规范问题，未进行评估并缺少评估意见。

根据《甘肃省水利厅关于对2016年度水资源管理专项监督检查发现问题进行整改的通知》（甘水资源发〔2017〕108号）要求，酒钢集团对照问题清单进行全面梳理，对发现的问题立即进行整改。2018年年初，酒钢集团27份地下水取水许可证即将到期，酒钢集团积极申请延续，同年7月通过公开招标方式，委托黄河水资源保护科学研究院承担了该集团嘉峪关本部取水许可延续评估工作，对原取水许可有效期内地下水工程的合理性、可靠性、取退水影响情况等进行综合评估，为延续取水审批提供技术支持。

4.4　水资源费缴纳情况

酒钢集团能够按照甘肃省水利厅、甘肃省水利厅讨赖河流域水利管理局和嘉峪关市水务局下达的缴纳水资源费通知书要求，及时、足额缴纳水资源费，上个取水许可期内，未发生不缴、拖缴、欠缴的情况。

4.5　取水台账建立及用水计划执行情况评估

酒钢集团高度重视水资源管理工作，历来由集团公司总经理、各分公司、子公司一把手主抓水资源管理工作，从集团公司到各分、子公司均有专门的水资源管理队伍，从上到下各级的取用水台账、水计量器具台账等均完备可查。

酒钢集团严格按照《水利部关于印发〈计划用水管理办法〉的通知》（水资源〔2014〕360号）、《甘肃省取水许可和水资源费征收管理条例》（省政府令第110号）相关要求，按时向各级水行政主管部门上报本年度取水工作总结和下年度用水计划。

同时，根据国家、省、市最严格水资源管理制度考核制度，酒钢集团制定了集团内部完备的水资源考核制度，计划用水管理已经全面实施，定期考核各下属公司用水计划执行情况；下属各公司均按要求建立健全用水原始记录和统计台账，安装合格用水计量设施，能够及时编报本年度取水工作总结，并制订上报下年度的用水计划。通过内部严格的水资源管理及考核制度，将目标任务层层分解，做到目标到人、责任到人，规范了酒钢集团的用水管理工作。

4.6　退水情况评估

取水甘水资源字〔2016〕第A02000006号（讨赖河地表水）取水许可证批准，酒钢集团嘉峪关本部允许退水量为2 739万m^3，退水地点为酒钢尾矿坝北侧，退水方式为经处理排放，退水水质要求为达标排放。

据统计，2013～2017年酒钢集团污水处理厂年均排水量为795.7万m^3，处理后经排水渠道至酒钢尾矿坝北侧与尾矿坝排水汇合后，经排水渠送至酒钢花海农场用于防风林带浇灌。排水渠沿线有多个工矿企业取酒钢集团污水处理厂中水用于生产。酒钢集团按规定在污水处理厂排口、尾矿坝排口均安装在线水质监测装置，并与环保部门的监控联网。根据在线监测和自检情况，酒钢集团总排口（酒钢尾矿坝北侧）排水水质符合《钢铁工业水污染物排放标准》（GB 13456—2012）水质标准要求，符合达标排放。

酒钢集团嘉峪关本部2013～2017年退水量未超取水许可证批准退水量要求，退水地点未发生变更，退水方式为连续排放，退水水质达标，符合取水许可证要求。

4.7　存在的问题及建议

（1）经评估，考虑酒钢集团正常用水需求，在确保嘉峪关和北大河 2 个地下水水源地不超采的情况下，应同时启用北大河、嘉峪关、黑山湖等 3 个水源地供水，建议地下水取水许可总量控制在 7 607 万 m^3，较上个取水许可期 3 个水源地地下水取水许可总量共核减 5 516.67 万 m^3。

（2）经评估，峪泉灌区与酒钢集团分属不同部门，按照《水利部办公厅关于加强农业取水许可管理的通知》（办资源〔2015〕175 号）要求，酒钢集团应与峪泉灌区上级主管部门进行协商，尽快按照相关法律法规办理取水许可手续，以解决峪泉灌区长期取水问题。

（3）经评估，酒钢集团退水计量器具配备不足，应按照有关规定对各生产实体配备退水计量器具，建立健全退水管理台账。

（4）经评估，酒钢集团的供输水系统综合损耗率相对较高，建议酒钢集团将供输水系统的排查更新改造作为节水工作的重点，保障供输水系统年更新率不低于 15%，降低供水损耗，确保到下个取水许可期末供水管网的漏失率不超过 10%。

第 5 章　酒钢集团嘉峪关本部用水平衡分析

5.1　2017 年实际用水平衡分析

5.1.1　达产情况分析

近几年受经济形势制约,酒钢集团嘉峪关本部很多企业没有达产。2013 ~ 2017 年酒钢集团嘉峪关本部各企业平均产能、设计产能及达产率见表 5-1。

表 5-1　酒钢集团嘉峪关本部取水许可延续评估各企业达产率一览表

序号	公司	项目名称	产品	单位	2013 ~ 2017 年平均产能	设计产能	达产率	综合达产率
1	股份公司	选烧厂	铁精矿	万 t	311.15	333.00	93.4%	83.9%
2			铁精矿	万 t	185.88	239.36	77.7%	
3			烧结矿	万 t	627.36	800.00	78.4%	
4			球团矿	万 t	85.94	100.00	85.9%	
5		焦化厂	冶金焦炭	万 t	264.01	310.00	85.2%	85.2%
6		炼铁厂	生铁	万 t	506.26	650.00	77.9%	77.9%
7		炼轧厂	炼钢	万 t	197.41	300.00	65.8%	78.6%
8			线材	万 t	118.12	150.00	78.7%	
9			棒材	万 t	96.58	100.00	96.6%	
10			中厚板	万 t	73.22	100.00	73.2%	
11		碳钢薄板厂	炼钢	万 t	296.41	350.00	84.7%	72.0%
12			常规铸胚,热轧薄板	万 t	202.39	350.00	57.8%	
13			冷轧薄板	万 t	110.36	150.00	73.6%	
14		不锈钢分公司	不锈钢炼钢	万 t	109.19	100.00	109.2%	78.5%
15			热轧	万 t	114.67	110.00	104.2%	
16			冷轧酸洗	万 t	54.14	70.00	77.3%	
17			中厚板冷轧	万 t	4.61	20.00	23.1%	
18		动力厂	氧气	万 t	105.05	115.44	91.0%	91.0%
19	宏晟电热	一分厂老厂 79 MW	电力、蒸汽	万 MW · h	44.91	63.2	71.1%	75.4%
20		一分厂热力站	电力、蒸汽	万 MW · h	74.48	104.80	71.1%	
21		二分厂 2 × 125 MW	电力、蒸汽	万 MW · h	164.16	204.00	80.5%	
22		三分厂 2 × 300 MW	电力、蒸汽	万 MW · h	383.44	489.60	78.3%	
23		三分厂 2 × 350 MW	电力、蒸汽	万 MW · h	433.31	571.20	75.9%	

续表 5-1

<table>
<tr><th>序号</th><th>公司</th><th>项目名称</th><th>产品</th><th>单位</th><th>2013～2017 年平均产能</th><th>设计产能</th><th>达产率</th><th>综合达产率</th></tr>
<tr><td>24</td><td rowspan="3">东兴铝业</td><td>4×350 MW</td><td>电力、蒸汽</td><td>万 MW·h</td><td>811.45</td><td>1 120.00</td><td>72.5%</td><td rowspan="3">77.6%</td></tr>
<tr><td>25</td><td>东兴铝业一期</td><td>重熔铝锭</td><td>万 t</td><td>39.40</td><td>45.00</td><td>87.6%</td></tr>
<tr><td>26</td><td>东兴铝业二期</td><td>重熔铝锭</td><td>万 t</td><td>65.32</td><td>90.00</td><td>72.6%</td></tr>
<tr><td>27</td><td colspan="2">西部重工</td><td>铸铁加工件</td><td>万 t</td><td>3.58</td><td>6.72</td><td>53.3%</td><td>53.3%</td></tr>
<tr><td>28</td><td rowspan="6">酒钢润源</td><td>肥料厂</td><td>复混肥</td><td>万 t</td><td>1.21</td><td>10.00</td><td>12.1%</td><td rowspan="6">41.7%</td></tr>
<tr><td>29</td><td>1 亿蒸压砖</td><td>蒸压砖</td><td>万 t</td><td>6 211.49</td><td>10 000.00</td><td>62.1%</td></tr>
<tr><td>30</td><td>公辅</td><td>墙材砌块</td><td>万 t</td><td>12 762.63</td><td>36 875.00</td><td>34.6%</td></tr>
<tr><td>31</td><td>15 万 m^3 加气混凝土</td><td>加气混凝土</td><td>万 t</td><td>5 372.00</td><td>10 254.31</td><td>52.4%</td></tr>
<tr><td>32</td><td>脱硫石膏</td><td>脱硫石膏</td><td>万 t</td><td>2.83</td><td>6.00</td><td>47.2%</td></tr>
<tr><td>33</td><td>渣厂</td><td>处理废渣</td><td>—</td><td>—</td><td>—</td><td>—</td></tr>
<tr><td>34</td><td rowspan="2">宏电铁合金</td><td>硅铁合金、高碳铬铁合金</td><td>硅铁合金、铬铁合金</td><td>万 t</td><td>14.78</td><td>20.00</td><td>73.9%</td><td rowspan="2">50.6%</td></tr>
<tr><td>35</td><td>余热发电</td><td>电力</td><td>万 MW·h</td><td>3.21</td><td>11.76</td><td>27.3%</td></tr>
<tr><td>36</td><td colspan="2">大友嘉镁钙业</td><td>活性石灰（冶金熔剂、冶金粉剂、纳米级碳酸钙）</td><td>万 t</td><td>146.32</td><td>200.40</td><td>73.0%</td><td>73.0%</td></tr>
<tr><td>37</td><td>宏达水泥</td><td>利用冶金废渣建设 4 000 t/d 熟料新型干法水泥生产线及配套纯低温余热发电</td><td>水泥</td><td>万 t</td><td>93.72</td><td>160.00</td><td>58.6%</td><td>58.6%</td></tr>
<tr><td>38</td><td rowspan="2">科力耐材</td><td>耐火材料整体搬迁还建项目</td><td>定型/不定型耐火材料</td><td>万 t</td><td>2.22</td><td>7.50</td><td>29.6%</td><td rowspan="2">18.8%</td></tr>
<tr><td>39</td><td>年产 5 万 t 电极糊生产线</td><td>电极糊</td><td>万 t</td><td>0.40</td><td>5.00</td><td>8.0%</td></tr>
<tr><td>40</td><td>祁峰建化</td><td>淘汰落后机立窑改建年产 80 万 t 水泥粉磨站项目</td><td>水泥</td><td>万 t</td><td>17.73</td><td>80.00</td><td>22.2%</td><td>22.2%</td></tr>
<tr><td>41</td><td>天成彩铝</td><td>绿色短流程铸轧铝深加工</td><td>铝板</td><td>万 t</td><td>未投产</td><td>60.00</td><td>—</td><td>—</td></tr>
<tr><td>42</td><td>索通阳极</td><td>年产 25 万 t 预焙阳极</td><td>预焙阳极</td><td>万 t</td><td>28.51</td><td>25.00</td><td>114.0%</td><td>114.0%</td></tr>
<tr><td>43</td><td>索通材料</td><td>34 万 t/年预焙阳极及余热发电</td><td>预焙阳极</td><td>万 t</td><td>28.04</td><td>34.00</td><td>82.5%</td><td>82.5%</td></tr>
<tr><td>44</td><td>冶建商砼</td><td>商品混凝土分公司</td><td>混凝土</td><td>万 t</td><td>38.72</td><td>100.00</td><td>38.7%</td><td>38.7%</td></tr>
</table>

续表 5-1

序号	公司	项目名称	产品	单位	2013～2017 年平均产能	设计产能	达产率	综合达产率
45	思安能源烧结余热发电	烧结余热发电工程	电力	万 MW·h	6.59	16.20	40.7%	61.5%
46	思安节能	煤气余热发电	电力	万 MW·h	34.96	43.20	80.9%	
47		高炉煤气发电	电力	万 MW·h	3.89	6.18	62.9%	
48	奥福能源余热发电	酒钢 1#、2#焦炉干熄焦余热发电补汽锅炉项目	电力	万 MW·h	9.84	20.26	48.6%	48.6%

酒钢集团嘉峪关本部各企业 2013～2017 年的平均达产率大部分不到 80%，个别甚至低于 50%，仅股份公司的选烧厂、焦化厂、动力厂和索通公司的 2 个预焙阳极项目生产负荷达到了 80% 以上。

5.1.2　水量平衡结果

根据 2017 年取水许可延续评估对象的实际用水量进行水量平衡分析，按照《企业水平衡测试通则》(GB/T 12452—2008) 规定，2017 年实际用水量平衡表图分别见表 5-2 和图 5-1。

表 5-2　酒钢本部企业 2017 年实际用水量平衡表　（单位：万 m^3/年）

序号	用水单位	用水量	新水量	循环水量	回用水量	耗水量	排水量	排水说明
1	选烧厂	16 439.45	686.65	15 640.00	112.80	389.05	410.40	尾矿坝
2	焦化厂	12 739.10	551.06	12 188.04	0	323.84	227.22	排至酒钢集团污水处理厂
3	炼铁厂	38 637.57	416.78	38 220.79	0	165.15	251.63	排至酒钢集团污水处理厂
4	炼轧厂	10 291.84	311.17	9 980.67	0	129.51	181.66	排至酒钢集团污水处理厂
5	碳钢薄板厂	12 648.22	368.22	12 280.00	0	180.89	187.33	排至酒钢集团污水处理厂
6	动力厂制氧	11 116.10	201.70	10 914.40	0	127.62	74.08	排至酒钢集团污水处理厂
7	不锈钢分公司	19 071.91	348.14	18 723.77	0	216.28	131.86	排至酒钢集团污水处理厂

续表 5-2

序号	用水单位	用水量	新水量	循环水量	回用水量	耗水量	排水量	排水说明
8	钢铁生活用水	73.30	73.30	0	0	14.66	58.64	排至酒钢集团污水处理厂
9	厂区绿化	1 315.20	200.98	0	1 114.22	865.50	449.70	—
10	储运部	347.72	112.42	0	235.30	340.86	6.86	排至酒钢集团污水处理厂
11	运输部	69.31	69.31	0	0	64.24	5.07	排至酒钢集团污水处理厂
12	发电一分厂	7 537.24	460.25	6 896.66	180.33	309.34	331.24	180.33 尾矿坝，150.91 酒钢集团污水处理厂
13	二分厂 2×125 MW	29 642.29	534.10	29 108.19	0	379.00	155.10	排至酒钢集团污水处理厂
14	三分厂 2×300 MW	42 495.60	827.26	41 553.74	114.60	608.00	333.86	排至酒钢集团污水处理厂
15	三分厂 2×350 MW	3 833.30	257.30	3 479.00	97.00	248.00	106.30	排至酒钢集团污水处理厂
16	自备电厂	6 160.72	400.72	5 760.00	0	400.72	0	—
17	东铝一期	2 888.57	60.00	2 828.57	0	48.25	11.75	排至酒钢集团污水处理厂
18	东铝二期	7 691.31	145.08	7 546.23	0	128.22	16.86	尾矿坝
19	西部重工	1 843.33	36.23	1 807.10	0	33.08	3.15	排至酒钢集团污水处理厂
20	贵友公司（北市区生活用水）	1 381.00	1 381.00	0	0	857.00	524.00	排至酒钢集团污水处理厂
21	酒钢润源	823.82	32.77	544.05	247.00	278.37	1.40	排至酒钢集团污水处理厂
22	宏电铁合金	13 352.56	119.81	13 232.75	0	101.61	18.20	尾矿坝
23	大友嘉钙镁业	511.86	7.28	504.58	0	4.57	2.71	尾矿坝
24	宏达水泥	1 804.82	71.78	1 733.04	0	71.78	0	—
25	科力耐材	549.94	2.44	547.50	0	1.73	0.71	尾矿坝

续表5-2

序号	用水单位	用水量	新水量	循环水量	回用水量	耗水量	排水量	排水说明
26	祁峰建化	32.51	4.37	28.14	0	2.38	1.99	排至酒钢集团污水处理厂
27	天成彩铝	0	0	0	0	0	0	—
28	索通一期	5 871.08	114.44	5 740.87	15.77	112.69	17.52	排至酒钢集团污水处理厂
29	索通二期	7 341.85	128.39	7 213.46	0	128.39	0	—
30	冶建商砼	7.13	6.16	0.97	0	6.16	0	—
31	思安节能	15 945.66	55.45	15 854.61	35.60	18.74	72.31	排至酒钢集团污水处理厂
32	奥福能源	1 524.25	27.43	1 496.82	0	17.19	10.24	排至酒钢集团污水处理厂
33	其余公辅实体	867.55	622.37	0	245.18	352.53	515.02	排至酒钢集团污水处理厂
34	宏丰灌区	662.00	662.00	0	0	662.00	0	—
35	峪泉灌区	1 300.00	1 300.00	0	0	1 300.00	0	—
36	污水处理厂	1 079.8	0	0	1 079.8	238.80	841	841排至花海农场
37	尾矿坝	629.21	0	0	629.21	135.75	493.46	493.46排至花海农场
38	合计	278 527.12	10 596.36	263 823.95	4 106.81	9 261.9	5 441.27	4 106.81回用，1 334.46排至花海农场

注：按照《企业水平衡测试通则》(GB/T 12452—2008)：①用水量是指在确定的用水单元或系统内，使用的各种水量的总和，即新水量和重复利用水量之和。②新水量是指企业内用水单元或系统取自任何水源被该企业第一次利用的水量。③重复利用水量为循环用水量与回用水量之和。④循环用水量系指在确定的系统内，生产过程中已用过的水，再循环用于原系统的水量。⑤回用水量是指企业产生的排水，直接或经处理后再利用于某一用水单元或系统的水量。⑥耗水量是指在确定的用水单元或系统内，生产过程中进入产品、蒸发、飞溅、携带及生活饮用等所消耗的水量。⑦排水量是指对于确定的用水单元或系统，完成生产过程和生产活动之后排出企业之外以及排出该单元进入污水系统的水量。新水量与回用水量之和等于耗水量与排水量之和。

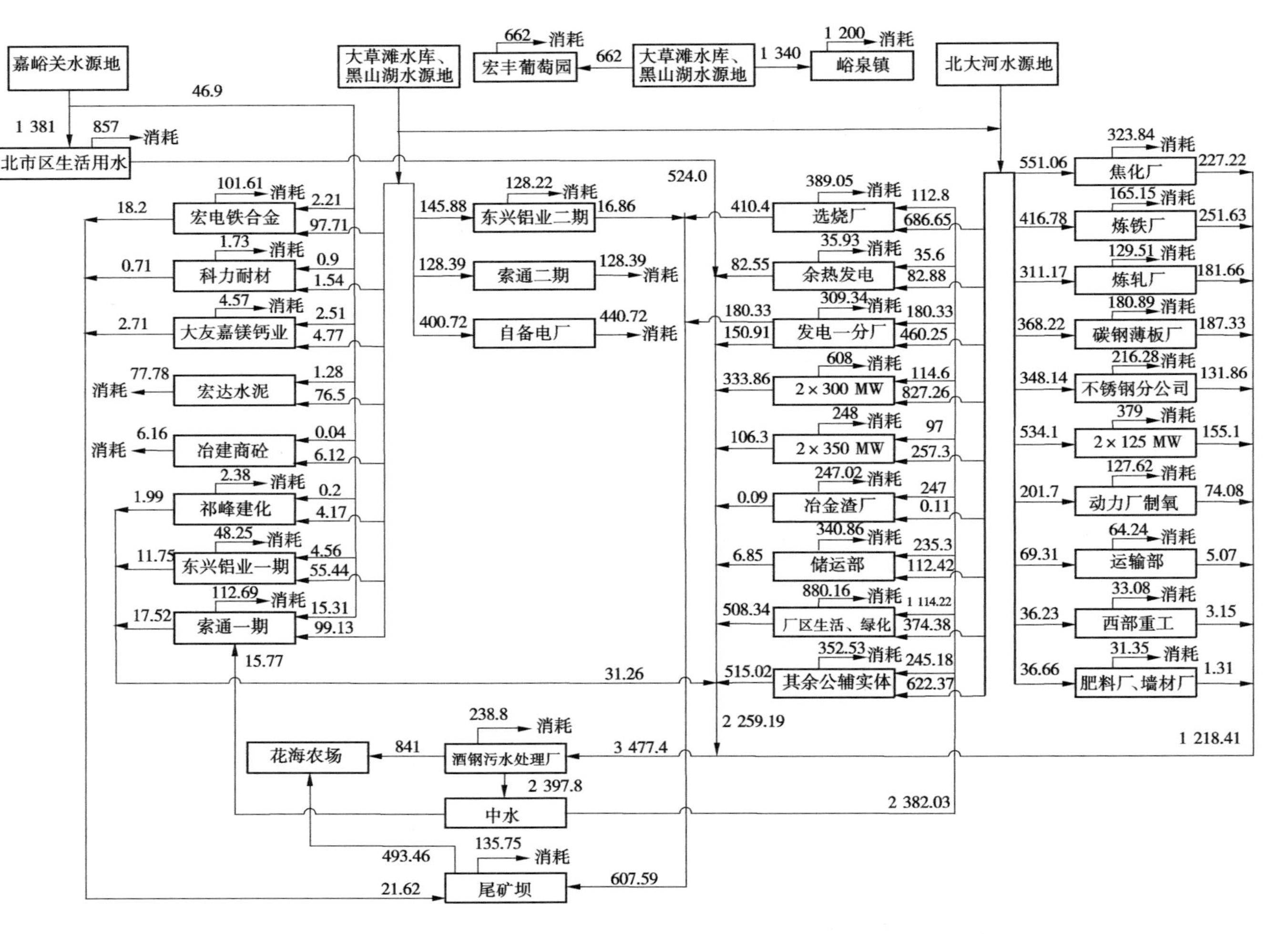

图5-1 酒钢嘉峪关本部企业2017年实际用水量平衡图 （单位：万 m^3/年）

5.1.3 用水、耗水、排水分析

5.1.3.1 用水分析

2017年酒钢集团嘉峪关本部各实体用水量为278 527.12万 m^3,其中新水量为10 596.36万 m^3,循环用水量为263 823.95万 m^3。其中,股份公司用水量、新水量、循环量占比均为最大,分别为44.07%、31.52%和44.71%。各用水实体2017年用水比例详见表5-3。

表5-3 酒钢集团各用水实体2017年用水比例

用水单位	用水量(万 m^3)	比例(%)	新水量(万 m^3)	比例(%)	循环用水量(万 m^3)	比例(%)
股份公司	122 749.72	44.07	3 339.73	31.52	117 947.7	44.71
宏晟电热	83 508.43	29.98	2 078.91	19.62	81 037.59	30.72
东兴铝业	16 740.6	6.01	605.8	5.72	16 134.8	6.12
宏丰灌区	662	0.24	662	6.25	0	0
峪泉灌区	1 300	0.47	1 300	12.27	0	0
贵友公司	1 381	0.50	1 381	13.03	0	0
酒钢润源	823.82	0.30	32.77	0.31	544.05	0.21
其余公辅实体	867.55	0.31	622.37	5.87	0	0
其他企业	48 784.99	17.52	573.78	5.41	48 159.84	18.25
污水处理厂	1 709.01	0.61	0	0	0	0
合计	278 527.12	100	10 596.36	100	263 823.98	100

5.1.3.2 耗水分析

2017年酒钢集团嘉峪关本部耗水量为9 261.9万 m^3。其中,股份公司耗水量占比最大,为30.42%;其次为宏晟电热和峪泉灌区,占比分别为16.67%和14.04%。各用水实体2017年耗水比例详见表5-4。

5.1.3.3 排水、回用水分析

2017年酒钢集团嘉峪关本部各生产实体及污水处理厂等的总排水量为5 441.27万 m^3。其中股份公司排水量占比最大,为36.47%;其次为污水处理厂(含尾矿坝),占比为24.52%;再次为宏晟电热和贵友公司,占比分别为17.03%、9.63%。2017年酒钢集团嘉峪关本部各生产实体及污水处理厂等的回用水量为4 106.81万 m^3,其中污水处理厂(含尾矿坝)占比最大,为41.61%;其次为股份公司和宏晟电热,占比分别为35.61%和9.54%。

各用水实体2017年排水、回用水比例详见表5-5。

表 5-4　酒钢集团各用水实体 2017 年耗水比例

用水单位	耗水量(万 m^3)	比例(%)
股份公司	2 817.6	30.42
宏晟电热	1 544.34	16.67
东兴铝业	577.19	6.23
宏丰灌区	662	7.15
峪泉灌区	1 300	14.04
贵友公司	857	9.25
酒钢润源	278.37	3.01
其余公辅实体	352.53	3.81
其他企业	498.32	5.38
污水处理厂	374.55	4.04
合计	9 261.9	100

表 5-5　酒钢集团各用水实体 2017 年排水和回用水比例

用水单位	回用水量(万 m^3)	比例(%)	排水量(万 m^3)	比例(%)
股份公司	1 462.32	35.61	1 984.45	36.47
宏晟电热	391.93	9.54	926.5	17.03
东兴铝业	0	0	28.61	0.53
宏丰灌区	0	0	0	0
峪泉灌区	0	0	0	0
贵友公司	0	0	524	9.63
酒钢润源	247	6.01	1.4	0.03
其余公辅实体	245.18	5.97	515.02	9.47
其他企业	51.37	1.25	126.83	2.33
污水处理厂（含尾水矿坝）	1 709.01	41.61	1 334.46	24.52
合计	4 106.81	100	5 441.27	100

5.2　用水指标计算与评价

5.2.1　酒钢嘉峪关本部整体用水指标计算与评价

根据《节水型企业评价导则》(GB/T 7119—2018)、《企业用水统计通则》(GB/T

26719—2011)、《企业水平衡测试通则》(GB/T 12452—2008)等相关规定,评估主要选取了水重复利用率、新水利用系数、外排水回用率等3项指标,分析酒钢集团嘉峪关本部上个取水期整体用水水平。

(1)水重复利用率。

在一定计量时间内,生产过程中使用的重复利用水量与总用水量之比。

$$R = V_r/(V_r + V_i) \times 100\%$$

式中,R为重复利用率(%);V_r为在一定计量时间内,企业的重复利用水量,m^3;V_i为在一定计量时间内,企业的用水量,m^3。

(2)新水利用系数。

在一定计量时间内,企业生产过程中使用的总耗水量与总新水量之比。

$$R_{新} = V_{co}/V_r \times 100\%$$

式中,$R_{新}$为新水利用系数(%);V_{co}为在一定计量时间内,企业的总耗水量,m^3;V_i为在一定计量时间内,企业取用的总新水量,m^3。

(3)外排水回用率。

$$K_w = V_w/(V_d + V_w) \times 100\%$$

式中,K_w为外排水回用率(%);V_w为在一定的计量时间内,对外排废水自行处理后的水回用量,m^3;V_d为在一定的计量时间内,向外排放的废水量,m^3。

根据本次取水许可延续评估,酒钢集团嘉峪关本部整体现状用水指标计算基本参数见表5-6。

表5-6 酒钢集团嘉峪关本部现状用水指标计算基本参数

序号	基本参数名称	单位	基本参数
1	重复利用水量	万m^3/年	267 930.8
2	生产过程中总水量	万m^3/年	278 527.12
3	全厂生产补新水量	万m^3/年	10 596.36
4	全厂生产耗水量	万m^3/年	9 261.9
5	排水量	万m^3/年	5 441.27
6	回用量	万m^3/年	4 106.81

根据表5-6的计算参数,用水指标计算过程如下,结果见表5-7。

(1)水重复利用率:267 930.8/278 527.12×100%≈96.2%;

(2)新水利用系数:9 261.9/10 596.36≈87.4%;

(3)外排水回用率:4 106.81/5 441.27≈75.5%。

表 5-7　酒钢集团嘉峪关本部现状用水指标计算成果表

序号	评价指标	单位	计算结果	相关标准
1	水重复利用率	%	96.2	《节水型城市考核标准》:工业用水重复利用率≥75%
2	新水利用系数	%	87.4	—
3	外排水回用率	%	75.5	《甘肃省水污染防治行动计划》:到 2020 年,缺水城市再生水利用率达到 20% 以上

5.2.2　各实体用水指标分析

统计酒钢集团嘉峪关本部各生产实体的生产用水水量、产能,各生产实体上个取水许可期实际用水定额,见表 5-8。

表 5-8　上个取水许可期酒钢本部各生产实体用水定额统计　　(单位:m^3/t)

序号	项目名称	实际用水定额						嘉峪关市行业用水定额	甘肃省行业用水定额
		2013 年	2014 年	2015 年	2016 年	2017 年	平均		
1	股份公司选烧厂(选矿)	1.30	1.34	1.34	1.34	1.33	1.33	铁矿采选 - 铁精粉:现有 1.35 m^3/t,先进 1.3 m^3/t	铁矿采选 - 铁精粉:现有 7 m^3/t
2	股份公司选烧厂(烧结)	0.26	0.31	0.36	0.41	0.32	0.33	烧结:现有 0.3 m^3/t	烧结:现有 0.3 m^3/t
3	股份公司选烧厂(球团)	0.07	0.07	0.07	0.07	0.07	0.07	—	—
4	股份公司焦炭厂	2.8	2.7	2.5	2.4	2.2	2.52	耗水量:现有≤2.0 m^3/t	单位产品用水量:现有 2.2 m^3/t 焦炭
5	股份公司生铁厂	0.606	0.796	0.871	0.935	0.779	0.80	生铁用水单耗 0.9 m^3/t	先进:单位产品用水量 1 m^3/t 铁
6	股份公司炼轧厂(炼钢)	1.42	1.54	1.37	1.11	0.91	1.27	单位产品用水量 0.9 m^3/t 钢	单位产品用水量 4.9 m^3/t 钢

续表 5-8

序号	项目名称	实际用水定额						嘉峪关市行业用水定额	甘肃省行业用水定额
		2013年	2014年	2015年	2016年	2017年	平均		
7	股份公司炼轧厂（冷轧一高线）	0.9	0.73	0.77	0.98	0.95	0.87	现有:单位产品用水量 0.88 m³/t	—
8	股份公司炼轧厂（冷轧二高线）	0.27	0.27	0.31	0.42	0.4	0.33		
9	股份公司炼轧厂（冷轧大棒线）	0.62	0.71	0.68	0.7	0.73	0.69		
10	股份公司炼轧厂（冷轧中板）	0.55	0.34	0.33	0.55	0.55	0.46		
11	股份公司碳钢薄板厂（炼钢）	0.92	0.92	0.91	0.90	0.88	0.91	炼钢－碳钢:现有 0.9 m³/t	炼钢－普通钢 4.9 m³/t
12	股份公司碳钢薄板厂（热轧）	0.89	0.86	0.84	0.81	0.75	0.83	碳钢轧材(热轧):现有 0.88 m³/t	碳钢轧材:现有 0.5 m³/t
13	股份公司碳钢薄板厂（冷轧）	0.21	0.20	0.21	0.20	0.20	0.20	碳钢轧材(冷轧):现有 0.2 m³/t	—
14	股份公司不锈钢分公司（炼钢）	1	1.3	1.6	1.7	1.6	1.44	不锈钢炼钢:现有 1.7 m³/t	特殊钢:现有 7.0 m³/t

续表 5-8

序号	项目名称	实际用水定额						嘉峪关市行业用水定额	甘肃省行业用水定额
		2013年	2014年	2015年	2016年	2017年	平均		
15	股份公司不锈钢分公司（热轧）	0.5	0.6	0.6	0.6	0.7	0.60	不锈钢轧材（热轧）：0.78 m^3/t	—
16	股份公司不锈钢分公司（冷轧）	4.35	3.4	5.25	3.5	2.9	3.88	不锈钢轧材（冷轧）2.1 m^3/t	
17	股份公司动力厂制氧机组	2.16	2.09	2.06	2.07	2.02	2.08	—	《福建省行业用水定额》（DB35/T 772—2013）：氧气生产 2.7 m^3/t
18	宏晟电热发电一分厂老厂[m^3/(MW·h)]	3.90	3.50	3.60	3.20	3.10	3.46	循环冷却水系统，单机容量＜300 MW：1.85 m^3/(MW·h)	循环冷却水系统，单机容量＜300 MW：3.2 m^3/(MW·h)
19	股份公司热力站[m^3/(MW·h)]	2.50	2.20	1.80	1.90	1.70	2.02	循环冷却水系统，单机容量＜300 MW：1.85 m^3/(MW·h)	循环冷却水系统，单机容量＜300 MW：3.2 m^3/(MW·h)
20	2×125 MW 自备热电联产工程[m^3/(MW·h)]	3.23	3.14	3.37	3.31	3.23	3.26	循环冷却水系统，单机容量＜300 MW：1.85 m^3/(MW·h)	循环冷却水系统，单机容量＜300 MW：2.84 m^3/(MW·h)
21	酒钢集团有限责任公司嘉峪关2×300 MW 自备热电联产工程[m^3/(MW·h)]	—	2.01	2.32	1.83	1.85	2.00	循环冷却水系统，单机容量＝300 MW：1.71 m^3/(MW·h)	循环冷却水系统，单机容量＝300 MW：发电水耗率≤2.52 m^3/(MW·h)
22	酒泉集团嘉峪关2×350 MW 自备热电联产工程[m^3/(MW·h)]	—	0.75	0.79	0.84	0.73	0.78	空冷系统，单机容量＞300 MW：0.38 m^3/(MW·h)	空冷系统，单机容量＞300 MW：≤0.36 m^3/(MW·h)
23	东兴铝业自备电厂[m^3/(MW·h)]	—	0.55	0.47	0.42	0.38	0.46		

续表 5-8

序号	项目名称	实际用水定额						嘉峪关市行业用水定额	甘肃省行业用水定额
		2013 年	2014 年	2015 年	2016 年	2017 年	平均		
24	股份公司储运部	—	—	—	—	—	—	—	—
25	股份公司运输部	—	—	—	—	—	—	—	—
26	酒嘉风电基地高载能特色铝合金节能技术改造工程(一期)	0.80	1.05	1.34	1.41	1.08	1.14	电解铝用水:现有企业 1.92 m^3/t;先进企业 1.23 m^3/t	单位重熔用铝锭用水:现有企业 4.0 m^3/t;先进企业 1.7 m^3/t
27	酒嘉风电基地高载能特色铝合金节能技术改造工程(二期)	1.35	1.13	1.41	1.25	1.27	1.28		
28	西部重工	18.20	17.70	18.20	17.90	17.20	17.84		铸铁加工件 25 m^3/t
29	嘉恒产业	—	—	—	—	—	—	—	—
30	年产 10 万 t 有机无机复混肥生产线项目	—	0.24	0.25	0.28	0.21	0.25	—	《福建省行业用水定额》(DB 35/T 772—2013):复混肥料制造:复混肥 ≤2.9 m^3/t ;《安徽省行业用水定额》(DB 34/T 679—2014)复混肥≤0.2 ~ 0.8 m^3/t
31	年产 1 亿块蒸压粉煤灰砖(含保温砌块)工程(二期)(m^3/万块)	9.80	9.80	10.40	10.10	9.80	9.98	加气混凝土、蒸压砖、空心砌块:现有 13.1 m^3/万块;新建 12.6 m^3/万块	—

续表 5-8

序号	项目名称	实际用水定额						嘉峪关市行业用水定额	甘肃省行业用水定额
		2013年	2014年	2015年	2016年	2017年	平均		
32	宏达水泥利用冶金废渣生产建筑砌块、加气混凝土、粉煤灰砖等新型墙体材料资源综合利用项目(m^3/万块)	10.50	9.30	10.40	9.80	11.00	10.20	加气混凝土、蒸压砖、空心砌块：现有 13.1 m^3/万块；新建 12.6 m^3/万块	—
33	年产 15 万 m^3 加气混凝土生产线项目(m^3/万块)	12.70	12.50	13.30	12.50	13.00	12.80	加气混凝土、蒸压砖、空心砌块：现有 13.1 m^3/万块；新建 12.6 m^3/万块	—
34	脱硫石膏项目	—	—	—	—	—	—	—	—
35	股份公司冶金渣厂	—	—	—	—	2.96	2.96	—	—
36	年产 10 万 t 铁合金项目、宏电铁合金 100 万 t 铁合金项目	3.00	3.20	4.40	5.10	4.50	4.04	铁合金冶炼(硅铁、硅锰、铁锰)：现有 10 m^3/t、新建 8 m^3/t、先进 5 m^3/t	铁合金冶炼(硅铁、高碳铬铁)：现有 10 m^3/t、新建 8 m^3/t、先进 5 m^3/t
37	宏电铁合金 8×25 MVA 铁合金矿热炉烟气余热发电项目	—	7.40	7.00	8.80	9.20	8.10	—	—
38	大友嘉镁钙业	—	0.11	0.15	0.03	0.04	0.08	—	石灰和石膏制造

续表 5-8

序号	项目名称	实际用水定额						嘉峪关市行业用水定额	甘肃省行业用水定额
		2013年	2014年	2015年	2016年	2017年	平均		
39	宏达建材水泥利用冶金废渣建设4 000 t/d 熟料新型干法水泥生产线及配套纯低温余热发电项目	—	—	0.83	0.84	0.68	0.78	水泥制造：现有企业 0.44 m^3/t；新建企业 0.33 m^3/t	—
40	宏丰灌区（m^3/亩）	292	232	246	270	243	256.60	葡萄、枸杞滴灌灌溉定额 260 m^3/亩	—
41	酒钢集团耐火材料整体搬迁还建项目	0.54	0.7	0.72	0.67	0.57	0.64	—	《云南省用水定额》（DB53/T 168—2019）：耐火材料制品制造：1.2 m^3/t
42	酒钢集团年产5万 t 电极糊生产线项目							—	电极糊、石墨及碳素制品制造：8 m^3/t
43	祁峰建化淘汰落后机立窑改建年产 80 万 t 水泥粉磨站项目	0.06	0.06	0.06	0.03	0.03	0.05	水泥制造：现有企业 0.44 m^3/t；新建企业 0.33 m^3/t	水泥制造：现有企业 0.47 m^3/t；先进企业 0.3 m^3/t
44	绿色短流程铸轧铝深加工项目	—	—	—	—	—	—	—	《辽宁省行业用水定额》（DB21/T 1237—2015）：铝箔≤9 m^3/t；《福建省行业用水定额》（DB35/T 772—2013）：铝箔≤6 m^3/t；《河北省行业用水定额》（DB13/T 1161—2016）：铝箔≤3.2 m^3/t

续表 5-8

序号	项目名称	实际用水定额						嘉峪关市行业用水定额	甘肃省行业用水定额
		2013年	2014年	2015年	2016年	2017年	平均		
45	索通阳极年产25万t/年预焙阳极项目	—	3.7	3.6	3.8	3.6	3.68	—	石墨及碳素制品行业8 m^3/t
46	索通材料34万t/年预焙阳极及余热发电项目	—	—	—	2.6	2.8	2.70	—	石墨及碳素制品行业8 m^3/t
47	冶金商砼分公司	0.26	0.26	0.26	0.20	0.20	0.24	商品混凝土:现有企业0.44 m^3/t;先进企业0.2 m^3/t	商品混凝土:现有企业0.5 m^3/t;先进企业0.2 m^3/t
48	思安能源烧结余热发电工程	—	11.8	16.89	7.17	5.26	10.28	—	—
49	嘉峪关思安节能技术有限公司2×30 MW煤气发电工程[m^3/(MW·h)]	—	4.53	2.65	2.46	1.82	2.87	—	—
50	嘉峪关思安节能技术有限公司4×450 m^3高炉煤气余热余压发电工程[m^3/(MW·h)]	—	0.19	0.22	0.27	0.21	0.22	—	—
51	酒钢1#、2#焦炉干熄焦余热发电补汽锅炉项目[m^3/(MW·h)]	—	—	2.89	3.27	3.04	3.07	—	—

由表 5-8 可知，在上个取水许可期，股份公司的选烧厂（烧结工序）、焦炭厂、炼轧厂（炼钢工序）、碳钢薄板厂（炼钢工序）、不锈钢分公司（冷轧工序）和宏晟电热发电一分厂老厂、热力站、2 × 125 MW 自备热电联产工程、2 × 350 MW 自备热电联产工程、东兴铝业 4 × 350 MW 自备电厂，以及宏达建材利用冶金废渣建设 4 000 t/d 熟料新型干法水泥生产线及配套纯低温余热发电项目等的 2013 ~ 2017 年年均用水定额不符合《甘肃省行业用水定额（2017 版）》或《嘉峪关市行业用水定额（试行）》要求。现对以上项目分别进行分析。

（1）股份公司的选烧厂（烧结工序）、焦炭厂、炼轧厂（炼钢工序）、碳钢薄板厂（炼钢工序）、不锈钢分公司（冷轧工序）等实际用水定额基本上呈逐年下降趋势，2017 年符合或基本接近甘肃省、嘉峪关市行业用水定额规定；实际用水定额的高低与各项目生产工况有密切关系，对于固定的生产系统，只要生产，用水系统就须运行，生产负荷越高，则实际用水定额越低；2017 年钢铁主线各装置实际用水定额符合或基本接近省、市行业用水定额，与 2017 年经济回暖、生产负荷增大有很大关系；钢铁主线的间接循环冷却水系统浓缩倍率偏低、排水量较大也是用水定额偏高的原因之一。

（2）对宏晟电热所属电厂进行分析：一是与发电负荷有很大关系，发电负荷越低，则实际用水定额越高；二是宏晟电热所属电厂均承担外供蒸汽和供热任务，该部分水量消耗在统计中也算到电厂发电用水之中，因此导致电厂实际用水定额偏高，而行业用水定额中规定的发电用水定额仅针对纯凝工况而言（单纯发电）；三是企业内很多废污水不进行内部处理回用而直接排入酒钢集团污水处理厂进行处理，这样导致了取水量的增大，从而发电用水定额偏高。

（3）东兴铝业自备电厂实际发电用水定额超定额要求，一是该企业未能按照水资源论证批复要求，对厂内污废水进行处理后全部回用，有部分废污水外排导致取水量增大，实际发电用水定额偏高；二是与其发电负荷有很大关系，受铝行业经济影响，发电负荷越低，则实际用水定额越高，从 2017 年实际发电用水定额可以看出，该企业实际发电用水定额已经接近用水定额标准。

（4）宏达建材利用冶金废渣建设 4 000 t/d 熟料新型干法水泥生产线及配套纯低温余热发电项目在用水定额统计过程中，将配套的余热发电装置用水统计到水泥生产用水之中，因此导致水泥生产实际用水定额偏高；另与近年来水泥生产线的产能也有较大关系。

总体上，酒钢集团嘉峪关本部在上个取水许可期基本上能够按照用水定额规定开展生产活动，整体的水重复利用率 96.2%、新水利用系数 87.4%、外排水回用率 75.5%，用水水平在我国北方钢铁企业中处于较先进水平。

第6章 酒钢集团嘉峪关本部节水评价

6.1 上个取水期节水工作评估

上个取水许可期,酒钢集团积极响应国家节能减排精神,认真贯彻落实《关于甘肃省“十二五”工业节水工作意见的通知》(甘政发〔2011〕79号)的有关精神,积极推进节能减排工作,采取相应管理技术措施加大节水力度、对节水的投资力度,不断完善和改进供水装备和工艺技术,实施了一批节水改造项目,在节水工作方面取得了良好的成绩。

6.1.1 健全节水管理机构制度,严格推行定额用水管理

为做好节水工作,酒钢集团成立了以集团公司总经理作为主要领导,各分公司、子公司一把手作为主要责任人的节水领导工作组。

根据行业用水特点,编制下达了酒钢集团年度能耗用水定额标准,限定各单位年度的用水总量,加强各单位节水工作的开展力度,将用水定额指标列入各单位的绩效考核目标。根据每月指标完成情况对各单位进行考核,对未完成节水目标的单位及主要领导采取相应经济处罚措施,督促内部单位节约用水,挖潜增效。通过指标层层分解,做到目标到人、责任到人,形成自上而下的节水指标保障体系,确保了年度节水任务圆满完成。

6.1.2 开展用水监察工作,杜绝跑、冒、滴、漏现象

酒钢集团领导一直高度重视节水工作,定期对重点用水户进行用水督察,及时发现问题并对查出的问题进行通报和考核。以2016年为例,组织对13家单位用水情况进行监督检查,共查处各类违规用水行为94起,有效地杜绝了各用水单位“跑、冒、滴、漏”等突出问题。

经前文分析,酒钢集团2015~2017年的供输水系统损耗率高达20.87%,考虑到常规水源投运时间较早,供输水系统设备老化,下一步酒钢集团应把节水工作的重点放在供输水系统的更新改造上,确保供输水系统年更新率不得低于15%,到下个取水许可期末供水管网的漏失率不超过10%。

6.1.3 大力实施节水工程,深挖内部节水潜力

(1)大力推进中水回用。

上个取水许可期,酒钢集团污水处理厂年均出水量为3 468.4万m^3,年均回用量达2 746.0万m^3。酒钢集团污水处理厂中水回用项目不仅降低了酒钢公司的新水需求,而且进一步提高了企业综合服务功能,有效地改善和保护了周边环境,对促进酒钢集团及整个地区水资源可持续利用有着极为重要的意义。

下个取水许可期，随着嘉北污水处理厂投运，将北市区生活污水送嘉北污水处理厂处理可大大提升酒钢集团污水处理厂出水水质。将养殖园水库作为酒钢集团污水处理厂的调节水池，将酒钢集团污水处理厂中水用作电厂生产用水，以实现酒钢集团污水处理厂少排或者基本不排。

（2）继续加大科研投入，开展节水课题研究。

据不完全统计，上个取水许可期，酒钢集团和相关科研机构开展了干熄焦自产中压蒸汽在精馏化工产品上的应用，利用循环水系统置换水作为脱酚用水的技术改进，降低蒸汽消耗技术攻关，二高线高压水除鳞技术改造，动力厂水处理系统节能科技项目，酒钢选矿尾矿回水循环利用研究与应用，利用热泵技术降低蒸氨能耗技术攻关，降低干熄焦除氧器蒸汽消耗技术研究与应用，高硫分条件下脱硫系统运行效率优化，老化产循环水系统优化改造，差异化控制技术提高干熄焦系统经济效益研究，碳钢、不锈钢区域生产水优化利用，动力厂水系统水泵优化节能改造，运输部1#、2#解冻库高焦煤气排水器改造，焦化厂蒸汽保温煤气排水器节能改型项目，焦化厂煤气净化系统电捕焦油器电加热技术研究与应用，大棒线及炼钢除氧器蒸汽疏水器节能改造，冷轧含酸废水梯级利用及废气颗粒物含量降低研究等多个节水减排科技攻关项目。酒钢集团投入2 584.61万元支持科研机构进行研究。

通过科研攻关，将成果应用到实际生产过程之中，不断优化更新用水工艺，基本能够满足现行国家的用水定额要求。比如，股份公司1#、2#高炉将原来的净环开路循环水系统现更新为联合软水密闭循环冷却水系统，充分发挥软水不结垢，可适当提高水温差的优点，从而达到减少水量，减少高炉的运行费用，节能降耗的目的。改为联合软水密闭循环冷却水系统后，吨铁消耗新水降低一半不止，同时新水量也大大减少；将1#、2#高炉煤气除尘由原来的湿法改为先进的干法除尘，基本上不消耗新水，节水效果显著。

（3）各生产系统内开展污水回用技术改造。

酒钢集团钢铁主线建成时间久远，各生产系统内长年开展污水回用技术改造，以降低水耗。比如，200万t铁钢系统将各水泵的冷却水、泄漏水、渗漏水及过滤器排污水等排水经排水泵回收至铁系统吸水井重复利用；中板系统通过开启循环泵站排水泵，将地坑内过滤器的排渣水转接到过滤间的3号除油器中，将原来排下水的管廊积水循环利用，补充至浊环系统，减少新水补水量。

又如，酒钢公司对宏晟电热公司2×300 MW机组锅炉暖风器、灰斗加热器、厂房采暖凝结水、脱硫工艺水等汽水系统现状重新梳理整合，对原水汽、热力系统设计运行不合理、不经济的环节进行技术攻关和系统优化，使其水资源循环再利用，节省水、汽、热能，降低生产成本，提高水资源利用率。

（4）厂区绿化进行滴灌技术改造。

近年绿化用水为酒钢集团节水的重头，通过大力推行滴灌技术改造，扩大滴灌面积，绿化用水量呈现逐年下降趋势。

6.1.4　开展水平衡测试，挖掘节水潜力

按照《取水许可管理办法》（水利部令第34号）第四十五条规定，取水单位或者个人应当根据国家技术标准对用水情况进行水平衡测试，改进用水工艺或者方法，提高水的重

复利用率和再生水利用率。

酒钢集团领导高度重视节水工作，2015 年 4 月，酒钢集团能源中心下发文件，要求股份公司、宏晟电热、西部重工等列入省级重点用水的单位，按照甘肃省工信委和嘉峪关市工信委要求，按时间节点保质保量完成水平衡测试报告的编制工作并上报相关部门开展水平和测试报告评审工作。2018 年 7 月，东兴铝业组织开展了东兴铝业的水平衡测试工作。近年来酒钢集团嘉峪关本部开展水平衡测试项目统计见表 6-1。

表 6-1　近年来酒钢集团嘉峪关本部开展水平衡测试项目统计

序号	公司名称	测试对象	测试单位	完成日期
1	股份公司	选烧厂、焦化厂、炼铁厂、炼轧厂、碳钢薄板厂、不锈钢厂、动力厂、其他生产附属单位(储运部、运输部、检修工部、冶金渣厂)	自行完成	2015 年 12 月
2	宏晟电热	发电二分厂 2 × 125 MW 机组，发电三分厂 2 × 300 MW、2 × 350 MW 机组	甘肃省能源利用监测中心	2014 年 12 月
3	西部重工	生产、生活用水	自行完成	2015 年 10 月
4	东兴铝业	电解铝一期工程、二期工程	自行完成	2018 年 7 月

6.1.5　大力开展节水宣传，提升职工节水意识

酒钢公司每年组织开展“水法宣传月”“中国水周”“世界水日”“节能宣传周”等主题宣传活动，对《水法》《环境保护法》《水污染防治法》《循环经济促进法》《取水许可管理办法》等一系列法律法规进行普法教育工作，对节水工作的开展情况及取得成效进行宣传报道，进一步提升了广大职工的节水意识，在企业内部营造了较浓厚的节水氛围，有效推动了企业的节水工作。

6.1.6　完善用水计量器具配备

酒钢公司目前主要用水单位均安装超声波流量计或电磁流量计等用水计量设备设施，为考核用水情况提供准确依据。截至目前，酒钢集团供水管网的一级、二级计量设备配套工作全部完成，计量设施完好率达到 100%，三级计量设备设施配备率已达到 93%，计量设备设施完好率达到 100%。

用水计量设施由酒钢检修工程部进行专业维护，酒钢集团检验检测中心定期对计量设施运行与维护情况进行跟踪监督管理，确保读数准确有效。

6.1.7　树立节水先进典型，推进节水型企业创建

按照《甘肃省工业和信息化委员会 甘肃省水利厅〈关于开展全省节水型企业建设工作的意见〉》(甘工信发〔2012〕939 号)的文件精神，酒钢集团以节水型企业创建为载体，落实工业节水企业主体责任，在钢铁和火力发电高耗水行业推进开展节水型企业创建工作。

股份公司和宏晟电热公司不断完善节水制度，加大节水投入，开展节水技术攻关，节

水工作取得了突出成绩。根据《甘肃省工信委 甘肃省水利厅关于公布全省节水型企业(第一批)的通知》(甘工信发〔2017〕120号),宏兴钢铁股份有限公司被确认为第一批全省节水型企业。

6.2　上个取水期用水存在的问题及节水潜力分析

6.2.1　循环水设备老化、冷却效率偏低

经评估,酒钢集团嘉峪关本部的钢铁主线企业普遍存在循环水设备老化、冷却效率偏低的问题,部分企业循环水塔甚至是20世纪80年代的设备,冷却塔不堪负重,没有填料,强制蒸发风扇不停转动,水在不停蒸发,但仍无法满足冷却要求,整体上水耗严重、冷却效率极低且能耗极高;为满足生产工艺降温要求,不得不使用大量水温较低的新鲜水补充循环冷却水或者串供水,个别严重的基本上采用直流冷却,造成大量新鲜水没有得到充分利用而排放。虽然直冷水排入污水处理厂处理后大部分回用到酒钢集团,但回用水水质不佳,同时增加了生产运行成本。

鉴于此问题普遍存在且较为突出,造成水资源的浪费,建议酒钢集团高度重视,尽快对股份公司及存在相似问题的企业进行循环冷却水系统的优化设计和更新改造,设计中应特别注意生产工段降温需求与循环水系统水量、冷却水塔的匹配问题。针对嘉峪关的气候条件,可以引入目前较为先进的干-湿联合冷却系统,使用变频水泵、变频风扇、消雾装置等器具,提高冷却塔的冷却效率,最大限度地节约水资源并降低能耗。

6.2.2　漏失现象突出

对供水企业,漏失率不仅直接反映和衡量了供水企业的管理水平和技术水平,更直接影响到企业的经济效益。酒钢集团2015～2017年近3年的供输水系统损耗率高达20.87%,解决这一难题首先要对漏失率的成因从不同层次和角度有一个清晰、全面、理性的认识,从而有针对性地制定整改和完善的措施,采取各项措施降低各渠道漏失率。

根据本次评估,现结合酒钢集团供水管网运行、维修、计量、侧漏等情况,分两部分对漏失率的成因和建议采取的措施做初步分析。

6.2.2.1　管网漏失率的形成原因

酒钢集团嘉峪关本部的管网水量漏失主要包含供水管网漏失、水表计量漏失、供水构筑物漏失、违章用水漏失、消防园林绿化用水漏失等五个方面。

1.供水管网漏失

供水管网漏失包括一次供水管网漏失、二次供水管网漏失和因动迁断水不彻底造成的漏失。

(1)一次供水管网漏失,即各水源地至蓄水池的漏失。企业现有的输、配水干线大部分为铸铁管材,历经多年冷暖、道路翻修等因素,加之年久失修,导致管线破损、接口变形,漏水情况时有发生。

(2)二次供水管网漏失,即各蓄水池加压供水管线的漏失。

(3)因动迁断水不彻底造成的漏失,酒钢集团大小改造不断,改造过程造成动迁不彻底从而造成漏失。

2. 水表计量漏失

水表计量漏失主要分为用户滴水造成的计量漏失;除流量计外,酒钢集团嘉峪关本部的水表极多,存在锈表、超周期表、坏表无法计量或计量不准确造成的计量漏失;同时也存在大口径水表小流量,低流速造成的计量漏失。

(1)用户滴水造成的计量漏失。有的水表灵敏度偏低,滴水时水表不计量。

(2)锈表、超周期表、坏表无法计量或计量不准确造成的计量漏失。多年来锈表、超周期表、坏表存在更换不及时的情况,无法正常计量,存在估表收费现象。

(3)大口径水表小流量,低流速造成的计量漏失。老的供水管线的管径、计量水表是按用户最大用水量及考虑消防用水设计的,大多数用户实际用水量远远低于设计用水量,水表计量会出现小流量、低流速导致水表不计量或少计量而丢失水量现象。

3. 供水构筑物漏失

部分供水泵站、循环水塔的蓄水池因年久失修或施工质量差,导致水池基础下沉、池体开裂,最终造成水量漏失。

4. 违章用水漏失

违章用水漏失包括窃水造成的漏失和私接水造成的漏失两部分。

(1)窃水造成的漏失。部分用户恶意窃水,利用装修或地下隐藏工程遮挡,此行为在日常管理中难以发现查处。

(2)私接水造成的漏失。部分用户私接乱改供水管线,手法隐蔽,不易发现,易造成水量漏失。

5. 消防、园林绿化用水漏失

消防、绿化取水点的不确定性以及用水量的不可知性,造成无法完全计量。

6.2.2.2　降低漏失的措施

1. 采取措施,有效降低漏失率

加强管网管理,通过漏失监测、管网维修、改造等措施降低管网漏失。

(1)建立完整的管网信息、技术档案,有重点、有计划地进行管网及供水设施的改造工作,有效地减少供水管网漏失。

(2)完善一级、二级和三级计量表漏失检测系统,严格按表计量,并做好统计。制订检修计划,确保计量水表的正常工作,便于及时发现供水管网漏失。

(3)密切关注管网范围内的各种工程施工,通知施工单位开工前到供水企业办理相关手续,告知施工方地下管网的分布情况,避免盲目施工造成管线受损,减少施工造成的供水管网漏失。

(4)加强供水管线及供水设施的巡查工作,使用年限长、末端用户多的管线和管线穿越铁路、道路、河流等薄弱处要重点巡视,减少供水管网及附属设施的漏失。

2. 加强计量管理,杜绝计量漏失

(1)使用中的水表要定期检定,灵敏度低、锈蚀、超周期等计量不准确的水表要及时更换,严格按表计量,杜绝无表、估表现象。

(2)对口径大、流速低、不计量的水表,要适当进行缩径改造,使水表和用水量相匹配,避免因计量不准或不计量而造成漏失。

(3)加大用水稽查力度,打击一切违章用水。

(4)培养责任心强、专业知识过硬的稽查队伍,增强稽查人员对窃水行为的识别能力,对违章用水、私自接水等窃水行为应及时制止,严厉打击一切偷盗水行为,有效减少人为因素造成的水量漏失。

(5)规范消防、绿化取水点用水,安装水表计量,把该项漏失降至最低。

(6)对各用水实体的生活用水严格按照人头、生活用水定额核定,并进行考核,彻底杜绝生活水供生产水或私接乱引供水问题。

6.2.3 废水排放问题

经评估,酒钢集团股份公司选烧厂的选矿和宏晟热电发电一分厂老厂水力冲灰等工序废水未充分循环利用,排入尾矿坝澄清后与酒钢集团污水处理厂排水合并排入酒钢花海农场用于防风林带灌溉,一方面增加了酒钢集团外排废水污染物负荷,另外造成水资源的浪费。

个别企业存在违规操作,导致含油污水、高盐废水、工艺废水未经处理或处理不达标直接排入酒钢集团污水处理厂,造成酒钢集团污水处理厂进水水质极不稳定,导致出水水质难以达标排放。

酒钢集团应针对各企业的各类废水开展大的排查和水质分析,并应尽快加装退水计量装置。针对各类废水水质特点和水量进行统筹规划,对于水质较差的排水,应考虑回用于对用水水质要求不高的企业或者工段,确保污水处理厂出水水质稳定达标且能够正常回用。

6.2.4 生活污水排放问题

嘉北污水处理厂于2019年底投运,可实现酒钢嘉北新区的废污水、嘉峪关北市区的生活污水全收集。

目前,酒钢冶金厂区仅有酒钢集团污水处理厂处理废污水,该厂采用的物化处理工艺对生活污水处理效果不佳,而酒钢厂区人数众多,生活污水的直接排放亦对酒钢集团污水处理厂的来水水质造成较大影响。考虑到生活污水处理工艺较为成熟可靠,运行费用较低,冶金厂区各分厂可考虑在各厂设置生活污水一体化处理装置,单独对生活污水进行处理回用,确保酒钢集团污水处理厂进出水水质稳定。

6.3 评估后达产条件下的用水平衡分析

6.3.1 水量平衡结果

经前文分析,酒钢集团嘉峪关本部各企业2013~2017年的平均达产率大部分不到80%,个别甚至低于50%;大部分企业实际生产用水定额能够满足甘肃省、嘉峪关市行业用水定额的规定,仅个别企业存在超定额用水问题。

经与各生产实体充分对接研讨，本着尊重实际、符合定额的原则，本次评估以各生产实体2017年的实际用水量平衡作为基础，对于不超定额的用水实体，按照实际用水定额和设计产能来核定下个取水许可期的需用水量。

少量超定额的用水实体建设年代较为久远，在与厂方多次对接并开展可行的节水潜力分析后，超定额的大部分实体2017年实际生产用水定额均满足省、市用水定额标准，将严格按照省、市用水定额标准和设计产能来核定下个取水许可期的需用水量。

根据本次取水许可延续评估对象达产条件下需用水量复核结果，按照《企业水平衡测试通则》(GB/T 12452—2008)规定，给出酒钢集团嘉峪关本部达产条件下的用水量平衡表图分别见表6-2和图6-1。

表6-2 经评估后酒钢本部企业达产条件下用水量平衡表 (单位：万 m^3/年)

序号	用水单位	用水量	新水量	循环量	回用量	耗水量	排水量	排水说明
1	选烧厂	21 783.49	1 063.49	20 720	0	525.09	538.4	尾矿坝
2	焦化厂	12 870.04	682	12 188.04	0	400.81	281.19	酒钢集团污水处理厂
3	炼铁厂	46 136.15	585.22	45 550.93	0	285.66	299.56	酒钢集团污水处理厂
4	炼轧厂	10 488.67	508	9 980.67	0	211.43	296.57	酒钢集团污水处理厂
5	碳钢薄板厂	21 490.1	600.5	20 889.6	0	294.18	306.32	酒钢集团污水处理厂
6	动力厂制氧	11 000.09	194.83	10 805.26	0	140.97	53.86	酒钢集团污水处理厂
7	不锈钢分公司	19 144.47	420.7	18 723.77	0	261.34	159.36	酒钢集团污水处理厂
8	储运部	338.37	159.07	0	179.3	331.43	6.94	酒钢集团污水处理厂
9	运输部	69.95	69.95	0	0	64.77	5.18	酒钢集团污水处理厂
10	厂区绿化	930	930	0	0	930	0	—
11	钢铁生活用水	73.3	73.3	0	0	14.66	58.64	酒钢集团污水处理厂
12	发电一分厂	10 936.68	1 176.68	9 760	0	639.94	536.74	其中255.2尾矿坝，281.54酒钢集团污水处理厂
13	二分厂 2×125 MW	29 859.58	751.39	29 108.19	0	532.12	219.27	酒钢集团污水处理厂
14	三分厂 2×300 MW	42 889.77	1.05	41 553.74	1 334.98	858.44	477.59	其中567回用至渣场，69.19排至酒钢集团污水处理厂
15	三分厂 2×350 MW	4 043.5	2.6	3 479	561.9	405.9	158.6	
16	自备电厂	6 369.75	85.39	5 760	524.36	450.28	159.47	酒钢集团污水处理厂
17	东铝一期	2 888.2	59.63	2 828.57	0	48.41	11.22	酒钢集团污水处理厂
18	东铝二期	7 690.8	112.53	7 546.23	32.04	127.78	16.79	嘉北污水处理厂
19	西部重工	8 601.57	97.57	8 504	0	94.42	3.15	酒钢集团污水处理厂
20	嘉恒产业	1 462.84	1 462.84	0	0	907.79	555.05	嘉北污水处理厂
21	润源肥料、墙材	601.43	67.43	534	0	66.12	1.31	酒钢集团污水处理厂

续表6-2

序号	用水单位	用水量	新水量	循环量	回用量	耗水量	排水量	排水备注
22	冶金渣厂	677.16	100.11	10.05	567	667.02	0.09	酒钢集团污水处理厂
23	宏电铁合金	13 408.72	175.97	13 232.75	0	170.15	5.82	嘉北污水处理厂
24	大友嘉钙镁业	518.48	13.9	504.58	0	12.26	1.64	嘉北污水处理厂
25	宏达水泥	1 787.44	54.4	1 733.04	0	54.4	0	—
26	科力耐材	550.76	3.26	547.5	0	2.26	1	嘉北污水处理厂
27	祁峰建化	30.14	2	28.14	0	2	0	
28	天成彩铝	2 912.44	91.77	2 820.67	0	43.41	48.36	嘉北污水处理厂
29	索通一期	5 840.18	93.01	5 740.87	6.3	96.02	3.29	酒钢集团污水处理厂
30	索通二期	7 309.98	96.52	7 213.46	0	96.52	0	—
31	冶建商砼	21.31	20.09	1.22	0	20.09	0	—
32	思安节能	16 139.62	124.26	15 854.61	160.75	204.24	80.77	酒钢集团污水处理厂
33	奥福能源	3 812.52	70.46	3 742.06	0	46.67	23.79	酒钢集团污水处理厂
34	其余公辅实体	612.46	612.46	0	0	205.79	406.67	酒钢集团污水处理厂
35	宏丰灌区	1 340	1 340	0	0	1 340	0	—
36	峪泉灌区	1 200	1 200	0	0	1 200	0	—
37	污水处理厂	484.15	0	0	484.15	278.87	205.28	205.28 排至花海农场
38	尾矿坝	793.6	0	0	793.6	175.43	618.17	排至花海农场
39	嘉北污水处理厂	20.89	0	0	20.89	20.89	0	全部回用
40	嘉北园区其他企业	119.17	0	0	119.17	51.37	67.8	嘉北污水处理厂
41	合计	317 247.77	13 102.38	299 360.95	4 784.44	12 278.93	5 607.89	4 784.44 回用，823.45 排至花海农场

注：按照《企业水平衡测试通则》（GB/T 12452—2008）：

1. 用水量是指在确定的用水单元或系统内，使用的各种水量的总和，即新水量和重复利用水量之和。
2. 新水量是指企业内用水单元或系统取自任何水源被该企业第一次利用的水量。
3. 重复利用水量为循环用水量与回用水量之和。
4. 循环用水量系指在确定的系统内，生产过程中已用过的水，再循环用于原系统的水量。
5. 回用水量是指企业产生的排水，直接或经处理后再利用于某一用水单元或系统的水量。
6. 耗水量是指在确定的用水单元或系统内，生产过程中进入产品、蒸发、飞溅、携带及生活饮用等所消耗的水量。
7. 排水量是指对于确定的用水单元或系统，完成生产过程和生产活动之后排除企业之外及排出该单元进入污水系统的水量。新水量与回用水量之和等于耗水量与排水量之和。

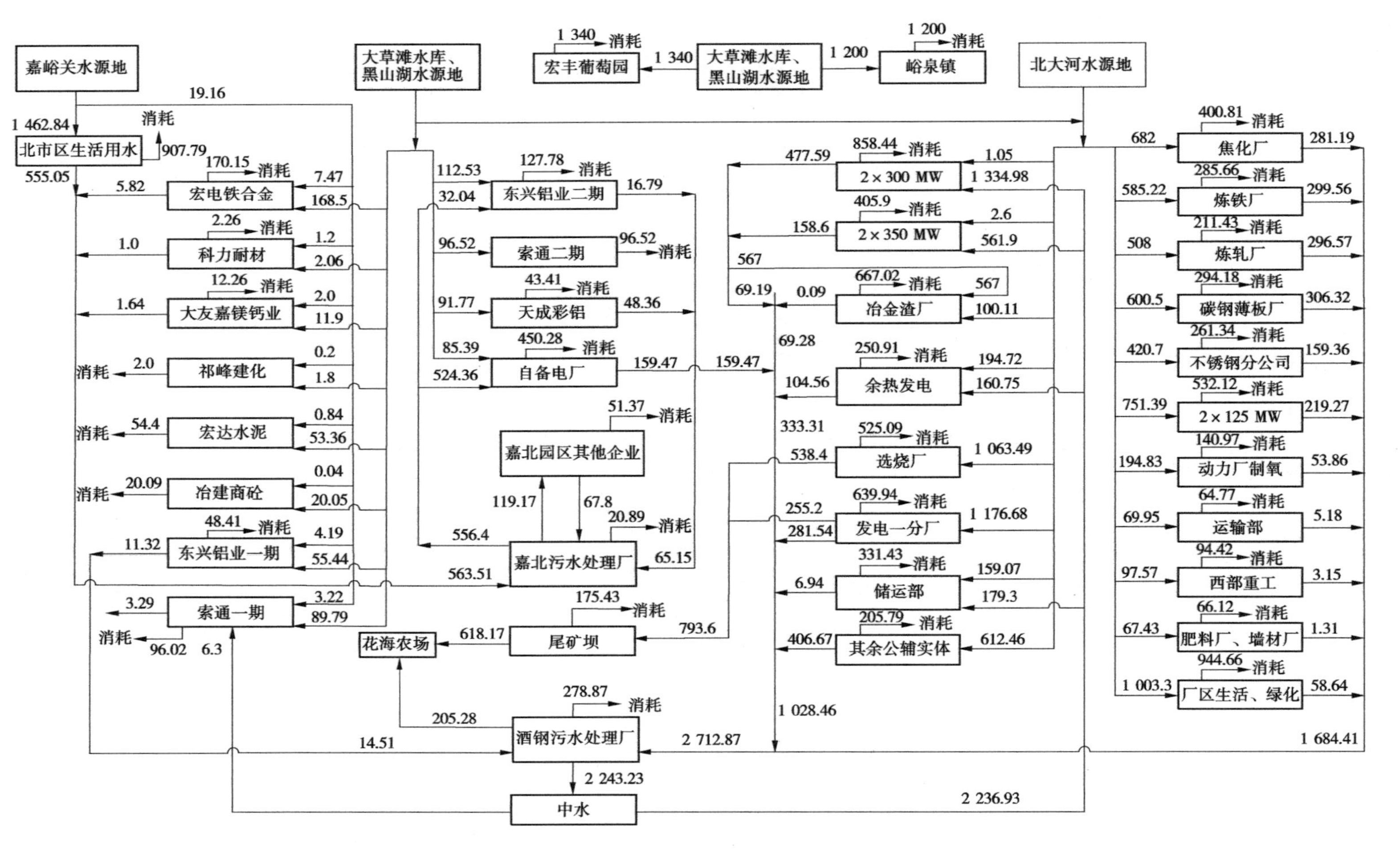

图 6-1　经评估后酒钢嘉峪关本部企业达产条件下用水量平衡图　（单位：万 m^3/年）

6.3.2　用水、耗水、排水分析

6.3.2.1　用水分析

经评估后,酒钢集团嘉峪关本部用水量为 317 247.77 万 m^3,其中新水量为 13 102.38 万 m^3,循环用水量为 299 360.95 万 m^3。在各个用水实体中,股份公司用水量、新水量、循环量均为最大,占比分别为 45.49%、40.35% 和 46.38%;其余新水用量大户依次为宏晟电热、嘉恒产业、宏丰灌区和峪泉灌区。酒钢集团嘉峪关本部各用水实体达产条件下用水比例详见表 6-3。

表 6-3　评估后酒钢集团各用水实体达产条件下用水比例

用水单位	用水量(万 m^3)	比例(%)	新水量(万 m^3)	比例(%)	循环用水量(万 m^3)	比例(%)
股份公司	144 324.63	45.49	5 287.06	40.35	138 858.27	46.38
宏晟热电	87 729.53	27.65	1 931.72	14.74	83 900.93	28.03
东兴铝业	16 948.75	5.34	257.55	1.97	16 134.80	5.39
嘉恒产业	1 462.84	0.46	1 462.84	11.16	0	0
其余公辅实体	612.46	0.19	612.46	4.67	0	0
宏丰灌区	1 340.00	0.42	1 340.00	10.23	0	0
峪泉灌区	1 200.00	0.38	1 200.00	9.16	0	0
其他企业	62 330.92	19.65	1 010.75	7.71	60 466.95	20.20
污水处理厂	1 298.64	0.42	0	0	0	0
合计	317 247.77	100	13 102.38	100	299 360.95	100

6.3.2.2　耗水分析

经评估后,酒钢集团嘉峪关本部耗水量为 12 278.93 万 m^3,其中股份公司耗水量最大,占比为 28.18%,其次为宏晟电热、其他企业、宏丰灌区、峪泉灌区和嘉恒产业,占比分别为 19.84%、13.25%、10.91%、9.77% 和 7.39%。酒钢集团嘉峪关本部各用水实体耗水比例详见表 6-4。

6.3.2.3　排水、回用水分析

经评估后,酒钢集团嘉峪关本部各生产实体及污水处理厂等的总排水量为 5 607.89 万 m^3,其中股份公司排水量最大,占比 35.77%;宏晟电热排水量其次,占比为 24.83%;其次为污水处理厂(含尾矿坝)和嘉恒产业,占比分别为 14.68% 和 9.90%。酒钢集团嘉峪关本部各生产实体及污水处理厂等的回用水量为 4 784.44 万 m^3,其中宏晟电热最大,占比 39.65%;其次为污水处理厂(含尾矿坝)、其他企业和东兴铝业,占比分别为 27.14%、17.83% 和 11.63%;评估后按照各级水行政主管部门的水资源论证批复要求,将中水资源首先配置到宏晟电热所属电厂和东兴铝业自备电厂用于生产。酒钢集团嘉峪关本部各用水实体排水、回用水比例详见表 6-5。

表 6-4　评估后酒钢集团各用水实体耗水比例

用水单位	耗水量(万 m^3)	比例(%)
股份公司	3 460.34	28.18
宏晟电热	2 436.40	19.84
东兴铝业	626.47	5.10
嘉恒产业	907.79	7.39
其余公辅实体	205.79	1.68
宏丰灌区	1 340.00	10.91
峪泉灌区	1 200.00	9.77
其他企业	1 626.95	13.25
污水处理厂	475.19	3.88
合计	12 278.93	100.00

表 6-5　评估后酒钢集团各用水实体排水和回用比例

用水单位	回用量(万 m^3)	比例(%)	排水量(万 m^3)	比例(%)
股份公司	179.3	3.75	2 006.02	35.77
宏晟电热	1 896.88	39.65	1 392.2	24.83
东兴铝业	556.4	11.63	187.48	3.34
嘉恒产业	0	0	555.05	9.90
其余公辅实体	0	0	406.67	7.25
宏丰灌区	0	0	0	0
峪泉灌区	0	0	0	0
其他企业	853.22	17.83	237.02	4.23
污水处理厂	1 298.64	27.14	823.45	14.68
合计	4 784.44	100	5 607.89	100

6.3.3　用水指标计算与评价

酒钢集团嘉峪关本部整体用水指标计算基本参数见表 6-6，计算结果见表 6-7。

表 6-6　评估后酒钢集团嘉峪关本部用水指标计算基本参数

序号	基本参数名称	单位	基本参数
1	重复利用水量	万 m^3/年	304 145.39
2	生产过程中总水量	万 m^3/年	317 247.77
3	全厂生产补新水量	万 m^3/年	13 102.38
4	全厂生产耗水量	万 m^3/年	12 278.93
5	排水量	万 m^3/年	5 607.89
6	回用量	万 m^3/年	4 784.44

表 6-7　评估前后酒钢集团嘉峪关本部用水指标对比

序号	评价指标	单位	评估前	评估后	相关标准
1	水重复利用率	%	96.2	95.9	《节水型城市考核标准》：工业用水重复利用率≥75%
2	新水利用系数	%	87.4	93.7	—
3	外排水回用率	%	75.5	85.3	《甘肃省水污染防治行动计划》：到 2020 年，缺水城市再生水利用率达到 20% 以上

由表 6-7 可知，下个取水许可期，酒钢集团嘉峪关本部达产情况下的水重复利用率可达 95.9%，新水利用系数可达 93.7%，外排水回用率达到了 85.3%，新水利用系数和外排水回用率均有明显提高。

6.4　评估前后酒钢集团嘉峪关本部各生产实体用水指标对比及先进性分析

酒钢集团嘉峪关本部各生产实体 2013 ~ 2017 年实际用水定额，评估后下个取水许可期核定后的用水定额，国家、省、市及行业对应的用水定额标准统计见表 6-8。

表 6-8　酒钢集团嘉峪关本部各生产实体现状及下个取水许可期用水定额统计

序号	项目名称	实际用水定额						嘉峪关市行业用水定额	甘肃省行业用水定额	清洁生产标准	节水型企业标准	职工人均生活日用[L/(人·d)]		指标评价依据
		2013 年	2014 年	2015 年	2016 年	2017 年	核定后					核定前	核定后	
1	股份公司选烧厂（选矿）	1.30	1.34	1.34	1.34	1.33	1.33	铁矿采选－铁精粉：现有 1.35 m^3/t，先进 1.3 m^3/t	铁矿采选－铁精粉：现有 7 m^3/t	《清洁生产标准 铁矿采选业》（HJ/T 294—2006）：一级标准：≤2 m^3/t	《节水型企业 钢铁行业》（GB/T 26924—2011）：吨钢取水量≤4.2 m^3/t	—	0.2	《嘉峪关市行业用水定额（试行）》矿山及高温、粉尘企业厂区生活用水，取 0.26 L/(人·d)
2	股份公司选烧厂（烧结）	0.26	0.31	0.36	0.41	0.32	0.30	烧结：现有 0.3 m^3/t	烧结：现有 0.3 m^3/t	— 二级标准：≤0.3 m^3/t		—	0.2	
3	股份公司选烧厂（球团）	0.07	0.07	0.07	0.07	0.07	0.07	—	—	—		—	0.2	
4	股份公司焦炭厂	2.8	2.7	2.5	2.4	2.2	2.2	耗水量：现有≤2.0 m^3/t	单位产品用水量：现有 2.2 m^3/t 焦炭	《清洁生产标准 炼焦行业》（HJ/T 126—2003）一级标准：≤2.5 m^3/t		—	0.2	
5	股份公司生铁厂	0.606	0.796	0.871	0.935	0.779	0.9	生铁用水单耗 0.9 m^3/t	先进：单位产品用水量 1 m^3/t 铁	— 一级标准：≤1 m^3/t		—	0.2	
6	股份公司炼轧厂（炼钢）	1.42	1.54	1.37	1.11	0.91	0.9	单位产品用水量 0.9 m^3/t 钢	单位产品用水量 4.9 m^3/t 钢	— 一级标准：≤2 m^3/t		—	0.2	

续表 6-8

序号	项目名称	实际用水定额						嘉峪关市行业用水定额	甘肃省行业用水定额	清洁生产标准	节水型企业标准	职工人均生活日用［L/(人·d)］		指标评价依据
		2013 年	2014 年	2015 年	2016 年	2017 年	核定后					核定前	核定后	
7	股份公司炼轧厂(冷轧一高线)	0.95	0.73	0.77	0.98	0.95	0.68	现有:单位产品用水量 0.88 m^3/t	—	—	《节水型企业钢铁行业》(GB/T 26924—2011):吨钢取水量≤4.2 m^3/t	—	0.2	《嘉峪关市行业用水定额(试行)》矿山及高温、粉尘企业厂区生活用水,取 0.26 L/(人·d)
8	股份公司炼轧厂(冷轧二高线)	0.27	0.27	0.31	0.42	0.4						—	0.2	
9	股份公司炼轧厂(冷轧大棒线)	0.62	0.71	0.68	0.7	0.73						—	0.2	
10	股份公司炼轧厂(冷轧中板)	0.55	0.34	0.33	0.55	0.55						—	0.2	
11	股份公司碳钢薄板厂(炼钢)	0.92	0.92	0.91	0.90	0.88	0.88	炼钢－碳钢:现有 0.9 m^3/t	炼钢－普通钢 4.9 m^3/t	— 一级标准:≤2 m^3/t		—	0.2	
12	股份公司碳钢薄板厂(热轧)	0.89	0.86	0.84	0.81	0.75	0.75	碳钢轧材(热轧):现有 0.88 m^3/t	碳钢轧材:现有 0.5 m^3/t	《清洁生产标准钢铁行业(中厚板轧钢)》(HJ/T 318—2006):二级标准:≤0.75 m^3/t		—	0.2	
13	股份公司碳钢薄板厂(冷轧)	0.21	0.20	0.21	0.20	0.20	0.20	碳钢轧材(冷轧):现有 0.2 m^3/t	—	—		—	0.2	《嘉峪关市行业用水定额(试行)》矿山及高温、粉尘企业厂区生活用水,取 0.26 L/(人·d)
14	股份公司不锈钢分公司(炼钢)	1	1.3	1.6	1.7	1.6	1.58	不锈钢炼钢:现有 1.7 m^3/t	特殊钢:现有 7.0 m^3/t	— 一级标准:≤2 m^3/t		—	0.2	

续表 6-8

序号	项目名称	实际用水定额						嘉峪关市行业用水定额	甘肃省行业用水定额	清洁生产标准	节水型企业标准	职工人均生活日用[L/(人·d)]		指标评价依据
		2013 年	2014 年	2015 年	2016 年	2017 年	核定后					核定前	核定后	
15	股份公司不锈钢分公司(热轧)	0.5	0.6	0.6	0.6	0.7	0.67	不锈钢轧材(热轧):0.78 m^3/t	—	—	《节水型企业钢铁行业》(GB/T 26924—2011):吨钢取水量≤4.2 m^3/t	—	0.2	①《嘉峪关市行业用水定额(试行)》矿山及高温、粉尘企业厂区生活用水,取0.26 L/(人·d);②《建筑给水排水设计标准》(GB 50015—2019)要求,取0.09~0.12 $m^3/$(人·d)
16	股份公司不锈钢分公司(冷轧)	4.35	3.4	5.25	3.5	2.9	2.1	不锈钢轧材(冷轧)2.1 m^3/t				—	0.2	
17	股份公司动力厂制氧机组	2.16	2.09	2.06	2.07	2.02	2.02	—	《福建省行业用水定额》(DB35/T 772—2013):氧气生产2.7 m^3/t	—	—	—	0.2	
18	宏晟电热发电一分厂老厂	3.90	3.50	3.60	3.20	3.10	3.10	循环冷却水系统,单机容量<300 MW:1.85 $m^3/$(MW·h)	循环冷却水系统,单机容量<300 MW:3.2 $m^3/$(MW·h)	《火电行业清洁生产评价指标体系》:循环冷却机组单位发电量取水量3.84 $m^3/$(MW·h)	《节水型企业火力发电行业》(GB/T 26925—2011):循环冷却水系统,单机容量<300 MW:1.85 $m^3/$(MW·h)	0.19	0.1	
19	股份公司热力站	2.50	2.20	1.80	1.90	1.70	1.70	循环冷却水系统,单机容量<300 MW:1.85 $m^3/$(MW·h)	循环冷却水系统,单机容量<300 MW:3.2 $m^3/$(MW·h)	《火电行业清洁生产评价指标体系》:循环冷却机组单位发电量取水量3.84 $m^3/$(MW·h)		0.16	0.1	
20	嘉峪关2×125 MW自备热电联产工程2×125 MW	3.23	3.14	3.37	3.31	3.23	2.84	循环冷却水系统,单机容量<300 MW:1.85 $m^3/$(MW·h)	循环冷却水系统,单机容量<300 MW:2.84 $m^3/$(MW·h)	《电力行业(燃煤发电企业)清洁生产评价指标体系》:循环冷却水单机容量<300 MW发电用水量1.85 $m^3/$(MW·h)		0.15	0.1	《建筑给水排水设计标准》(GB 50015—2019)要求,取0.09~0.12 $m^3/$(人·d)
21	酒钢集团嘉峪关2×300 MW自备热电联产工程	—	2.01	2.32	1.83	1.85	1.75	循环冷却水系统,单机容量=300 MW:1.71 $m^3/$(MW·h)	循环冷却水系统,单机容量=300 MW:发电水耗率≤2.52 $m^3/$(MW·h)	《电力行业(燃煤发电企业)清洁生产评价指标体系》:循环冷却水单机容量300 MW≤1.71 $m^3/$(MW·h)	《节水型企业火力发电行业》(GB/T 26925—2011)循环冷却水系统,单机容量300 MW,单位发电用水量≤1.71$m^3/$MW·h	1.02	0.1	

续表 6-8

序号	项目名称	实际用水定额						嘉峪关市行业用水定额	甘肃省行业用水定额	清洁生产标准	节水型企业标准	职工人均生活日用[L/(人·d)]		指标评价依据
		2013 年	2014 年	2015 年	2016 年	2017 年	核定后					核定前	核定后	
22	酒钢集团嘉峪关 2×350 MW 自备热电联产工程	—	0.75	0.79	0.84	0.73	0.30	空冷系统,单机容量＞300 MW:0.38 m^3/(MW·h)	空冷系统,单机容量＞300 MW:≤0.36 m^3/(MW·h)	—	《节水型企业 火力发电行业》(GB/T 26925—2011)空气冷却系统,单机容量大于 300 MW,单位发电用水量≤0.45 m^3/(MW·h)	0.19	0.19	《建筑给水排水设计标准》(GB 50015—2019)要求,取 0.09~0.12 m^3/(人·d)
23	东兴铝业自备电厂	—	0.55	0.47	0.42	0.38	0.37			—		0.138	0.1	
24	股份公司储运部	—	—	—	—	—	—	—	—	—	—	—	0.1	
25	股份公司运输部	—	—	—	—	—	—	—	—	—	—	—	0.1	《建筑给水排水设计标准》(GB 50015—2019)要求,取 0.09~0.12 m^3/(人·d)
26	酒嘉风电基地高载能特色铝合金节能技术改造工程(一期)	0.80	1.05	1.34	1.41	1.08	1.08	电解铝用水:现有企业 1.92 m^3/t;先进企业 1.23 m^3/t	单位重熔用铝锭用水:现有企业 4.0 m^3/t;先进企业 1.7 m^3/t	《铝行业清洁生产评价指标体系(试行)》:电解铝生产企业新水单耗基准值 4.5 m^3/t	《节水型企业 电解铝行业》(GB/T 33233—2016):(吨)电解铝取水量≤2.5 m^3/t	0.11	0.1	
27	酒嘉风电基地高载能特色铝合金节能技术改造工程(二期)	1.35	1.13	1.41	1.25	1.27	1.27					0.107	0.1	
28	西部重工	18.20	17.70	18.20	17.90	17.20	17.20	—	铸铁加工件 25 m^3/t	—	—	0.1	0.1	

续表 6-8

序号	项目名称	实际用水定额						嘉峪关市行业用水定额	甘肃省行业用水定额	清洁生产标准	节水型企业标准	职工人均生活日用[L/(人·d)]		指标评价依据
		2013年	2014年	2015年	2016年	2017年	核定后					核定前	核定后	
29	嘉恒产业	—	—	—	—	—	—	—	—	—	—	—	—	
30	年产10万t有机无机复混肥生产线项目	—	0.24	0.25	0.28	0.21	0.20	—	《福建省行业用水定额》(DB35/T 772—2013):复混肥料制造:复混肥≤2.9 m^3/t;《安徽省行业用水定额》(DB34/T 679—2014)复混肥≤0.2~0.8 m^3/t	—	—	0.094	0.094	《建筑给水排水设计标准》(GB 50015—2019)要求,取0.09~0.12 $m^3/(人·d)$
31	年产1亿块蒸压粉煤灰砖(含保温砌块)工程(二期)	9.80	9.80	10.40	10.10	9.80	10.02	加气混凝土、蒸压砖、空心砌块:现有13.1 m^3/万块;新建12.6 m^3/万块	—	—	—	0.15	0.15	《建筑给水排水设计标准》(GB 50015—2019)要求,取0.09~0.12 $m^3/(人·d)$
32	宏达水泥利用冶金废渣生产建筑砌块、加气混凝土、粉煤灰砖等新型墙体材料资源综合利用项目	10.50	9.30	10.40	9.80	11.00	10.30	加气混凝土、蒸压砖、空心砌块:现有13.1 m^3/万块;新建12.6 m^3/万块	—	—	—	0.09	0.09	《建筑给水排水设计标准》(GB 50015—2019)要求,取0.09~0.12 $m^3/(人·d)$
33	年产15万 m^3 加气混凝土生产线项目	12.70	12.50	13.30	12.50	13.00	12.90	加气混凝土、蒸压砖、空心砌块:现有13.1 m^3/万块;新建12.6 m^3/万块	—	—	—	0.15	0.15	《建筑给水排水设计标准》(GB 50015—2019)要求,取0.09~0.12 $m^3/(人·d)$

续表 6-8

序号	项目名称	实际用水定额						嘉峪关市行业用水定额	甘肃省行业用水定额	清洁生产标准	节水型企业标准	职工人均生活日用[L/(人·d)]		指标评价依据
		2013 年	2014 年	2015 年	2016 年	2017 年	核定后					核定前	核定后	
34	脱硫石膏项目	—	—	—	—	—	—	—	—	—	—	0.148	0.148	《建筑给水排水设计标准》(GB 50015—2019)要求,取 0.15 m^3/(人·d)
35	股份公司冶金渣厂	—	—	—	—	2.96	2.96	—	—	—	《建筑给水排水设计规范》:3 L/(m^2·d)	0.1	0.1	《建筑给水排水设计标准》(GB 50015—2019)要求,取 0.09~0.12 m^3/(人·d)
36	年产 10 万 t 铁合金项目、嘉峪关宏电铁合金有限责任公司 100 万 t 铁合金项目	3.00	3.20	4.40	5.10	4.50	6.90	铁合金冶炼(硅铁、硅锰、铁锰):现有 10 m^3/t、新建 8 m^3/t、先进 5 m^3/t	铁合金冶炼(硅铁、高碳铬铁):现有 10 m^3/t、新建 8 m^3/t、先进 5 m^3/t	— 单位产品新水消耗量一级 5 m^3/t,二级 8 m^3/t,三级 10 m^3/t	—	0.95	0.26	《嘉峪关市行业用水定额》(试行)矿山及高温、粉尘企业厂区生活用水,取 0.26 L/(人·d)
37	宏电铁合金 8×25 MVA 铁合金矿热炉烟气余热发电项目	—	7.40	7.00	8.80	9.20	3.20	—	—	—	—	0.95	0.26	《嘉峪关市行业用水定额》(试行)矿山及高温、粉尘企业厂区生活用水,取 0.26 L/(人·d)

续表 6-8

序号	项目名称	实际用水定额						嘉峪关市行业用水定额	甘肃省行业用水定额	清洁生产标准	节水型企业标准	职工人均生活日用[L/(人·d)]		指标评价依据
		2013 年	2014 年	2015 年	2016 年	2017 年	核定后					核定前	核定后	
38	大友嘉镁钙业	—	0.11	0.15	0.03	0.04	0.04	—	石灰和石膏制造	石灰:0.6 m^3/t	—	0.45	0.1	《建筑给水排水设计标准》(GB 50015—2019)要求,取 0.09 ~ 0.12 m^3/(人·d)
39	宏达水泥利用冶金废渣建设 4 000 t/d 熟料新型干法水泥生产线及配套纯低温余热发电项目	—	—	0.83	0.84	0.68	0.32	水泥制造:现有企业 0.44 m^3/t;新建企业 0.33 m^3/t	—	— 一级标准:单位熟料新鲜水用量≤0.3 m^3/t	—	0.09	0.09	
40	宏丰灌区	292	232	246	270	243	257	葡萄、枸杞滴灌灌溉定额 260 m^3/亩	—	—	—	—	—	
41	酒钢集团耐火材料整体搬迁还建项目	0.54	0.7	0.72	0.67	0.57	0.04	—	《云南省用水定额》:耐火材料制品制造:1.2 m^3/t	—	—	0.09	0.09	
42	酒钢集团年产 5 万 t 电极糊生产线项目						1.2	—	电极糊、石墨及碳素制品制造:8 m^3/t	—		0.09	0.09	
43	祁峰建化淘汰落后机立窑改建年产 80 万 t 水泥粉磨站项目	0.06	0.06	0.06	0.03	0.03	0.03	水泥制造:现有企业 0.44 m^3/t;新建企业 0.33 m^3/t	水泥制造:现有企业 0.47m^3/t;先进企业 0.3 m^3/t	— 一级标准:单位熟料新鲜水用量≤0.3 m^3/t 水泥行业清洁生产评价指标体系 I 级基准值单位熟料新鲜水用量≤0.3 m^3/t	—	0.051 9	0.051 9	
44	绿色短流程铸轧铝深加工项目	—	—	—	—	—	2.08	—	《辽宁省行业用水定额》(DB21/T 1237—2015):铝箔≤9 m^3/t;《福建省行业用水定额》(DB35/T 772—2013):铝箔≤6 m^3/t;《河北省行业用水定额》(DB13/T 1161—2016):铝箔≤3.2 m^3/t	—	—	0.1	0.1	

续表 6-8

序号	项目名称	实际用水定额						嘉峪关市行业用水定额	甘肃省行业用水定额	清洁生产标准	节水型企业标准	职工人均生活日用[L/(人·d)]		指标评价依据
		2013 年	2014 年	2015 年	2016 年	2017 年	核定后					核定前	核定后	
45	索通阳极年产 25 万 t/年预焙阳极项目	—	3.7	3.6	3.8	3.6	3.59	—	石墨及碳素制品行业 8 m^3/t	—	—	0.84	0.15	《建筑给水排水设计标准》(GB 50015—2019)要求，取 0.09～0.12 $m^3/(人·d)$
46	索通材料 34 万 t/年预焙阳极及余热发电项目	—	—	—	2.6	2.8	2.51	—	石墨及碳素制品行业 8 m^3/t	—	—	0.1	0.1	
47	冶建商砼	0.26	0.26	0.26	0.20	0.20	0.20	商品混凝土：现有企业 0.44 m^3/t；先进企业 0.2 m^3/t	商品混凝土：现有企业 0.5 m^3/t；先进企业 0.2 m^3/t	—	—	0.008	0.008	
48	思安能源、股份公司烧结余热发电工程	—	11.8	16.89	7.17	5.26	5.96	—	—	—	—	0.53	0.1	
49	思安节能、股份公司 2×30 MW 煤气发电工程	—	4.53	2.65	2.46	1.82	4.12	—	—	—	—	0.31	0.1	
50	思安节能、股份公司 4×450 m^3 高炉煤气余热余压发电工程	—	0.19	0.22	0.27	0.21	0.65	—	—	—	—	0.11	0.1	
51	酒钢 1#、2#焦炉干熄焦余热发电补汽锅炉项目	—	—	2.89	3.27	3.04	3.37	—	—	—	—	0.011	0.011	

根据本次评估，除未规定用水定额标准的生产实体外，其余生产实体的用水定额均满足《甘肃省行业用水定额(2017 版)》或《嘉峪关市行业用水定额(试行)》要求，基本上符合国家清洁生产标准的一级、二级用水标准要求，个别企业用水定额接近或达到了节水型企业用水标准要求。

6.5　建议延续许可水量分析

取水量为用水户达产情况下需用水量与输配水系统的损耗量之和，取水量即为许可水量，亦是最大取水量。

(1)经评估，酒钢集团嘉峪关本部各生产实体达产条件下的总需用新水量为13 102.38万 m^3/年。合理的延续取水许可量应统筹考虑国家对供输水系统综合损耗率的要求、地下水水源地保护要求及酒钢集团生产实际情况后综合确定。国家标准规定市政供水管网的综合损失率不得超过12%，国家节水型城市创建规定市政管网的综合损失率不得超过10%，对于酒钢集团现状而言，该要求无疑是偏高的，供水管网的更新改造从来都不是一蹴而就的，是一个延续过程，需要对改造计划详细规划，分批逐次逐渐改善，否则会影响整个企业的正常生产运行。本次评估提出，酒钢集团应结合实际开展老旧供水管网更新改造工程，在下个取水许可期末达到输配水系统的综合损耗率不超过10%；对于延续取水许可换证工作，建议参照甘肃省市政供水管网综合损失率14%的综合损耗率进行控制。经计算，酒钢公司下个取水期需要的总的取水许可指标为16 210.7 万 m^3/年(其中，15 222 万 m^3为酒钢嘉峪关本部需取水量，988.7 万 m^3为甘肃省水利厅批复的酒钢1 000 万 t/年煤干馏提质及焦油加氢精制综合利用项目地表取水指标)。

(2)本次取水许可延续涉及的北大河、嘉峪关、黑山湖等3 处水源地均处于同一水文地质单元，且均被划定为饮用水水源保护区。北大河、嘉峪关水源地被划定为国家重要饮用水水源地和一般地下水超采区。延续发证不仅需要考虑企业取水需求，更需关注水源地的保护问题。3 个水源地所处的嘉峪关西盆地水文地质研究程度较高，经本次评估，考虑北大河、嘉峪关等2 个水源地超采区治理要求，在模型反复验证的基础上，提出了本次地下水取水许可延续水量。建议核减酒钢集团现持有的13 123.67 万 m^3地下水取水许可指标，核减量为5 516.67 万 m^3，延续取水许可量为7 607 万 m^3。其中北大河水源地延续许可水量2 341 万 m^3，嘉峪关水源地延续许可水量1 482 万 m^3，黑山湖水源地延续许可水量3 784 万 m^3，详见表6-9。经模型验证，在该许可水量和开采条件下，即使各水源地其他用水户达到最大开采量，也不会造成上述水源地水位持续下降，亦不会达到最大设计降深。

经评估后，黑山湖水源地供给酒钢嘉北新区生活水量为21.02 万 m^3，生产水量为3 762.98万 m^3；北大河水源地供给酒钢本部生活水量为144.34 万 m^3，生产水量为2 196.66 万 m^3；嘉峪关水源地供给北市区及酒钢各企业生活水量为1 482 万 m^3。

经前文分析，酒钢集团下个取水许可期需要的许可指标为16 210.7 万 m^3，其中，地下水拟延续许可量7 607 万 m^3，大草滩水源地许可水量198 万 m^3(嘉水务许可〔2018〕1号)，地表水8 405.7 万 m^3。酒钢取水许可延续一览表分别见表6-10 ~ 表6-12。

表6-9　建议的27眼井延续许可水量

序号	取水权人名称	取水地点	取水方式	建议取水量（万 m^3/年）	取水用途
1	酒钢集团黑山湖水源地1号	黑山湖水源地	水井	674.5	生产、绿化
2	酒钢集团黑山湖水源地2号	黑山湖水源地	水井	674.5	生产、绿化
3	酒钢集团黑山湖水源地3号	黑山湖水源地	水井	487	生产、绿化
4	酒钢集团黑山湖水源地4号	黑山湖水源地	水井	487	生产、绿化
5	酒钢集团黑山湖水源地5号	黑山湖水源地	水井	487	生产、绿化
6	酒钢集团黑山湖水源地6号	黑山湖水源地	水井	487	生产、绿化
7	酒钢集团黑山湖水源地7号	黑山湖水源地	水井	487	生产、绿化
8	酒钢集团嘉峪关水源地1号	嘉峪关水源地	水井	217	生活、绿化
9	酒钢集团嘉峪关水源地2号	嘉峪关水源地	水井	166	生活、绿化
10	酒钢集团嘉峪关水源地3号	嘉峪关水源地	水井	76	生活、绿化
11	酒钢集团嘉峪关水源地4号	嘉峪关水源地	水井	141	生活、绿化
12	酒钢集团嘉峪关水源地5号	嘉峪关水源地	水井	141	生活、绿化
13	酒钢集团嘉峪关水源地6号	嘉峪关水源地	水井	141	生活、绿化
14	酒钢集团嘉峪关水源地7号	嘉峪关水源地	水井	166	生活、绿化
15	酒钢集团嘉峪关水源地8号	嘉峪关水源地	水井	102	生活、绿化
16	酒钢集团嘉峪关水源地9号	嘉峪关水源地	水井	166	生活、绿化
17	酒钢集团嘉峪关水源地10号	嘉峪关水源地	水井	166	生活、绿化
18	酒钢集团北大河水源地1号	北大河水源地	水井	234.1	生产、生活、绿化
19	酒钢集团北大河水源地2号	北大河水源地	水井	234.1	生产、生活、绿化
20	酒钢集团北大河水源地3号	北大河水源地	水井	234.1	生产、生活、绿化

续表 6-9

序号	取水权人名称	取水地点	取水方式	建议取水量（万 m³/年）	取水用途
21	酒钢集团北大河水源地 4 号	北大河水源地	水井	234.1	生产、生活、绿化
22	酒钢集团北大河水源地 5 号	北大河水源地	水井	234.1	生产、生活、绿化
23	酒钢集团北大河水源地 6 号	北大河水源地	水井	234.1	生产、生活、绿化
24	酒钢集团北大河水源地 7 号	北大河水源地	水井	234.1	生产、生活、绿化
25	酒钢集团北大河水源地 8 号	北大河水源地	水井	234.1	生产、生活、绿化
26	酒钢集团北大河水源地 9 号	北大河水源地	水井	234.1	生产、生活、绿化
27	酒钢集团北大河水源地 10 号	北大河水源地	水井	234.1	生产、生活、绿化

表 6-10　建议的酒钢集团地下水取水许可延续水量一览表　（单位：万 m³/年）

序号	水源名称	现有取水许可指标	建议延续许可指标		
			生产	生活	合计
1	北大河水源地	5 050	2 196.66	144.34	2 341
2	嘉峪关水源地	3 657.67	0	1 482	1 482
3	黑山湖水源地	4 416	3 762.98	21.02	3 784
合计	—	13 123.67	5 959.64	1 647.36	7 607

表 6-11　酒钢集团地下水置换农业地表水指标一览表　（单位：万 m³/年）

序号	水源名称	水源用途	现有取水许可指标	许可指标	说明
1	讨赖河地表水	酒钢宏丰灌区农业灌溉	现状通过讨赖河流域水利管理局水量调度调剂解决，无取水指标	1 717	根据嘉峪关市水务局取水许可批复意见
2	讨赖河地表水	峪泉灌区农业灌溉	现状通过讨赖河流域水利管理局水量调度调剂解决，无取水指标	1 200	峪泉灌区应办理取水许可，与酒钢取水指标无关，仅由酒钢供水
3	讨赖河地表水	—	0	2 917	—

表 6-12　酒钢集团下个取水期取水指标及用途一览表　（单位：万 m^3/年）

序号	水源名称	水源用途	现有取水许可指标	许可指标	说明
1	讨赖河地表水	酒钢宏丰灌区农业灌溉	现状通过讨赖河流域水利管理局水量调度调剂解决，无取水指标	1 717	根据嘉峪关市水务局取水许可批复意见
2	讨赖河地表水	峪泉灌区农业灌溉	现状通过讨赖河流域水利管理局水量调度调剂解决，无取水指标	1 200	峪泉灌区应办理取水许可，与酒钢取水指标无关，仅由酒钢供水
3	讨赖河地表水	工业生产	4 500	5 448.7	在 4 500 万 m^3 酒钢地表取水指标基础上，考虑酒钢宏汇煤化工地表取水指标 988.7 万 m^3
4	大草滩水源地	工业备用水源	198	198	嘉水务许可〔2018〕1 号
5	北大河水源地	工业、生活用水	5 050	2 341	
6	嘉峪关水源地	生活用水	3 657.67	1 482	
7	黑山湖水源地	工业、生活用水	4 416	3 784	
合计			17 821.67	16 210.7	整体压减 1 612.97 万 m^3，考虑峪泉灌区农业指标不属于酒钢公司，则酒钢本次压减指标为 2 812.97万 m^3

第 7 章　取水可靠性评估

7.1　地表水取水可靠性评估

7.1.1　依据的资料与方法

7.1.1.1　依据的基本资料

根据讨赖河流域现行分水制度，酒钢集团全年按4 500 万 m^3供给，今后生产规范扩大需要增加水量另行商定。冬季从 12 月 28 日至次年 2 月 3 日供水 37 d，这个期间河道来水量要尽量要做到全部引进，以免浪费。不足部分在 7 ~ 9 月讨赖灌区用水时间内补够。冬季供水开始日期，讨赖河流域水利管理局可视气温情况适当提前或推后。

酒钢集团供水由大草滩水库承担，该水库为旁注式水库，水库蓄水至正常高水位 1 749.00 m 时，水库面积为 4.8 km^2，东西方向水面宽度 1.3 km，南北方向水面宽度 3.5 km。水库水源引自南面的讨赖河，酒钢集团讨赖河渠首位于大草滩水库坝址南约 12.5 km 处的讨赖河干流上，地理位置为东经 98°09′、北纬 39°43′。引水枢纽上游 22.0 km 处为原冰沟水文站断面，下游 10.0 km 有讨赖河农业渠首工程，设有渠首站，向讨赖灌区、鸳鸯灌区供水。

讨赖河出山口处 1948 年建有冰沟水文站，该站监测的径流量可代表讨赖河的天然径流量，故本书选用冰沟水文站作为径流计算代表站。2002 年因建设冰沟一级水电站，冰沟水文站下迁至嘉峪关火车站处改设嘉峪关站。报告拟根据嘉峪关 2002 ~ 2017 年实测资料，结合历年引水量、河道渗漏量还原冰沟站径流系列至 1948 ~ 2017 年，系列长度 70 年。

依据的资料包括：项目评估范围内经济社会指标、冰沟及嘉峪关水文站实测资料、区域用水情况、水资源质量监测资料，以及《嘉峪关市水资源调查评价》(2010 年)、《甘肃省嘉峪关市大草滩水库除险加固工程初步设计报告》(2010 年)及《讨赖河流域分水制度》相关研究成果等资料。

7.1.1.2　评估方法

(1)利用讨赖河冰沟水文站 1948 ~ 2001 年、嘉峪关水文站 2002 ~ 2017 年实测径流资料，通过还原计算得到冰沟水文站断面天然径流成果，再采用 P－Ⅲ型频率曲线对河道来水量进行频率分析，并与区域已批复的相关报告计算成果进行比较，确定合理的来水量计算成果。

(2)根据大草滩水库设计及运行、区域用水情况等资料，结合来水量分析成果，计算讨赖河丰、平、枯及多年平均来水情况下，大草滩水库可供水量情况。

(3)根据酒钢集团取水所在河段水功能区 2017 年逐月水质监测资料，分析取水河段水资源质量情况,并进行评价。

(4)根据酒钢集团讨赖河渠首所在河道情况、大草滩水库地质情况、与其他取排水口关系、符合水功能区划和防洪要求等方面要求,分析取水口设置的合理性。

(5)结合可供水量分析、水资源质量分析和取水口合理性评估结论,综合分析取水的可靠性。

7.1.2　来水量分析

7.1.2.1　河道径流特性

受上游径流补给条件影响和支配,讨赖河出山径流变化比较稳定且呈明显季节性规律。一般冬末春初季节,河源部分封冻,仅靠地下水补给,是径流的最枯时段;进入3月以后,随着气温上升引起的融雪和解冻,径流量显著增大;夏秋两季是祁连山区降水量最集中的季节,也是讨赖河径流量最丰沛的时期;10月以后,气温降低,降水减少,径流量减少。汛期6~9月径流量占年径流量的55.70%,其中7月占18.72%,其余8个月径流量较均匀,月径流量占年径流量的4.82%~6.90%。

讨赖河冰沟站典型平水年中,冰川融水占12.7%,高山积雪融水占11.8%,降雨占35.9%,地下水占39.6%,属降水和地下水混合补给类型河流。不同水平年各补给源所占比重虽有所差异,但地下水与冰川、积雪融水始终占有60%以上比重,加上水系汇水面积较大,调蓄能力较强,因而讨赖河出山径流的年际变化相对比较稳定。

7.1.2.2　径流监测站点

冰沟水文站由甘肃省水文水资源局于1947年9月设立,是讨赖河出山口径流监测站,是国家站网中的重要水文站。站址位于甘肃省肃南裕固族自治县祁连乡冰沟火车站,该站为国家基本站,系列完整,资料可靠,观测水位、流量、泥沙、降雨等资料至今。测站地理坐标为东经98°00′,北纬39°36′,距河源195 km,集水面积6 883 km^2。

2002年因冰沟一级水电站的建设,冰沟水文站失去测站控制条件,2001年5月下迁至嘉峪关火车站附近改设嘉峪关水文站,测站地理坐标为东经98°16′,北纬39°45′,集水面积7 095 km^2。该站测验断面受水利工程影响,设有多个水文监测断面,主要包括3个河道监测断面(大草滩、南干、北干)和3个堰闸孔流断面(一闸、二闸、三闸)。嘉峪关水文站整编过的实测径流量为以上6个断面径流监测成果的合成。

7.1.2.3　资料"三性"分析

1. 可靠性分析

冰沟水文站和嘉峪关水文站为国家基本水文站,承担讨赖河干流的径流和洪水资料的收集和报汛任务,测验精度较高,满足国家相关规范要求,资料经甘肃省水文水资源局整编刊布,基础资料可靠。

2. 一致性分析

冰沟水文站设立于讨赖河出山口处,在讨赖河上游水利工程建设前监测径流资料基本可以代表讨赖河天然径流量,2002年后该站下迁至嘉峪关站,受水利工程运用和引水影响,已不能代表河道天然来水量,因此需作还原计算。

根据《甘肃省嘉峪关市大草滩水库除险加固工程初步设计报告》,通过分析冰沟站和渠首站(曾设有嘉峪关站)同步观测资料、讨赖河冰沟站以下河段,河川径流量呈递减态势,结果表明,两站相距 32 km 河段径流量损失 19.4%。据此结合区域引水量资料,还原冰沟水文站 2002～2017 年天然径流过程。

3. 代表性分析

1)模比系数分析

由对冰沟水文站 1948～2017 年共 70 年径流量时序过程线图(见图 7-1)及差积曲线图(见图 7-2)来看,年径流量有一定的变化,有连续枯水期、丰水期的出现,但年际间变化不大,最大年径流量为 11.42 亿 m^3(1952 年),最小年径流量为 4.64 亿 m^3(1948 年),年径流倍比为 2.46。

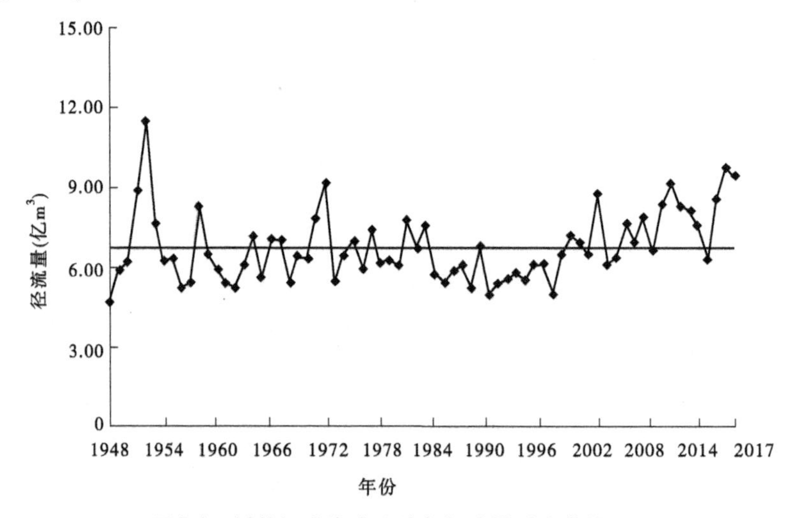

图 7-1　讨赖河冰沟水文站年径流量时序曲线图

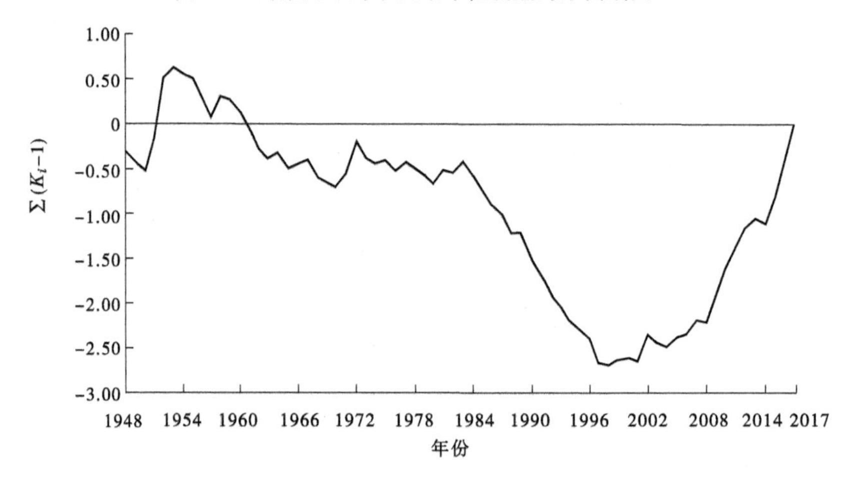

图 7-2　讨赖河冰沟水文站年径流量差积曲线图

连续 9 年的丰水段和连续 15 年枯水段在实测记录中均有发生,其中 1948～1953 年为连续丰水期,1954～1973 年为枯水期,1974～1983 年为平水期,1984～1998 年又出现枯水期,1999～2008 年为平水期,2009～2017 年再次出现偏丰段。整个资料系列包含了丰水期、平水期、枯水期。

另从冰沟水文站年径流量累积曲线图(见图7-3)来看,系列在1985年以后已渐趋稳定,即系列长度满足33年。

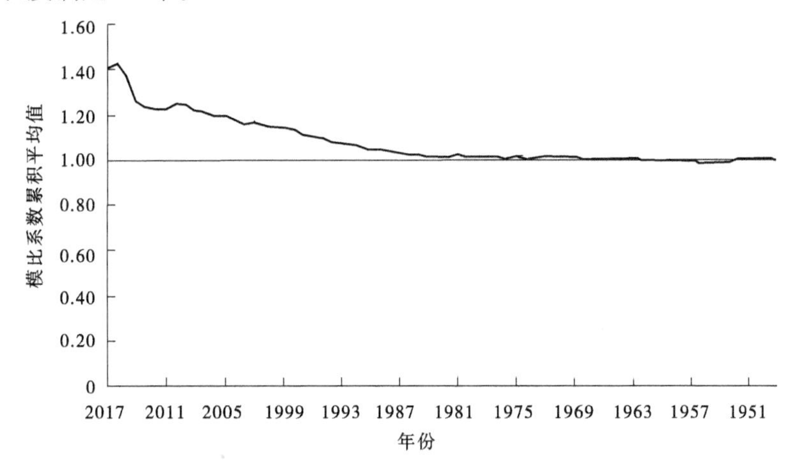

图7-3 讨赖河冰沟水文站年径流量累积曲线图

2)长短系列分析

对冰沟水文站径流长短系列均值和距平值相对偏差进行分析(见表7-1),系列长度按5年的倍数进行统计,由表7-1可以看出,当系列长度满足40年的时候,均值相对偏差即可控制在1%左右;距平值变动较大,但满足25年系列长度情况下相对偏差可控制在10%以内。

表7-1 讨赖河冰沟水文站年径流均值、距平值长短系列分析表

序号	起讫年份	统计年数	相对偏差(%)		序号	起讫年份	统计年数	相对偏差(%)	
			均值	距平值				均值	距平值
1	2017~2013	5	23.65	-13.54	8	2017~1978	40	1.05	-5.71
2	2017~2008	10	21.86	-29.71	9	2017~1973	45	0.43	-8.53
3	2017~2003	15	15.69	-23.71	10	2017~1968	50	0.81	-7.95
4	2017~1998	20	13.36	-25.32	11	2017~1963	55	0.51	-10.69
5	2017~1993	25	7.53	-9.15	12	2017~1958	60	-0.12	-9.98
6	2017~1988	30	3.36	-0.37	13	2017~1953	65	-0.77	-10.36
7	2017~1983	35	1.53	-1.34	14	2017~1948	70	0	0

由以上分析可知,选取的冰沟水文站年径流系列1948~2017年共70年具有一定的代表性。

7.1.2.4 酒钢集团渠首来水量计算

1.冰沟水文站年径流频率计算成果

选用还原后的冰沟水文站1948~2017年共70年天然径流系列作频率计算,线型采

用 P－Ⅲ型,得到该站年径流频率曲线,见图 7-4。计算得出多年平均流量为 21.2 m^3/s,多年平均径流量为 6.699 8 亿 m^3,冰沟水文站不同频率年径流量见表 7-2。

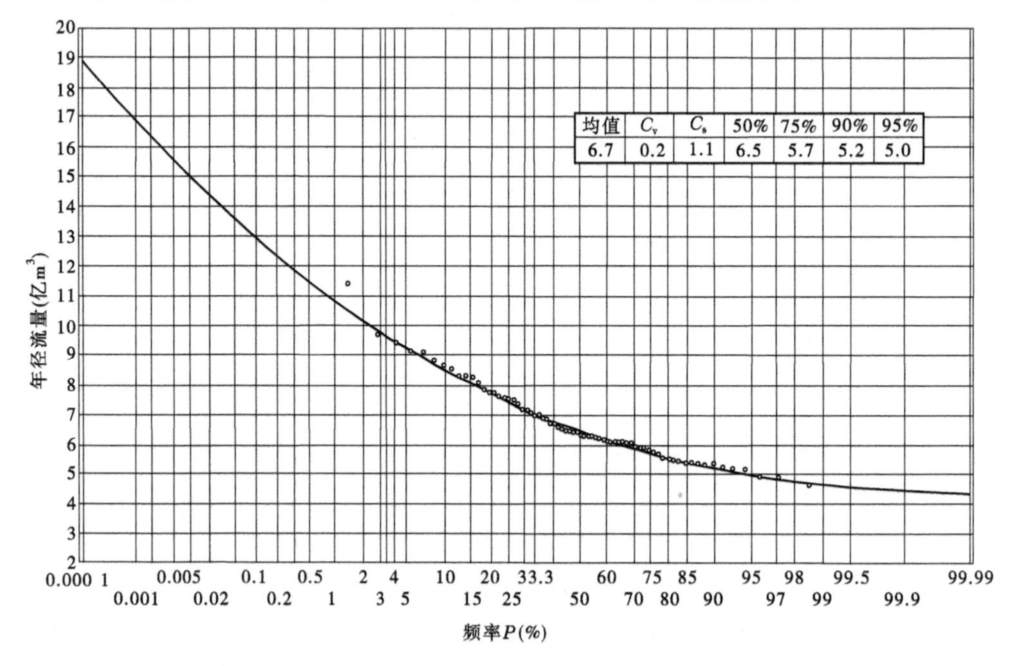

图 7-4　讨赖河冰沟水文站年径流频率曲线

表 7-2　讨赖河冰沟水文站年径流频率计算成果(1948～2017 年)

项目	均值	C_v	C_s	不同频率 P 下的计算值				
				10%	50%	75%	90%	95%
流量(m^3/s)	21.2	0.20	1.1	26.9	20.5	18.1	16.5	15.8
径流量(亿 m^3)	6.699 8			8.5	6.5	5.7	5.2	5.0

2. 成果合理性分析

本次共收集《甘肃省河西地区讨赖河流域主要河流初始水权分配方案(征求意见稿)》(讨赖河流域水利管理局,2008 年 1 月)、《讨赖河流域分水制度变迁及其现代水资源管理模式研究》(讨赖河流域水利管理局、清华大学,2010 年 8 月)以及《酒钢 1 000 万 t/年煤干馏提质及 100 万 t/年煤焦油加氢精制综合利用项目水资源论证报告书》(黄河水资源保护科学研究院,2014 年 10 月)等成果中有关讨赖河冰沟水文站年径流计算成果,详见表 7-3。

由表 7-3 可知,各成果计算的结果有一定的差异,主要原因是采用的资料系列不同,除水权分配方案计算采用资料系列不满足《水利水电工程水文计算规范》(SL 278—2002)规定的频率计算径流系列长度一般大于 30 年要求外,其余三份成果分析所采用的资料均满足 30 年计算要求,且起始年份均为 1948 年。由表 7-3 中数据可以看出,2008 年后随着资料系列的增加,相应的计算均值有所增大,C_v 值计算结果较为接近,这也与 2009～2017 年讨赖河来水连续 9 年偏丰的情况相符合。因此,可以认为本次计算成果是合理的。

表 7-3　讨赖河冰沟水文站年均径流量频率计算成果　　（单位：亿 m^3）

成果名称	资料系列	系列长度	均值	C_v	不同频率 P 下的计算值				
					10%	25%	50%	75%	90%
本次计算	1948～2017 年	70 年	6.69	0.20	8.49	7.42	6.46	5.72	5.22
水权分配方案	1980～2006 年	27 年	6.25	0.16	7.56	6.85	6.24	5.54	4.90
分水制度研究	1948～2008 年	61 年	6.45	0.18	7.75	7.10	6.23	5.52	5.21
酒钢项目论证	1948～2012 年	65 年	6.55	0.19	8.18	7.17	6.30	5.65	5.09

3. 酒钢引水渠首来水量

讨赖河出山口后，河川径流量呈递减态势，由冰沟站和渠首站同步观测资料，两站相距 32 km 河段径流量损失 19.4%，径流平均递减率每千米为 0.606%。酒钢引水枢纽距上游冰沟水文站断面约 22.0 km，因此该处径流量是冰沟水文站断面径流量的 86.66%。由此计算出讨赖河酒钢引水渠首断面平均年径流为 5.806 1 亿 m^3，详见表 7-4。

表 7-4　讨赖河酒钢引水渠首断面年径流频率计算成果（1948～2017 年）

项目	均值	C_v	C_s	不同频率 P 下的计算值				
				10%	50%	75%	90%	95%
流量（m^3/s）	18.4	0.20	1.1	23.3	17.7	15.7	14.3	13.7
径流量（亿 m^3）	5.806 1			7.363 6	5.597 4	4.495 4	4.520 9	4.32

7.1.2.5　来水量年内分配

根据冰沟水文站 1956～2000 年实测径流资料统计多年平均径流年内分配情况，再按年径流量缩放比系数 $K=0.866\ 6$ 的关系进行缩放，计算讨赖河酒钢集团引水渠首断面多年平均径流年内分配，见表 7-5 和图 7-5。

表 7-5　讨赖河酒钢引水渠首断面年径流年内分配表（1948～2017 年）

月份	1	2	3	4	5	6	7	8	9	10	11	12	全年
流量（m^3/s）	10.3	11.1	11.1	12.1	12.8	20.1	41.7	38.2	23.0	15.6	12.7	11.2	18.4
水量（亿 m^3）	0.275	0.269	0.298	0.313 8	0.342 8	0.522	1.117 8	1.024 8	0.597 3	0.417 3	0.329 2	0.299 1	5.806 1
占全年（%）	4.74	4.64	5.14	5.41	5.91	8.99	19.25	17.65	10.29	7.19	5.67	5.15	100

由表 7-5 和图 7-5 可以看出，讨赖河酒钢引水渠首断面多年平均径流集中在 6～10 月，占全年径流量的 63.46%；其中 7～9 月占全年径流量的 47.2%，根据讨赖河分水协议，该段时间酒钢可以用来引水，以弥补冬季大草滩引水不足问题；12 至次年 5 月为枯水

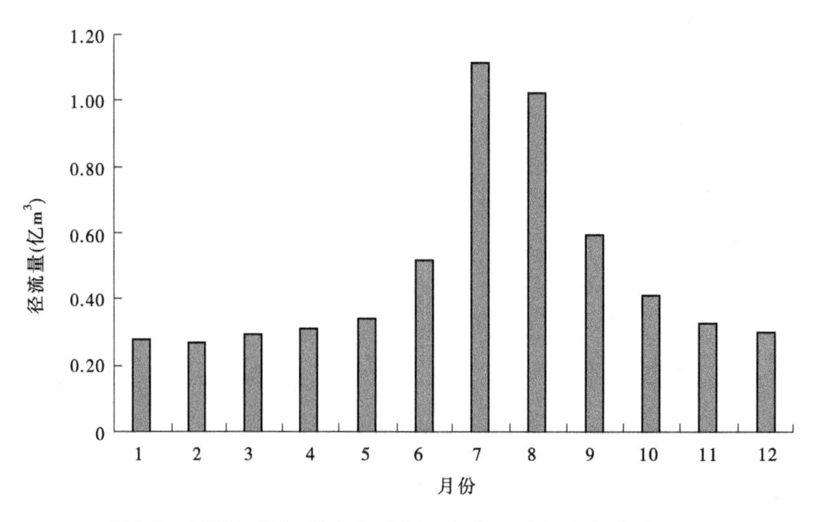

图 7-5　讨赖河酒钢引水渠首断面多年平均径流年内分配图

期,每月来水较为平均。

7.1.3　取水量分析

7.1.3.1　讨赖河分水制度

讨赖河流域现行分水制度是 1984 年 8 月经原讨赖河流域管理委员会第六次会议讨论通过,由原酒泉地区行署和嘉峪关市人民政府批准生效的。其规定如下:

(1)讨赖灌区(包括嘉峪关、酒泉肃州区、农林场)用水。

3 月 25 日中午 12 时至 4 月 18 日中午 12 时(以下均为 12 时)共 24 d;5 月 5 日至 7 月 15 日共 71 d;7 月 31 日至 8 月 15 日共 15 d;8 月 31 日至 9 月 15 日共 15 d;9 月 25 日至 10 月 15 日共 20 d;10 月 31 日至 11 月 8 日共 8 d。

讨赖灌区共计用水 153 d。其中春、夏、秋给洪水河灌区分水 3 000 万 m^3左右(春灌 1 000万 m^3,夏灌 800 万 m^3,秋灌 1 200 万 m^3左右)。3 月春灌开始时间,根据气温变化情况,可提前或推后,连续供水 24 d 不变。

(2)鸳鸯灌区(金塔县)用水。

2 月 3 日至 3 月 25 日 50 d;4 月 18 日至 5 月 5 日 17 d;7 月 15 日至 7 月 31 日 16 d;8 月 15 日至 8 月 31 日 16 d;9 月 15 日至 9 月 25 日 10 d;10 月 15 日至 10 月 31 日 16 d;11 月 8 日至 12 月 28 日 50 d。

鸳鸯灌区年内用水 175 d。其中 3 月 1 日至 5 日给讨赖灌区用水 2 m^3/s,放涝池;7 月 20 ~ 30 日给讨赖灌区留水 5 m^3/s,使用 10 d。

(3)酒钢用水。

全年按 4 500 万 m^3供给,今后生产规范扩大需要增加水量另行商定。冬季从 12 月 28 日至次年 2 月 3 日供水 37 d,这个期间河道来水量要尽量做到全部引进,以免浪费。不足部分在 7 ~ 9 月讨赖灌区用水时间内补够。冬季供水开始日期,讨赖河流域水利管理局可视气温情况适当提前或推后。

讨赖河给酒钢集团、讨赖灌区、鸳鸯灌区分水水量分别以大草滩水库渠首和讨赖河渠首计算。讨赖河分水时段示意图如图 7-6 所示。

7.1.3.2　讨赖河酒钢渠首需引水量

讨赖河酒钢渠首左岸修建有输水隧洞和渠道，将水输送至大草滩水库，通过水库调蓄后主要供酒钢集团工业用水，并向峪泉灌区和宏丰灌区提供农业用水。

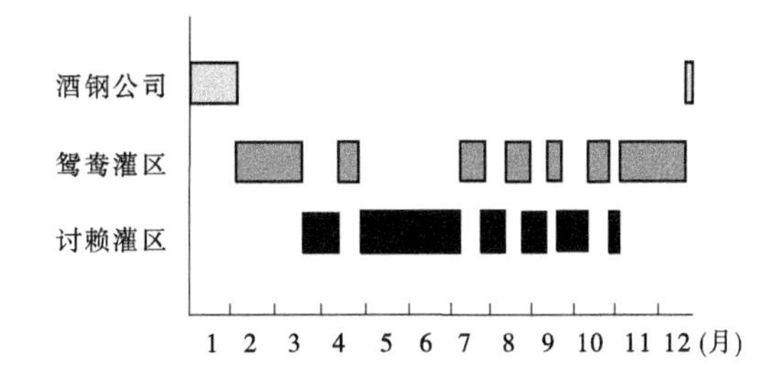

图 7-6　讨赖河分水时段示意图

经前文分析，酒钢集团嘉峪关本部取水许可延续评估对象的总需取水量为 8 405.7 万 m^3，其中包括峪泉灌区 1 200 万 m^3 和宏丰灌区 1 717 万 m^3 灌溉用水，其余工业生产用水需引水量为 5 488.7 万 m^3（含已建成的酒钢 1 000 万 t/年煤干馏提质及焦油加氢精制综合利用项目地表取水指标 988.7 万 m^3/年）。

其中酒钢集团工业需引水量按照平均过程计，峪泉灌区引水过程见表 7-6，宏丰灌区引水过程见表 7-7。

表 7-6　峪泉灌区用水量年内分配表　（单位：万 m^3）

引水时段（月-日）	03-25 ~ 04-18	05-05 ~ 07-15	07-31 ~ 08-15	08-31 ~ 09-15	09-25 ~ 10-15	10-31 ~ 11-08	全年
用水量	101	603	215	170	89	22	1 200

表 7-7　宏丰灌区引水量年内分配表　（单位：万 m^3）

月份	4	5	6	7	8	9	10	合计
用水量	112	233	258	291	309	223	291	1 717

7.1.3.3　讨赖河灌区引水量

讨赖河干流引水工程在讨赖河出山口兰新铁路大桥附近，已建成讨赖河渠首引水枢纽一座，设计方式为一岸两侧引水，南、北干渠的设计引水流量均为 20 m^3/s，目前实际最大引水能力为 18 m^3/s，合计为 36 m^3/s。主要向讨南、讨北、清水、临水、农垦边湾农场及鸳鸯灌区的农田及林草灌溉，以及嘉峪关城区等生态供水。按照《讨赖河流域分水制度》，嘉峪关市与酒泉市讨赖河渠首分水比为 33.7%∶66.3%。

按照嘉峪关市人民政府办公室下达的嘉峪关市 2020 年水资源控制指标（嘉政发〔2015〕12 号），讨赖灌区嘉峪关市农业取水指标为 3 536 万 m^3/年，主要用水过程见表 7-8。

表 7-8　嘉峪关市讨赖灌区从渠首取水量年内分配表　（单位：万 m^3）

引水时段（月-日）	03-25 ~ 04-18	05-05 ~ 07-15	07-31 ~ 08-15	08-31 ~ 09-15	09-25 ~ 10-15	10-31 ~ 11-08	全年
用水量	296	1 776	633	501	264	66	3 536

7.1.4　可供水量分析

7.1.4.1　大草滩水库概况

1. 大草滩水库工程特性

大草滩水库位于嘉峪关市西北约 13 km,兰新铁路和 312 国道线北侧 5. 13 km 处,水库水源引自南面的讨赖河,地理位置示意图见图 7-7。

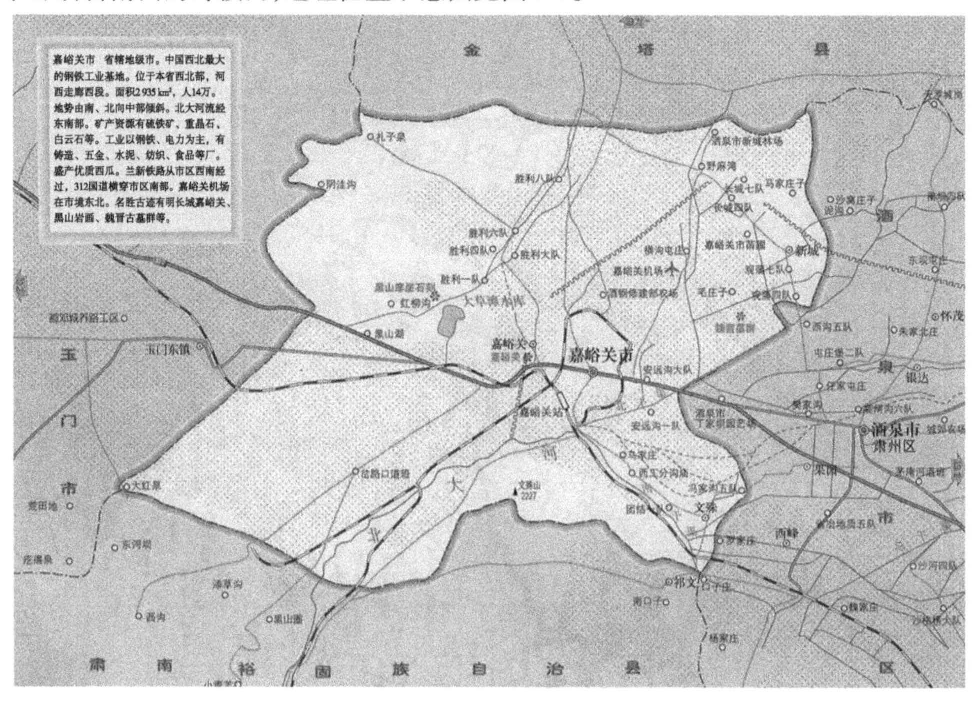

图 7-7　大草滩水库位置示意图

大草滩水库主要承担向酒泉钢铁公司供水任务,兼顾农业灌溉。水库工程于 1959 ~ 1971 年间陆续修建,1972 年正式竣工,水库库底海拔 1 711. 7 m,总库容 6 400 万 m^3,其中兴利库容 5 900 万 m^3,死库容 500 万 m^3。工程等级为Ⅲ等,是一座注入式水库,水库由 4 个单项工程组成,即主坝、副坝、垭口、放水系统等。因运行时间较长,大草滩水库存在大坝安全超高不够,副坝坝基和坝肩渗漏严重,坝体防渗存在隐患,大坝渗流不稳定,放水塔塔身局部渗水,启闭机室屋面梁变形,工作桥墩冻融破坏严重;检修闸、工作闸年久老化,大坝监测设施、管理设施不完善等问题,被鉴定为水库大坝存在严重安全隐患,综合评定为三类坝。

2012 ~ 2013 年,大草滩水库除险加固工程完工并通过验收,根据《甘肃省嘉峪关市大草滩水库除险加固工程初步设计报告》,除险加固工程完工后大草滩水库的主要工程特性见表 7-9。

2. 引水时段确定

大草滩水库为旁注式水库,主要用来引蓄讨赖河地表水,水库设计库容 6 400 万 m^3,主要以工业供水为主,兼顾农业灌溉。

表 7-9　大草滩水库除险加固工程主要工程特性

序号	项目	单位	指标	说明
一	水库特征值			
1	水库水位			
	正常蓄水位	m	1 749.00	
	死水位	m	1 729.00	
2	库容			
	正常库容	万 m^3	6 400	
	死库容	万 m^3	500	
二	主要建筑物			
1	主坝			
	形式		壤土心墙砂砾石坝	
	坝顶高程	m	1 751.50	
	最大坝高	m	41.70	
	坝顶长度	m	193	
	坝顶宽度	m	6.0	
2	南副坝			
	形式		复合土工膜砂砾石坝	
	坝顶高程	m	1 751.50	
	最大坝高	m	13.50	
	坝顶长度	m	277.50	
	坝顶宽度	m	5.0	
3	北副坝			
	形式		复合土工膜砂砾石坝	
	坝顶高程	m	1 751.50	
	最大坝高	m	10.50	
	坝顶长度	m	331.0	
4	输水建筑物			
	(1)竖井			
	结构形式		C20 钢筋混凝土矩形井式结构	
	工作闸孔数量	孔	2	
	事故检修闸门	孔	2	

续表 7-9

序号	项目	单位	指标	说明
	拦污栅	孔	2	
	闸底板高程	m	1 726.00	
	闸顶高程	m	1 751.50	
	竖井平面尺寸	m	13.5×12.0	
	(2)输水洞			
	隧洞长度	m	136.5	
	隧洞形式	m	617.4	
	断面形式		城门洞型	
	结构形式		C20 钢筋混凝土	
	结构尺寸:			
	底宽	m	2.8	
	边墙高	m	1.6	

为了避免和农业用水期发生冲突,根据讨赖河分水协议,水库每年的蓄水分两个阶段。第一阶段从 11 月下旬至次年 2 月中上旬(冬季),第二阶段为汛期抢蓄讨赖河的洪水(6 月下旬至 9 月中上旬)。

其外,根据《甘肃省水利厅关于调整讨赖河地表水分水量的复函》(甘水资源函〔2013〕265 号),在保证嘉峪关市农业、生态用水的前提下,可在嘉峪关市讨赖灌区 153 d 引水时段内,将多年平均分水比例 33.7% 确定的讨赖河分水量的 45% 转让给酒钢集团。因此在讨赖灌区 153 d 大草滩水库可有条件进行引水。

7.1.4.2 可供水量计算

1. 计算原则

根据讨赖河径流特征及分水制度,大草滩水库供水计算的主要原则如下:

(1)讨赖河径流量、酒钢引水量统一折算至讨赖河干流渠首,并考虑河道生态基流的下泄,下泄水量按河道径流 10% 计。

(2)按照《讨赖河流域分水制度》和地表水分水量调整方案,酒钢集团 4 500 万 m^3/年引水时段为 12 月 28 日至次年 2 月 3 日共 37 d,不足部分在 7~9 月讨赖灌区用水时间内补够。2014 年审批的 988.7 万 m^3/年水量根据分水方案在讨赖灌区 153 d 引水时段内嘉峪关 33.7% 的分水量中解决,但需首先保证嘉峪关市农业、生态用水,引水量控制在嘉峪关市分水量 45% 内。

(3)大草滩供水水量包括了酒钢集团工业生产、宏丰灌区和峪泉灌区农业灌溉共需引水量 8 900.7 万 m^3/年(已折至酒钢渠首)。为减少水库调蓄期间的蒸发、渗漏等损失,宏丰灌区农业引水过程与用水过程尽量保持一致,工业需水按均匀化取水,只有在同期引水量不够时再错时引水,再利用水库调蓄供水。

(4)大草滩水库从酒钢渠首引水考虑渠道设计引水能力为 20 m^3/s,加大引水流量 25 m^3/s,折到讨赖渠首为 23.5 m^3/s。

(5)大草滩水库引水调蓄过程中产生的渠道输水损失、水库蒸发渗漏损失、净水损失水量均包括在各用水户的取水量内,不再单独计算。

(6)优先保证河道生态流量、酒钢工业生产和嘉峪关讨赖灌区农业用水,允许宏丰灌区出现用水紧张,灌溉不足等问题。

2. 典型年选取

考虑将来水保证率 $P=50\%$、75%、95%分别作为平水年、枯水年、特枯水年进行计算,对不同来水情况下大草滩水库的取水保证程度进行分析,相应频率下讨赖河冰沟水文站设计径流量分别为6.458 8亿 m^3、5.716 4亿 m^3和4.494 8亿 m^3。

为保证大草滩水库的供水程度,典型年选取主要考虑年径流量与设计年径流量相接近,且在大草滩主要引水期讨赖河来水相对较枯的年份。通过比选,分别选取2001年、1976年和1948年作为平水年($P=50\%$)、枯水年($P=75\%$)、特枯水年($P=95\%$)的典型年,相应径流量缩放系数 $K=1.0$、0.97、0.97。详见表7-10。

表7-10 冰沟站设计典型年年内径流分配表

典型年	项目	月平均流量(m^3/s)												年径流量(亿 m^3)
		1	2	3	4	5	6	7	8	9	10	11	12	
平水年($P=50\%$)2001年	典型年	15.6	14.9	15.1	17.0	14.9	18.7	32.7	34.9	38.0	19.1	12.1	12.3	6.454 0
	设计年	15.6	14.9	15.1	17.0	14.9	18.7	32.7	34.9	38.0	19.1	12.1	12.3	6.458 8
枯水年($P=75\%$)1976年	典型年	13.1	13.4	12.4	13.5	14.0	22.5	36.6	33.7	21.1	17.2	14.2	11.9	5.897 2
	设计年	12.7	13.0	12.0	13.1	13.6	21.8	35.5	32.7	20.5	16.7	13.8	11.5	5.716 4
特枯水年($P=95\%$)1948年	典型年	10.8	11.4	11.5	11.6	11.5	16.1	26.6	23.2	18.2	13.1	11.4	11.3	4.635 8
	设计年	10.5	11.1	11.2	11.5	11.2	15.6	25.8	22.5	17.6	12.7	11.1	11.0	4.494 8

3. 计算成果

(1)平水年。

据此评估分别对3个典型年的逐日来水过程进行统计分析,按照《讨赖河流域分水制度》规定,在讨赖河来水保证率 $P=50\%$ 情况下,在优先保证下泄基流量的情况下,河道来水满足大草滩水库供水对象6 819万 m^3取水量需求(折至酒钢渠首断面水量为7 333万 m^3)。讨赖河渠首断面在优先满足下泄生态流量和酒钢工业全年4 500万 m^3引水指标外,另可供大草滩工农业取水量2 940万 m^3,引水不超过嘉峪关市可引水量的45%,不对嘉峪关市讨赖灌区用水产生影响。

对照大草滩水库工业、农业用水过程,5月5日至7月15日嘉峪关市讨赖灌区农业取水量较大,留给大草滩其他工农业用水量相对较少,不能满足同期用水过程,这就需要通过大草滩水库的调蓄,满足新增工农业用水需求,经过测算在5月5日至7月15日前后引水时段共多引184万 m^3水量用以弥补工农业缺水问题。详见表7-11。

表 7-11　讨赖河来水保证率 $P = 50\%$ 情况下大草滩水库引水情况分析表

典型年	断面		时间段(月-日)							
			12-28 ~ 02-03	03-25 ~ 04-18	05-05 ~ 07-15	07-31 ~ 08-15	08-31 ~ 09-15	09-25 ~ 10-15	10-31 ~ 11-08	合计
2001	讨赖渠首断面来水量(万 m³)		3 899	2 687	9 237	4 481	3 291	3 572	750	27 917
	下泄河道生态流量(万 m³)		390	269	924	448	329	357	75	2 792
	酒钢 4 500 万 m³ 指标引水量(万 m³)		3 509 (3 773)			467 (502)	209 (225)			4 185 (4 500)
	嘉酒可引水量(万 m³)			2 418	8 313	3 566	2 753	3 215	675	20 940
	嘉峪关市可引水量(万 m³)	总水量		815	2 802	1 202	928	1 083	227	7 057
		45% 水量		367	1 261	541	418	487	102	3 176
		55% 水量		448	1 541	661	510	596	125	3 881
	嘉峪关讨赖灌区农业需水量(万 m³)			296	1 776	633	501	264	66	3 536
	可供大草滩引水量(万 m³)			367	1 025	541	418	487	102	2 940
	讨赖渠首断面最大流量(m³/s)		12.9	15.7	27.7	63.3	30.4	30.1	11.7	—
	大草滩新增用水量(万 m³)	酒钢新增		166 (178)	492 (529)	104 (112)	104 (112)	138 (149)	55 (59)	1 059 (1 139)
		宏丰灌区		103 (111)	717 (771)	283 (305)	205 (220)	267 (287)		1 575 (1 694)
		小计		268 (289)	1 209 (1 300)	387 (417)	309 (332)	405 (436)	55 (59)	2 634 (2 833)
	大草滩新增取水量(万 m³)			367 (395)	1 025 (1 104)	473 (507)	309 (332)	405 (436)	55 (59)	2 634 (2 833)
	讨赖渠首断面大草滩总取水量(万 m³)		3 509	367	1 024	940	518	405	55	6 819
	酒钢渠首断面大草滩总取水量(万 m³)		3 773	395	1 103	1 010	557	436	59	7 333

注:括号内数据为折算至酒钢渠首的引水量。

(2)枯水年。

在讨赖河来水保证率 $P = 75\%$ 情况下,在优先保证下泄基流量的情况下,河道来水满足大草滩水库供水对象 6 819 万 m³ 取水量需求(折至酒钢渠首断面水量为 7 333 万 m³)。讨赖河渠首断面在优先满足下泄生态流量和酒钢工业全年 4 500 万 m³ 引水指标外,另可供大草滩工农业取水量 2 783 万 m³,引水不超过嘉峪关市可引水量的 45%,不对嘉峪关市讨赖灌区用水产生影响。

对照大草滩水库工业、农业用水过程,8 月 31 日至 9 月 15 日、9 月 25 日至 10 月 15 日嘉峪关市保证讨赖灌区用水后,留给大草滩其他工农业用水量相对较少,不能满足同期用水过程,这就需要通过大草滩水库的调蓄,满足新增工农业用水需求。经过测算 5 月 5

日至7月15日、7月31日至8月15日在满足同期农灌用水、酒钢补水的同时,多引需199万 m^3 水量用以弥补后期工农业缺水问题。详见表7-12。

表7-12 讨赖河来水保证率 $P=75\%$ 情况下大草滩水库引水情况分析表

典型年	断面		时间段(月-日)							
			12-28 ~ 02-03	03-25 ~ 04-18	05-05 ~ 07-15	07-31 ~ 08-15	08-31 ~ 09-15	09-25 ~ 10-15	10-31 ~ 11-08	合计
1976	讨赖渠首断面来水量(万 m^3)		3 226	2 022	11 175	4 385	2 270	2 401	827	26 306
	下泄河道生态流量(万 m^3)		323	202	1 117	438	227	240	83	2 631
	酒钢4 500万 m^3 指标引水量(万 m^3)		2 903 (3 122)		480 (516)	802 (862)				4 185 (4 500)
	嘉酒可引水量(万 m^3)			1 820	9 577	3 145	2 043	2 161	744	19 490
	嘉峪关市可引水量(万 m^3)	总水量		613	3 228	1 060	688	728	251	6 568
		45%水量		276	1 452	477	310	328	113	2 956
		55%水量		337	1 776	583	378	400	138	3 612
	嘉峪关讨赖灌区农业需水量(万 m^3)			296	1 776	633	501	264	66	3 536
	可供大草滩引水量(万 m^3)			276	1 452	427	187	328	113	2 783
	讨赖渠首断面最大流量(m^3/s)		11.2	10.5	56.7	71.7	19.5	14.6	12.3	—
	大草滩新增用水量(万 m^3)	酒钢新增		166 (178)	492 (529)	104 (112)	104 (112)	138 (149)	55 (59)	1 059 (1 139)
		宏丰灌区		103 (111)	717 (771)	283 (305)	205 (220)	267 (287)		1 575 (1 694)
		小计		269 (289)	1 209 (1 300)	387 (417)	309 (332)	405 (436)	55 (59)	2 634 (2 833)
	大草滩新增取水量(万 m^3)			268 (289)	1 368 (1 472)	427 (459)	188 (201)	328 (353)	55 (59)	2 634 (2 833)
	讨赖渠首断面大草滩总取水量(万 m^3)		2 903	268	1 848	1 230	187	328	55	6 819
	酒钢渠首断面大草滩总取水量(万 m^3)		3 122	289	1 987	1 321	201	353	59	7 332

注:括号内数据为折算至酒钢渠首的引水量。

(3)特枯年份。

在讨赖河特枯年份来水保证率 $P=95\%$ 情况下,酒钢集团4 500万 m^3 引水指标为工业生产用水(含峪泉灌区1 200万 m^3),供水保证率为95%,该部分水量应优先得以满足。根据典型年1948年讨赖河特枯年份下的设计来水过程,在首先保证下泄基流量的情况下,按照讨赖河分水制度要求,在酒钢引水期12月28日至次年2月3日共37 d内共引水2 445万 m^3,另外1 740万 m^3 水量需在7~9月丰水期补充。通过测算,需将讨赖河渠首断面超过12.5 m^3/s 部分的水量全部引蓄才能满足酒钢用水要求。

另根据嘉酒分水方案,嘉峪关市可引水量4 368万 m^3,为讨赖灌区和大草滩工农业新增需水量6 170万m^3的71%，缺水1 802万m^3。酒钢新增1 059万m^3为工业用水，保证率95%，特枯年份下需满足用水需求。考虑讨赖灌区农业供水保证率低于75%，宏丰灌区在特枯年份用水可以完全破坏的调算原则，则在讨赖灌区供水按平均破坏率25%、特枯年份不考虑宏丰灌区供水情况下，讨赖河渠首断面在优先满足下泄生态流量和酒钢工业全年4 500万m^3引水指标外，另可供大草滩新增工业取水量1 452万m^3，引水不超过嘉峪关市可引水量的45%。

经过调算，特枯年份下在不考虑宏丰灌区供水情况下，对照大草滩水库工业用水过程，7月31日至8月15日嘉峪关市留给大草滩新增用水量相对较少，不能满足同期工业用水过程，这就需要通过大草滩水库的调蓄。经过测算5月5日至7月15日在满足同期农灌用水、酒钢补水的同时，需多引32万m^3水量用以弥补后期工业缺水问题，详见表7-13。

表7-13　讨赖河来水保证率$P=95\%$情况下大草滩水库引水情况分析表

典型年	断面		时间段(月-日)							
			12-28～02-03	03-25～04-18	05-05～07-15	07-31～08-15	08-31～09-15	09-25～10-15	10-31～11-08	合计
1948	讨赖渠首断面来水量(万m^3)		2 717	1 871	7 800	1 979	2 164	1 888	634	19 053
	下泄河道生态流量(万m^3)		272	187	780	198	216	189	63	1 905
	酒钢4 500万m^3指标引水量(万m^3)		2 445 (2 629)		1 248 (1 342)	159 (171)	333 (358)			4 185 (4 500)
	嘉酒可引水量(万m^3)			1 684	5 772	1 622	1 615	1 699	571	12 963
	嘉峪关市可引水量(万m^3)	总水量		567	1 945	547	544	573	192	4 368
		45%水量		255	876	246	245	258	86	1 966
		55%水量		312	1 070	301	299	315	105	2 402
	嘉峪关讨赖灌区农业需水量(万m^3)			222	1 332	475	376	198	50	2 653
	可供大草滩新增工业取水量(万m^3)			255	613	72	168	258	86	1 452
	讨赖渠首断面最大流量(m^3/s)		9.15	9.15	42.8	17.1	26.6	11.6	9.46	—
	大草滩新增酒钢工业用水量(万m^3)			166 (179)	492 (529)	104 (112)	104 (112)	138 (149)	55 (59)	1 059 (1 139)
	大草滩新增酒钢工业取水量(万m^3)			166 (178)	524 (563)	72 (77)	104 (112)	138 (149)	55 (59)	1 059 (1 139)
	讨赖渠首断面大草滩总取水量(万m^3)		2 445	166	1 772	231	437	138	55	5 244
	酒钢渠首断面大草滩总取水量(万m^3)		2 629	179	2 076	248	470	149	59	5 810

注：括号内数据为折算至酒钢集团渠首的引水量。

在考虑农业用水不同程度破坏的情况下，特枯年份，在优先保证下泄基流量情况下和酒钢集团年引水指标4 500万m^3情况下，充分利用大草滩水库的调蓄作用，河道来水能够满足酒钢集团新增工业用水 1 059 万 m^3（折合到酒钢渠首水量为 1 139.13 万 m^3）需求，嘉峪关市讨赖灌区和酒钢集团宏丰灌区农业引水存在不同程度的破坏。

（4）丰水年份。

酒钢嘉峪关本部水资源配置的原则为：优先利用中水，其次利用地表水，严格控制地下水开采量。在讨赖河来水偏丰年份，在优先利用中水的前提下，论证建议可按照“丰增枯减原则”多使用地表水，以减少地下水的开采量。

7.1.5　水资源质量评价

7.1.5.1　水质监测断面情况

根据《黄河流域及西北内陆河水功能区划》成果，取水河段水功能一级区划为讨赖河肃南开发利用区，二级区划为讨赖河肃南农业工业用水区，起始断面为镜铁山，终止断面为金塔，河段长度 130 km，水质目标为地表水Ⅲ类。甘肃省水文水资源局在讨赖河嘉峪关境内共设有 2 个常规水质监测断面，分别是镜铁山水质监测断面和嘉峪关水质监测断面。

镜铁山水质监测断面、嘉峪关水质监测断面监测频次分别为每年 6 次和每年 12 次，依据《地表水环境质量标准》（GB 3838—2002）评价标准，监测因子包括水温、pH、溶解氧、高锰酸盐指数、COD、BOD_5、氨氮、总磷、铜、锌、氟化物、硒、砷、汞、镉、六价铬、铅、氰化物、挥发酚、石油类、阴离子表面活性剂、硫化物、粪大肠菌群等 23 项，此外还对硫酸盐、氯化物、硝酸盐、铁、锰等 5 项集中生活饮用水地表水水源地补充项目进行了监测。另针对地表水化学特征，进行监测的项目还包括电导率、悬浮物、钙离子、镁离子、钾离子、钠离子、碳酸盐、重碳酸盐、矿化度、总硬度、总碱度等。

7.1.5.2　现状水质分析

本书根据 2017 年镜铁山水质监测断面、嘉峪关水质监测断面监测数据对讨赖河水质进行评价，评价依据为《地表水环境质量标准》（GB 3838—2002），详见表 7-14。

表 7-14　讨赖河地表水水质监测与评价　（单位：mg/L）

采样日期	汛期（2017-07-08）				非汛期（2017-01-08）				全年平均			
采样地点	镜铁山		嘉峪关		镜铁山		嘉峪关		镜铁山		嘉峪关	
监测项目	监测值	类别	监测值	类别	监测值	类别	监测值	类别	监测值	类别	监测值	类别
pH（无量纲）	8.4	Ⅰ	8.3	Ⅰ	8.2	Ⅰ	8.3	Ⅰ	8.3	Ⅰ	8.3	Ⅰ
溶解氧	9.0	Ⅰ	8.7	Ⅰ	9.4	Ⅰ	8.2	Ⅰ	9.2	Ⅰ	9.6	Ⅰ
高锰酸盐指数	0.99	Ⅰ	0.6	Ⅰ	0.59	Ⅰ	0.66	Ⅰ	0.79	Ⅰ	0.62	Ⅰ
COD	<10	Ⅰ	<10	Ⅰ	<10	Ⅰ	<10	Ⅰ	<10	Ⅰ	<10	Ⅰ
BOD_5	<2	Ⅰ	2.5	Ⅰ	2.5	Ⅰ	<2	Ⅰ	2.1	Ⅰ	<2	Ⅰ
氨氮	0.125	Ⅰ	0.1	Ⅰ	0.184	Ⅱ	0.159	Ⅱ	0.109	Ⅰ	0.076	Ⅰ
挥发酚	<0.002	Ⅰ	<0.002	Ⅰ	<0.002	Ⅰ	<0.002	Ⅰ	<0.002	Ⅰ	<0.002	Ⅰ
氰化物	<0.004	Ⅰ	<0.004	Ⅰ	<0.004	Ⅰ	<0.004	Ⅰ	<0.004	Ⅰ	<0.004	Ⅰ

续表 7-14

采样日期	汛期(2017-07-08)				非汛期(2017-01-08)				全年平均			
采样地点	镜铁山		嘉峪关		镜铁山		嘉峪关		镜铁山		嘉峪关	
监测项目	监测值	类别	监测值	类别	监测值	类别	监测值	类别	监测值	类别	监测值	类别
砷	0.002	Ⅰ	0.002	Ⅰ	0.002 6	Ⅰ	0.000 8	Ⅰ	0.001 1	Ⅰ	0.003 8	Ⅰ
六价铬	0.007	Ⅰ	<0.004	Ⅰ	0.005	Ⅰ	0.005	Ⅰ	0.005	Ⅰ	0.005	Ⅰ
汞	<0.000 01	Ⅰ	<0.000 01	Ⅰ	<0.000 01	Ⅰ	<0.000 01	Ⅰ	0.000 01	Ⅰ	0.000 02	Ⅰ
铜	<0.01	Ⅰ	<0.01	Ⅰ	<0.01	Ⅰ	<0.01	Ⅰ	<0.01	Ⅰ	<0.01	Ⅰ
锌	<0.01	Ⅰ	<0.01	Ⅰ	<0.01	Ⅰ	<0.01	Ⅰ	<0.01	Ⅰ	<0.01	Ⅰ
铅	<0.02	Ⅰ	<0.02	Ⅰ	<0.02	Ⅰ	<0.02	Ⅰ	<0.02	Ⅰ	<0.02	Ⅰ
镉	<0.003	Ⅰ	<0.003	Ⅰ	<0.003	Ⅰ	<0.003	Ⅰ	<0.003	Ⅰ	<0.003	Ⅰ
铁	<0.02	Ⅰ	<0.02	Ⅰ	<0.02	Ⅰ	<0.02	Ⅰ	<0.02	Ⅰ	<0.02	Ⅰ
锰	<0.01	Ⅰ	<0.01	Ⅰ	<0.01	Ⅰ	<0.01	Ⅰ	<0.01	Ⅰ	<0.01	Ⅰ
氟化物	0.36	Ⅰ	0.31	Ⅰ	0.21	Ⅰ	0.21	Ⅰ	0.28	Ⅰ	0.27	Ⅰ
石油类	<0.01	Ⅰ	<0.01	Ⅰ	<0.01	Ⅰ	<0.01	Ⅰ	<0.01	Ⅰ	<0.01	Ⅰ
总磷	0.08	Ⅱ	0.173	Ⅲ	<0.01	Ⅰ	0.026	Ⅱ	0.021	Ⅱ	0.031	Ⅱ
硒	<0.000 3	Ⅰ	<0.000 3	Ⅰ	<0.000 3	Ⅰ	<0.000 3	Ⅰ	<0.000 3	Ⅰ	<0.000 3	Ⅰ
硫化物	<0.005	Ⅰ	<0.005	Ⅰ	<0.005	Ⅰ	<0.005	Ⅰ	<0.005	Ⅰ	<0.005	Ⅰ
阴离子表面活性剂	<0.05	Ⅰ	<0.05	Ⅰ	<0.05	Ⅰ	<0.05	Ⅰ	<0.05	Ⅰ	<0.05	Ⅰ
粪大肠菌群(个/L)	<20	Ⅰ	<20	Ⅰ	<20	Ⅰ	<20	Ⅰ	<20	Ⅰ	<20	Ⅰ
综合类别		Ⅱ		Ⅲ		Ⅱ		Ⅱ		Ⅱ		Ⅱ

镜铁山、嘉峪关水质监测断面监测结果显示,讨赖河上游因受人类活动影响较小,水质较好。镜铁山水质断面汛期总磷、非汛期氨氮为地表水Ⅱ类,其余监测因子都满足地表水Ⅰ类水质要求;嘉峪关水质断面汛期总磷为地表水Ⅲ类、非汛期氨氮和总磷为地表水Ⅱ类,其余监测因子都满足地表水Ⅰ类水质要求。另从全年平均水质状况分析,镜铁山、嘉峪关 2 个水质监测断面均可达到地表水Ⅱ类要求。

7.1.5.3 水质变化趋势分析

从镜铁山、嘉峪关 2 个水质监测断面逐月水质评价结果来看,年内镜铁山断面水质全年控制在地表水Ⅱ类内,其中地表水Ⅰ类占总监测频次的 33.3%,地表水Ⅱ类占总监测频次的 66.7%;嘉峪关断面水质全年控制在地表水Ⅲ类内,其中地表水Ⅰ类占总监测频次的 66.7%,地表水Ⅱ类占总监测频次的 16.7%,地表水Ⅲ类占总监测频次的 16.7%。详见图 7-8。

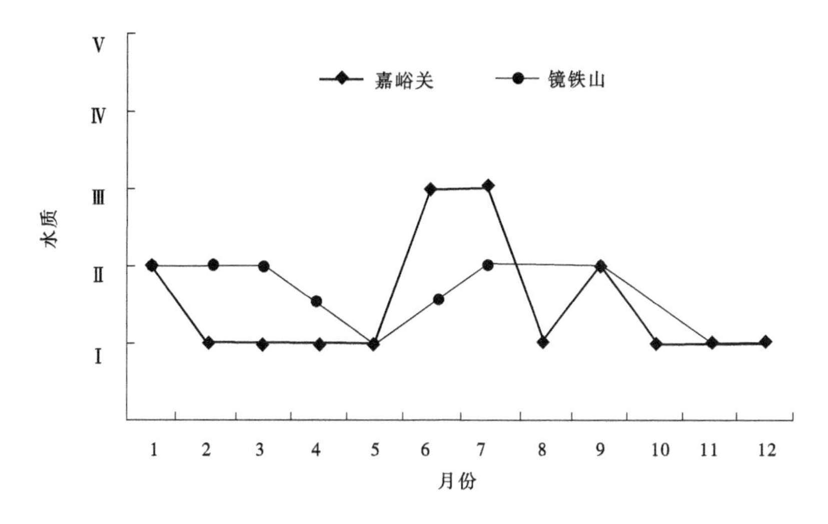

图7-8 镜铁山、嘉峪关断面水质变化趋势图

由镜铁山、嘉峪关2个水质监测断面汛期、非汛期和全年评价结果可知,讨赖河酒钢渠首段水质状况良好,完全可以满足酒钢工业生产用水、峪泉灌区和宏丰灌区的灌溉水质要求。

7.1.6 取水口位置合理性分析

酒钢集团地表水供水系统由讨赖河酒钢渠首、7.2 km 输水隧洞、1.7 km 引水明渠、6 400万 m^3库容的大草滩水库和2条输水暗渠组成,其中供给酒钢冶金厂区的输水暗渠长度为13 km,暗渠中段有4个分水口,分别为支农泵站分水口、葡萄园铁合金分水口、酒钢冶金厂区1.3万 m^3生产蓄水池分水口和祁峰建化宏达水泥分水口,暗渠终点为酒钢冶金厂区6.6万 m^3生产蓄水池,蓄水池后接多条供水干管向酒钢冶金厂区各企业供水;供给酒钢嘉北新区的输水暗渠总长度5.44 km,终点为酒钢嘉北新区4万 m^3生产水池,后接1条DN800供水干管,向嘉北新区内各企业供水。

从酒钢集团现有取水情况来看,长期以来供水运行安全、稳定,没有出现缺水现象。因此,酒钢集团嘉峪关本部地表水取水口位置是合理的。

7.1.7 地表取水可靠性分析

在 $P=50\%$、$P=75\%$ 来水条件下,在《讨赖河流域分水制度》规定时段内,在首先保障河道生态、酒钢现有4 500万 m^3 和嘉峪关市讨赖灌区用水前提下,酒钢集团需新增工业、农业引水量均可以得到保证;在 $P=95\%$ 来水条件下,在优先保证下泄河道生态基流和酒钢年引水4 500万 m^3 水量情况下,充分利用大草滩水库的调蓄作用,河道来水能够满足酒钢新增工业用水1 059万 m^3(折合到酒钢渠首水量为1 139.13万 m^3)需求,嘉峪关市讨赖灌区和酒钢宏丰灌区农业引水存在不同程度的破坏。

讨赖河酒钢渠首段水质状况良好,完全可以满足酒钢工业生产用水、峪泉灌区和宏丰灌区的灌溉水质要求;酒钢集团嘉峪关本部地表水输配水系统长期以来供水运行安全、稳定,没有出现缺水现象,地表水取水口位置合理。

7.2　地下水取水可靠性评估

酒钢集团嘉峪关本部现有地下水源地 4 处，分别为黑山湖水源地、大草滩水源地、嘉峪关水源地、北大河水源地，均位于嘉峪关城区西南酒泉西盆地东段（见图 1-4）。本次评估仅涉及黑山湖水源地、嘉峪关水源地和北大河水源地，各水源地基本情况分述如下：

（1）黑山湖水源地：该水源地取水用途为酒钢集团生产用水，现建有 7 眼供水井，组成黑山湖井群，其来水经过 7 km 长的 DN900 输水管道送往大草滩水库暗渠与水库放水汇合，补充厂区生产用水。该水源地设计开采量为 1.2 m^3/s，合 3 784 万 m^3/年。酒钢集团现状开采量为 1 079.11 万 m^3/年。

（2）嘉峪关水源地：该水源地取水用途为酒钢集团生活用水，现建有 10 眼供水井，由 7 台潜水电泵和 3 台长轴泵组成嘉峪关井群。井群采用分散就地控制，生活水由输水管道送往 2 × 2 000 m^3贮水池后，由 DN600 输水管道经重力输送到嘉峪关市区供生活用水及消防用水。该水源地设计开采量为 0.8 m^3/s，合 2 523 万 m^3/年。酒钢集团现状开采量为1 382万 m^3/年。

（3）北大河水源地：该水源地取水用途为酒钢集团工业和生活用水，建有 10 眼供水井，井群通过管道连接汇集，流入容积为 2 × 2 500 m^3的贮水池后，由 DN1000 输水管道重力输送至酒钢厂区，供厂区部分生产和生活用水。该水源地设计开采量为 1.2 m^3/s，合 3 784万 m^3/年。酒钢集团现状开采量为 2 368.11 万 m^3/年。

根据上述 3 个水源地的分布位置及该区水文地质条件，确定本次取水水源评估范围为：东起双泉及嘉峪关大断层，西至黑山湖以西的木兰城，南达文殊山北麓，北抵黑山南麓水关峡，面积 250 km^2（见图 7-9）。

7.2.1　地质、水文地质条件分析

7.2.1.1　地层

取水水源评估区内地层出露不全，基岩仅见有奥陶系（O）和白垩系（K），第四系（Q）则分布广泛，出露齐全，厚度一般 40 ~ 300 m，由南西向北及北东方向逐渐变薄（见图 7-9、图 7-10）。

奥陶系（O）：分布于黑山南麓，为一套泥质 - 粉砂质板岩、中酸性火山岩夹砂岩及大理岩，偶有少量砾岩，岩相在空间上变化较大。

白垩系（K）：分布于大草滩至鳖盖山一带，岩层多被第四系堆积物覆盖，所见岩性为灰绿色、黄绿色及棕红色等杂色砾岩、砂质泥岩、页岩和砂岩互层，总厚度 1 000 余 m。

第四系下更新统（Q_1）：玉门组见于文殊山北麓，盆地内埋藏于大草滩古河道以西，以东则缺失。属冰水及冰水洪积相堆积物，为泥钙质半胶结砾岩、砂砾岩。

第四系中上更新统（Q_{2+3}）：广泛分布于盆地内部，属冲洪积相堆积物，是盆地地下水最主要的赋存介质，可分为上下两层。上部为上更新统松散的卵石、碎石及圆砾，厚度 10 ~65 m，主要分布于各古河道；下部为中更新统酒泉组，局部块状泥钙质微胶结或半胶结的卵石、圆砾及砾砂，颗粒较上部细，具有不明显水平及斜层理，主要埋藏于戈壁平原下

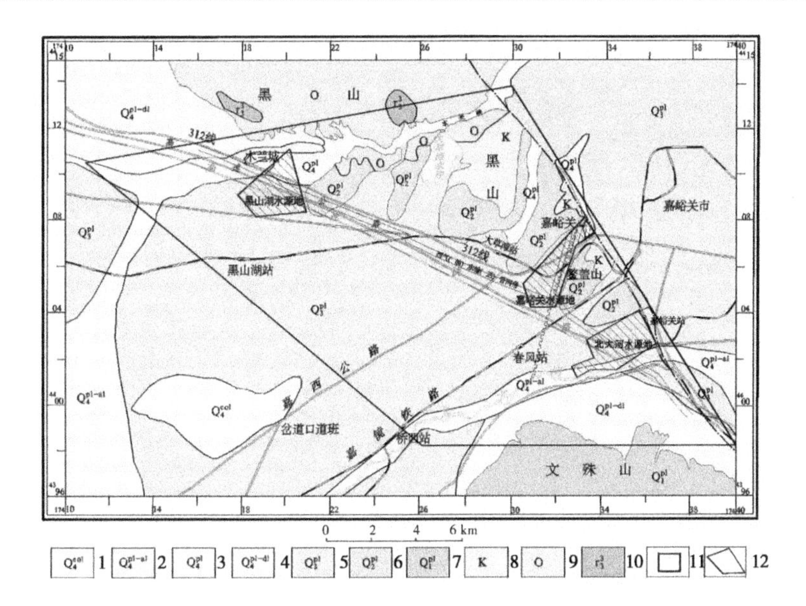

1—全新统风积沙；2—全新统洪积－冲积砾、砂及亚砂土；3—全新统洪积亚砂土、亚黏土；
4—全新统洪积－坡积碎石、块石、亚砂土；5—上更新统洪积戈砾石、砂；6—中更新统洪半胶石结砾石、砂；
7—下更新统洪积砂岩、泥砂岩；8—白垩系砂质泥岩、砾岩、砂岩、泥灰岩；9—奥陶系岩、灰岩、凝灰岩；
10—加里东晚期花岗岩；11—水源地范围；12—论证区

图7-9　评估区及外围地质图

部。总括而言，岩性为大厚度卵石、圆砾、砾砂夹薄层或透镜状中粗砂及粉质黏土层，较松散，分选性及磨圆度较好，成分以砂岩、灰岩为主，石英岩、花岗岩次之，粒径一般为20～100 mm，总厚度一般为40～200 m。

第四系全新统（Q_4）：以冲洪积、洪积相松散堆积物为主，零星分布于现代河床和冲沟中，岩性以卵石、圆砾、碎石及砾砂为主，厚度一般小于10 m。

7.2.1.2　构造及新构造运动

评估区在大地构造上属北祁连边缘凹陷带（见图3-3）。边缘凹陷带又可进一步划分为前山褶皱带、中央凹陷带、南倾单斜带、黑山－文殊山隆起带等次一级的构造单元，它们对盆地地下水的形成、运移和赋存起着非常重要的控制作用。

评估区位于中央凹陷带和南倾单斜带，是长期下沉地区，二者均与隐伏断层接触。中央凹陷带在第四系上更新统以前的沉降尤为剧烈，堆积了厚度达1 000～1 500 m的冰水－洪积砾卵石层。南倾单斜带下沉比较缓慢，第四系以来堆积了厚度不超过300 m的砂砾卵石层，组成广大的戈壁平原，是水源地地下水的主要赋存空间。

嘉峪关断层复活翘起和文殊山的上升，不仅塑造了酒泉西盆地的东部和东南部边界，而且抬高了西盆地的地下水位，在断层带上形成水位落差达150～200 m的“地下瀑布”。

外貌呈长垄状的嘉峪关高台地，为嘉峪关断层翘起所致，它与同期隆起的黑山和文殊山迫使当时处于漫流状态的北大河由北向南改道，逐步由黑山湖、二草滩、大草滩水库、大草滩车站、嘉峪关归流于现在的北大河地段，并在上述地带形成古河道，使北大河段演化为酒泉西盆地地下水的总排泄口（见图7-11）。

据玉门石油管理局地质队资料，嘉峪关大断层是一条长期处于间歇性活动的老断层，

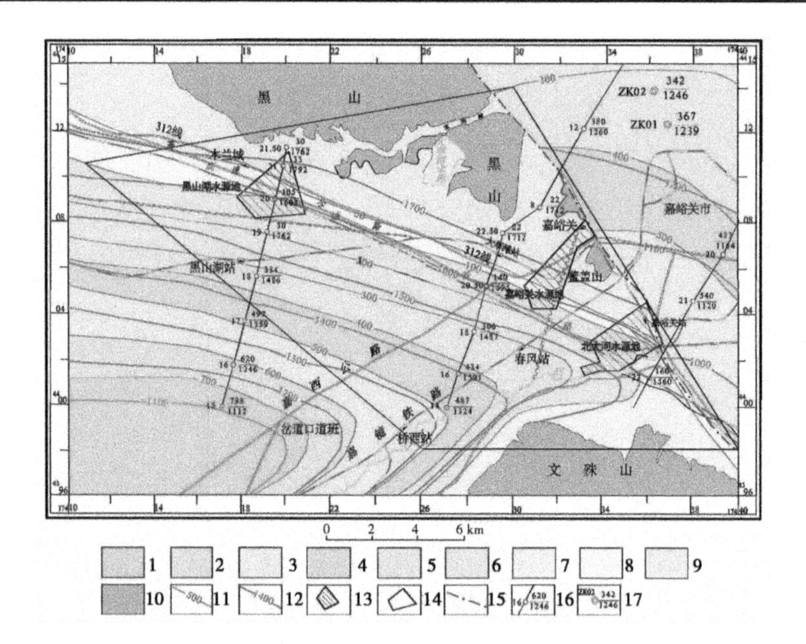

1—第四系松散层厚度 >700 m;2—第四系松散层厚度 600 ~ 700 m;3—第四系松散层厚度 500 ~ 600 m;
4—第四系松散层厚度 400 ~ 500 m;5—第四系松散层厚度 300 ~ 400 m;6—第四系松散层厚度 200 ~ 300 m;
7—第四系松散层厚度 100 ~ 200 m;8—第四系松散层厚度 50 ~ 100 m;9—第四系松散层厚度 <50 m;
10—山区;11—第四系松散层厚度等值线(m);12—基底高程等值线(m);13—水源地范围;14—论证区;
15—隐伏断层;16—物探剖面线及点号 · $\frac{第四系松散层厚度(m)}{基底高程(m)}$;17—孔号 · $\frac{第四系松散层厚度(m)}{基底高程(m)}$

图 7-10　评估区及外围第四系厚度等值线图

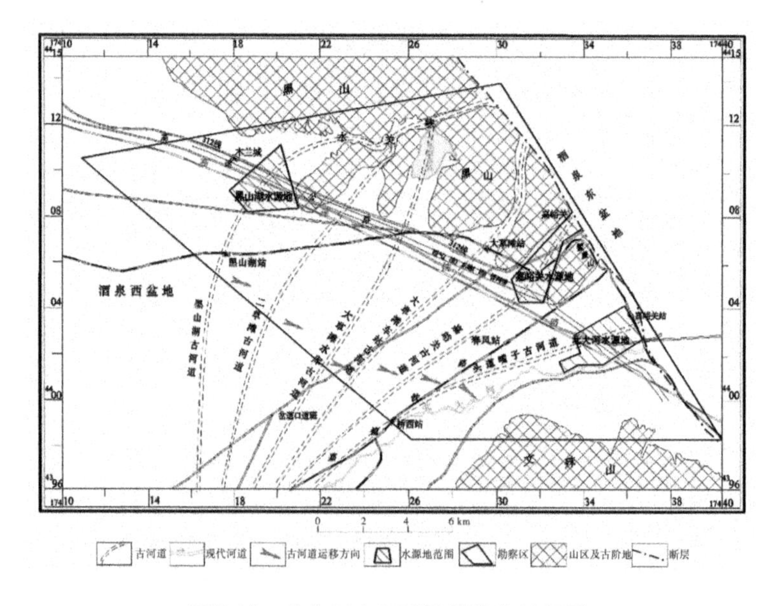

图 7-11　北大河古河道及其演化过程图

产生于白垩系前,新近系末活动最为剧烈,一直延续到第四系,总断距达 1 200 ~ 1 400 m。该断层以不断扩大断距为活动特点,仅第四系期间复活断距即达 450 ~ 500 m(见

图7-12)。断层北起黑山东侧,向东南延伸,经黄草营、嘉峪关、龙王庙、双泉、文殊车站直

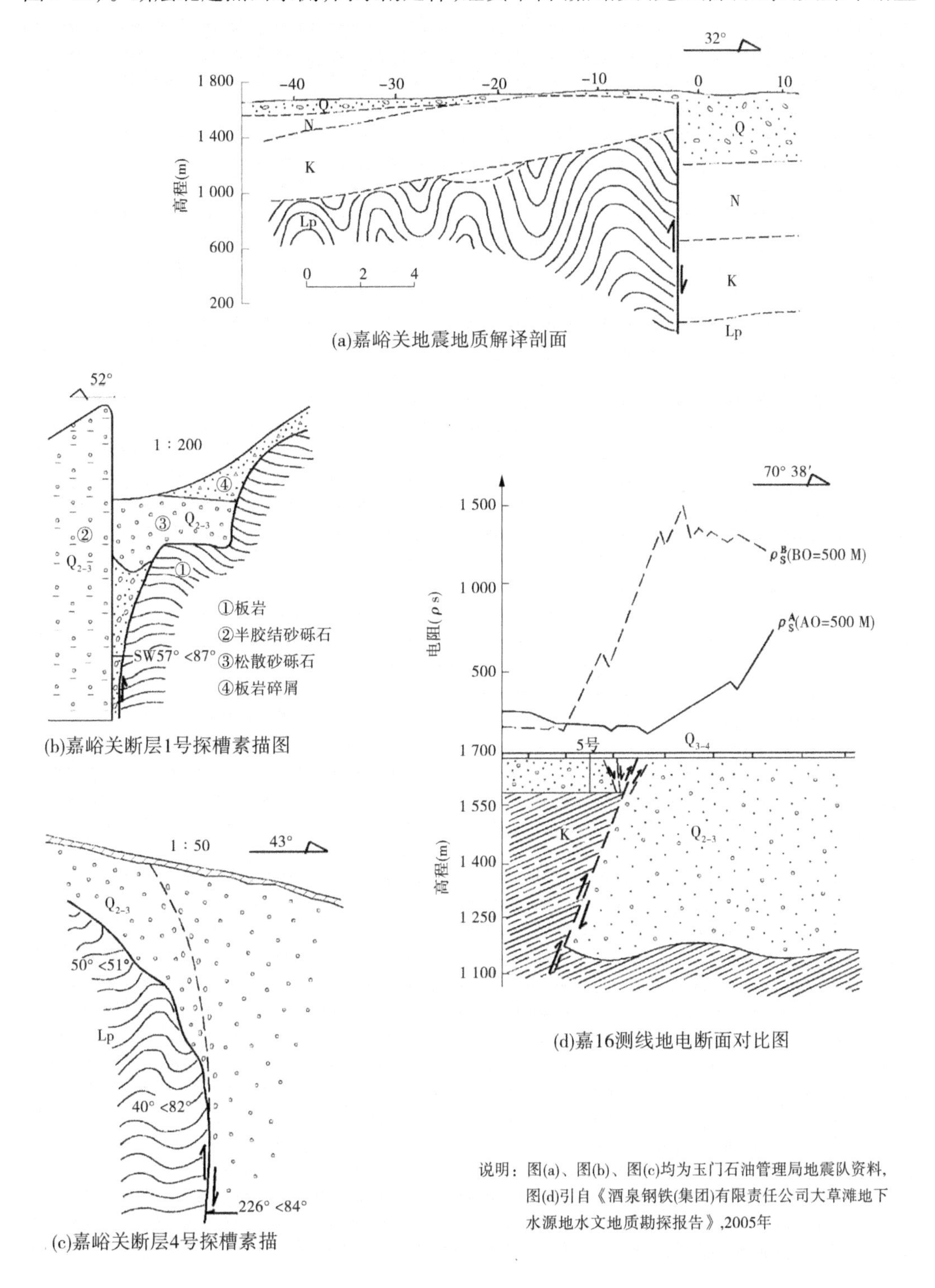

图7-12　嘉峪关断层综合地质、地震及物探剖面

至文殊沟口，总长达 30 余 km，走向 N35°W，倾向 SW，倾角 73° ~ 87°，为高角度逆冲断层。断层东北侧（下盘）为戈壁平原（酒泉东盆地），西侧（上盘）为断层翘起形成的高台地，在大断层附近发育有规模不等的次一级小断层，但未影响上更新统沉积物，因此可以认为该断层自晚更新世以后处于相对稳定状态。

7.2.1.3 地下水类型、埋藏条件及含水层富水性特征

区内地下水类型有松散岩类孔隙水、碎屑岩类孔隙裂隙水和基岩裂隙水三大类型。

基岩裂隙水主要分布于黑山，含水层由奥陶系变质岩和碎屑岩构成，地下水径流模数小于 1 L/(s · km^2)，单井涌水量一般小于 100 ~ 200 m^3/d，水质差，矿化度 1.1 ~ 2.6 g/L，水化学类型以 SO_4^{2-} · Cl^- – Na^+ · Mg^{2+} 型为主；碎屑岩类孔隙裂隙水主要分布于鳖盖山和文殊山，含水层由白垩系及第四系下更新统砾岩、砂岩等构成，单井涌水量一般小于 100 m^3/d，水质较差，矿化度 1 ~ 3 g/L，水化学类型为 SO_4^{2-} · Cl^- – Mg^{2+} · Na^+ 型。

松散岩类孔隙水广布于盆地，是区内最重要的地下水类型，属于以单一大厚度为特征的潜水，仅在黑山湖砖厂、大草滩、二草滩及嘉峪关古河道等局部地带呈现为多层结构的潜水 – 承压水。含水层主要由第四系中上更新统卵石、圆砾、砾砂构成，厚度一般为 40 ~ 160 m，自南西向北东渐薄。其中北大河北岸含水层较厚，大于 140 m，黑山湖水源地一带为 40 ~ 120 m，嘉峪关水源地一带为 30 ~ 80 m，北部山前与古阶地附近较薄，一般小于 20 ~ 30 m。

地下水位埋深自南西向北东由大于 100 m 渐变至 10 ~ 20 m，水关峡一带则小于 5 ~ 10 m，局部地段如水关峡、大草滩、嘉峪关、双泉等地呈泉水溢出（见图 7-13）。

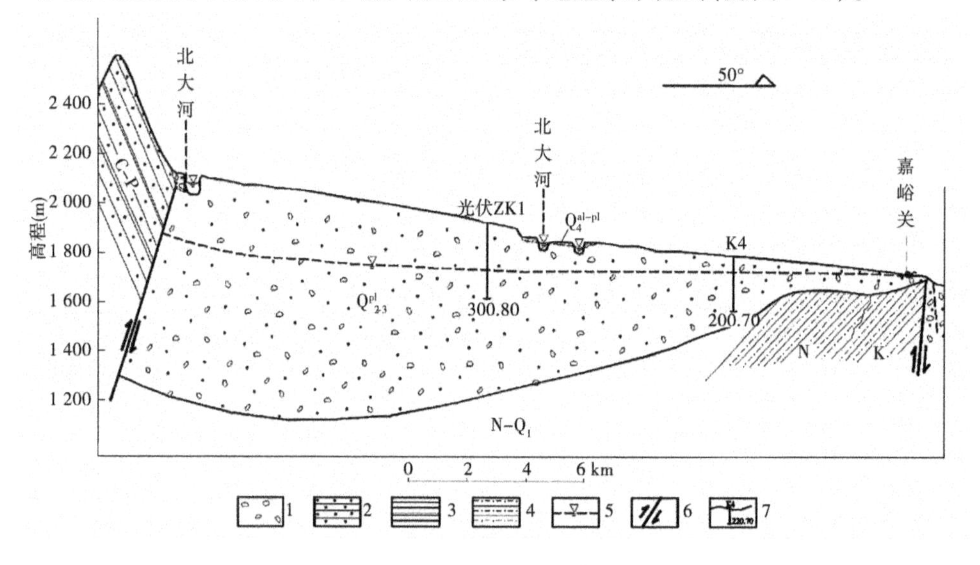

1—砂砾卵石；2—砂岩；3—板岩；4—砂质泥岩；5—地下水位；6—断层；7—钻孔编号及孔深(m)

图 7-13 区域水文地质剖面图

区内含水层富水性按 600 mm 滤水管 5 m 降深单井涌水量分为极强富水区（单井涌水量大于 10 000 m^3/d）、强富水区（5 000 ~ 10 000 m^3/d）、中等富水区（2 000 ~ 5 000 m^3/d）和弱富水区（小于 2 000 m^3/d）等四个级别（见图 7-14）。极强富水区广布于戈壁平原中部；强

富水区沿极强富水区呈条带状分布，主要位于北大河北岸、大草滩车站—木兰城一带；中等富水区和弱富水区主要分布于山前和第四系厚度较薄的沟谷区。3 个水源地钻孔抽水试验成果见表 7-15。

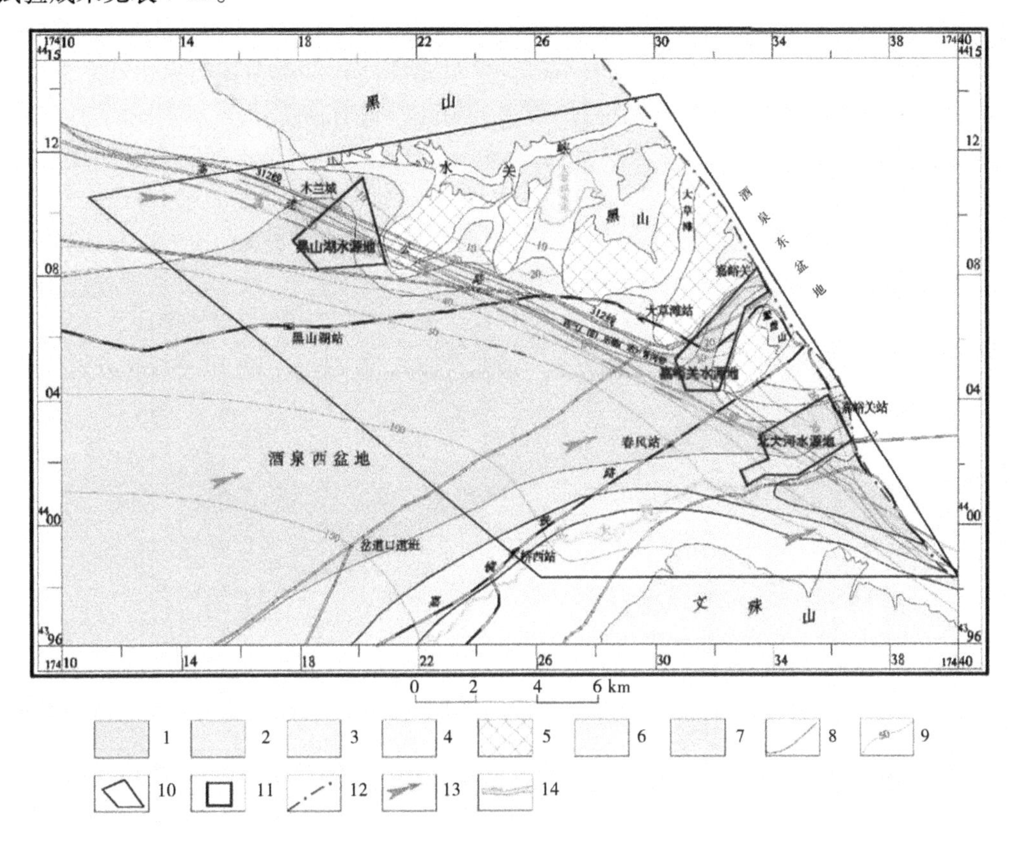

1—单井涌水量 > 10 000 m^3/d；2—单井涌水量 5 000 ~ 10 000 m^3/d；3—单井涌水量 2 000 ~ 5 000 m^3/d；4—单井涌水量 < 2 000 m^3/d；5—第四系透水不含水地段；6—碎屑岩类裂隙孔隙水；7—基岩裂隙水；8—富水性分区界线；9—地下水水位埋深等值线（m）；10—论证区；11—水源地范围；12—隐伏断层；13—地下水流向；14—河流及流向

图 7-14　评估区及外围水文地质略图

表 7-15　3 个水源地钻孔抽水试验成果

水源地名称	钻孔编号	水位降深（m）	涌水量（m^3/d）	推算 5 m 降深涌水量（m^3/d）
黑山湖水源地	供 1	7.82	14 874.26	13 010.33
	供 2	7.52	13 667.52	10 879.43
嘉峪关水源地	供 2	6.28	18 044	14 366.24
	供 8	7.08	17 363	12 262.01
北大河水源地	水 1	7.43	16 711	10 683.00
	水 5	6.45	17 484	14 378.00

7.2.1.4　地下水补给、径流及排泄条件

区内地下水主要来源于南部北大河、白杨河、山前小沟小河出山径流的垂向渗漏补给

和山区基岩裂隙水的侧向补给及深层基岩承压水的顶托补给。

据本次均衡计算，取水水源评估区地下水现状总补给量为 27 909.05 万 m^3/年。其中，侧向流入量为 22 426.71 万 m^3/年，占 80.36%；河水渗漏量为 5 482.34 万 m^3/年，占 19.64%。

地下水总的运动方向为自南西向北东运移（见图 7-15），西部白杨河东侧和东北部水关峡、二草滩、大草滩、嘉峪关等沟谷内地下水自南西向北东运移，北大河干流附近自西向东运移，水力坡度最小不足 1‰，最大大于 25‰，一般为 2‰～11‰，西缓东陡。受黑山、鳖盖山、文殊山等山体阻挡的影响，区内地下水最后归缩于诸山之间的水关峡、大草滩车站峡谷、嘉峪关古河道、头道咀子—文殊山等地段潜流于酒泉东盆地，其中以头道咀子—文殊山地段（北大河地段）排泄条件最好，排泄量亦最大。

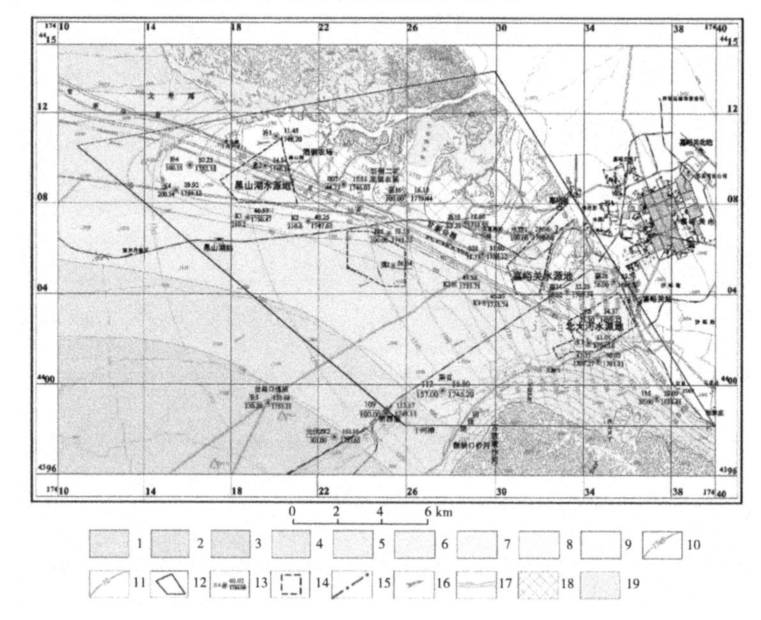

1—水位埋深 >150 m；2—水位埋深 100～150 m；3—水位埋深 50～100 m；4—水位埋深 40～50 m；5—水位埋深 30～40 m；6—水位埋深 20～30 m；7—水位埋深 10～20 m；8—水位埋深 5～10 m；9—水位埋深 <5 m；10—地下水等水位线（m）；11—地下水埋深等值线（m）；12—论证区；13—调查点号 · $\frac{\text{水位埋深(m)}}{\text{水位标高(m)}}$；14—水源地范围；15—隐伏断层；16—地下水流向；17—河流及流向；18—第四系透水不含水地段；19—山区

图 7-15　评估区及外围地下水水位埋深及等水位线图

地下水的排泄除侧向流出外，还有人工开采和泉水溢出。据本次均衡计算，取水水源评估区地下水总排泄量为 27 927.42 万 m^3/年，其中，地下水侧向流出量为 18 460.40 万 m^3/年，人工开采量为 7 745.73 万 m^3/年，泉水溢出量为 1 721.29 万 m^3/年。

7.2.1.5　地下水水化学特征

取水水源评估区内地下水质良好，矿化度一般小于 0.5 g/L，水化学类型西部为 $HCO_3^- \cdot SO_4^{2-} - Mg^{2+} \cdot Na^+$ 型，北大河干流地带为 $HCO_3^- \cdot SO_4^{2-} - Mg^{2+} \cdot Ca^{2+}$ 或 $HCO_3^- \cdot SO_4^{2-} - Ca^{2+} \cdot Mg^{2+}$ 型。北部黑山山前局部地带，受高矿化基岩裂隙水的补给及蒸发浓缩作

用影响，表层潜水矿化度增大至0.5～1.0 g/L，水化学类型为 $SO_4^{2-} \cdot HCO_3^- - Mg^{2+} \cdot Na^+$ 型，但下伏承压水仍为矿化度小于0.5 g/L，水化学类型为 $HCO_3^- \cdot SO_4^{2-} - Mg^{2+} \cdot Na^+$ 型和 $HCO_3^- \cdot Mg^{2+} - Ca^{2+}$ 型的淡水（见图 7-16）。地下水水化学的水平和垂直分带规律十分明显。

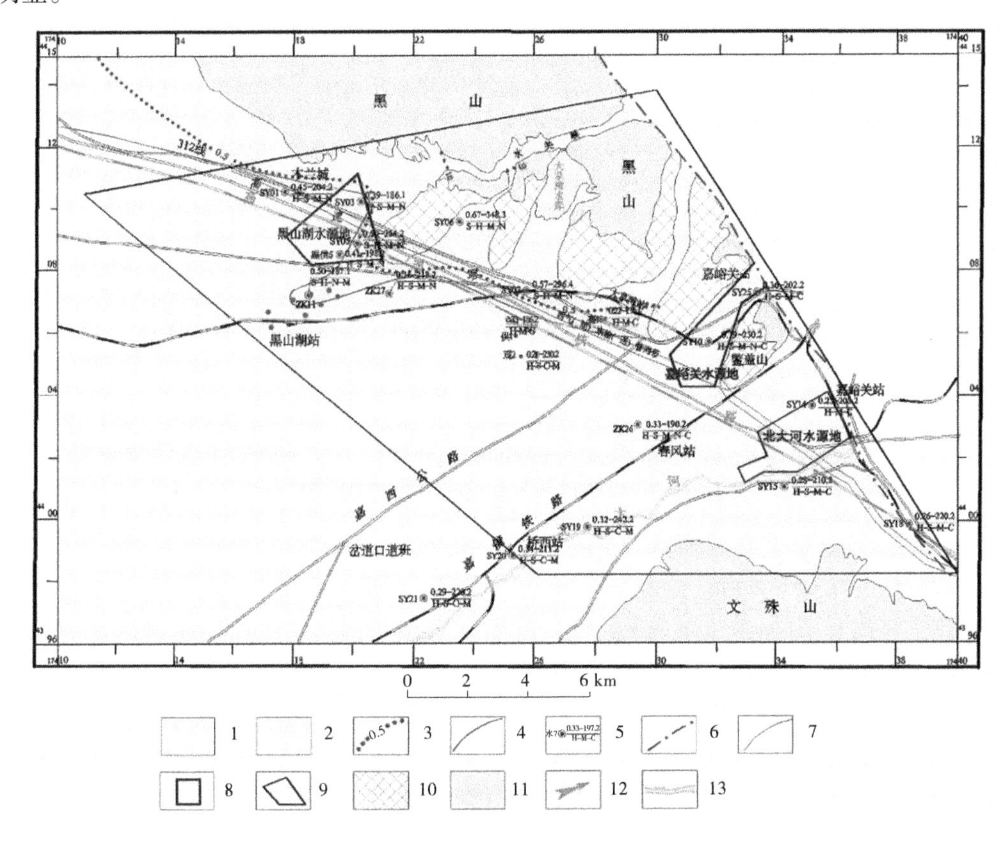

1—$HCO_3^- - Mg^{2+} \cdot Ca^{2+}$ 或 $HCO_3^- \cdot SO_4^{2-} - Mg^{2+} \cdot Na^+(Ca^{2+})$ 型；2—$HCO_3^- \cdot SO_4^{2-} - Mg^{2+} \cdot Na^+$ 型；

3—矿化度等值线；4—水化学类型界线；5—调查点号 · $\dfrac{\text{矿化度(g/L)}-\text{总硬度(mg/L)}}{\text{水化学类型}}$；6—隐伏断层；

7—地貌界线；8—水源地范围；9—论证区；10—古界地；11—山区；12—地下水流向；13—河流及流向

图 7-16　评估区及外围地下水水化学图

7.2.1.6　地下水动态特征

评估区地下水动态观测始于 1995 年，迄今共有地下水位长观点 8 个，主要分布于黑山湖水源地、嘉峪关水源地及北大河水源地内（见图 7-17）；水质动态监测主要是几大水源地供水井历年的水质监测。

1. 地下水位变化特征

评估区内地下水位动态主要受地下径流、机井开采和河水渗漏补给影响控制。一般近河地带水位变化剧烈，远离河流水位变化趋于平缓。地下水位所表现出的季节性和多年动态变化特征正是上述影响因素的综合反映。

1）地下水位年内变化特征

据评估区地下水动态监测孔多年观测资料分析，评估区内西部及东部的文殊山山前，

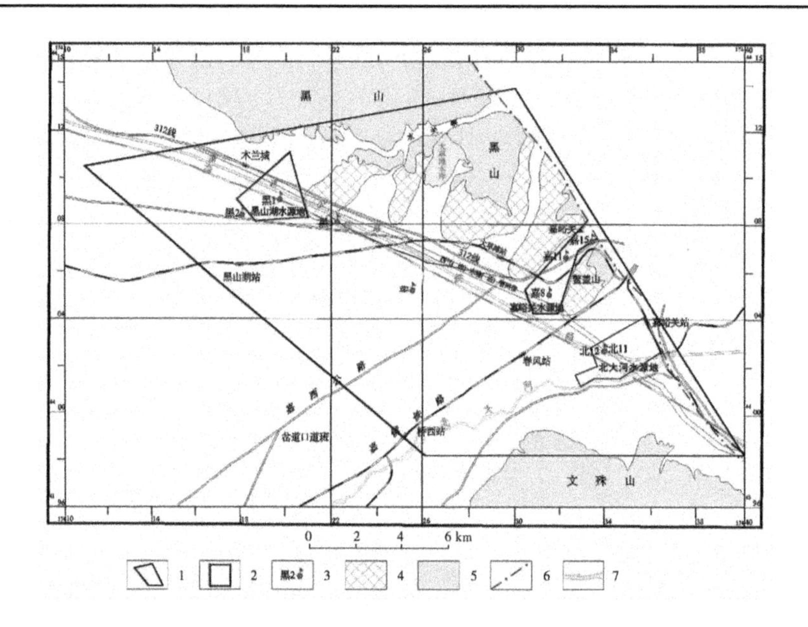

1—论证区;2—水源地范围;3—地下水动态监测孔及编号;4—古阶地;5—山区;6—隐伏断层;7—河流及流向

图 7-17　评估区地下水动态监测孔分布图

地下水位主要受地下径流量多寡的影响和控制,动态类型属水文径流型,年内地下水位变幅不大,一般为 0.05 ~ 0.92 m(见图 7-18)。评估区中部地下水位主要受开采强度的控制,动态类型属开采型,水位年内变化比较剧烈,与开采期相对应的低水位期和与非开采期相对应的高水位期是其主要特征,高水位期出现在 1 ~ 3 月和 10 ~ 12 月,低水位期出现在6 ~ 9 月(见图 7-19),水位年变幅 0.19 ~ 1.59 m。东部地下水位主要受讨赖河渗漏补给和开采强度的控制,动态类型属径流开采型,水位年内变化比较剧烈:一般 1 ~ 3 月的河流枯水季节是地下水位最低期,高水位期出现在 8 ~ 11 月,滞后河流丰水期 1 ~ 2 个月(见图 7-20),水位年变幅 0.51 ~ 2.65 m。

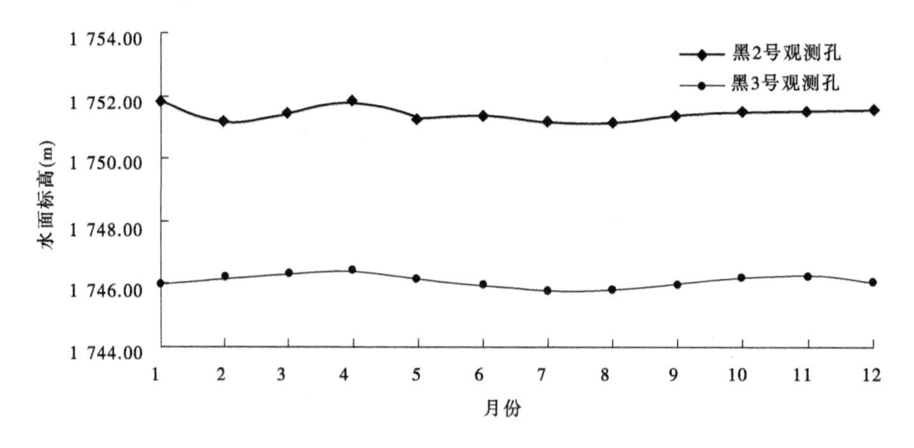

图 7-18　评估区西部黑山湖水源地年内地下水位变化曲线(2017 年)

2)地下水位多年动态

评估区内地下水位多年动态主要受出山河沟径流量和水源地开采量的影响。1966

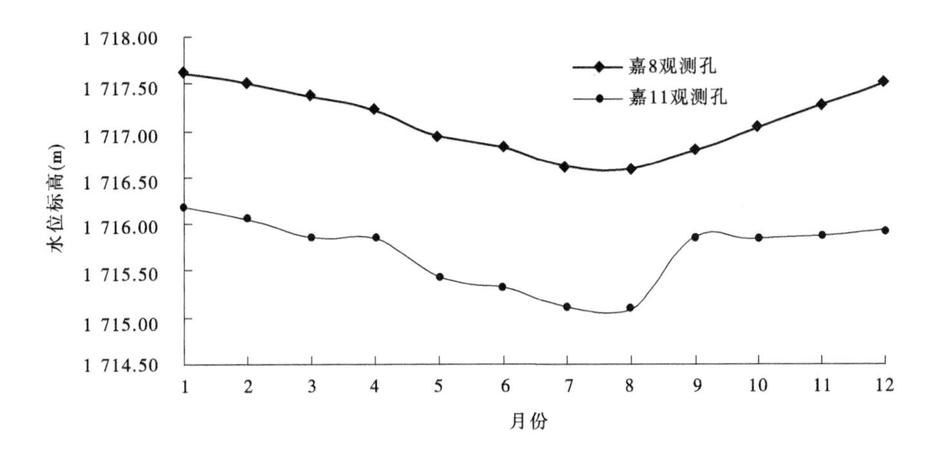

图7-19　评估区中部嘉峪关水源地年内地下水位变化曲线(2017年)

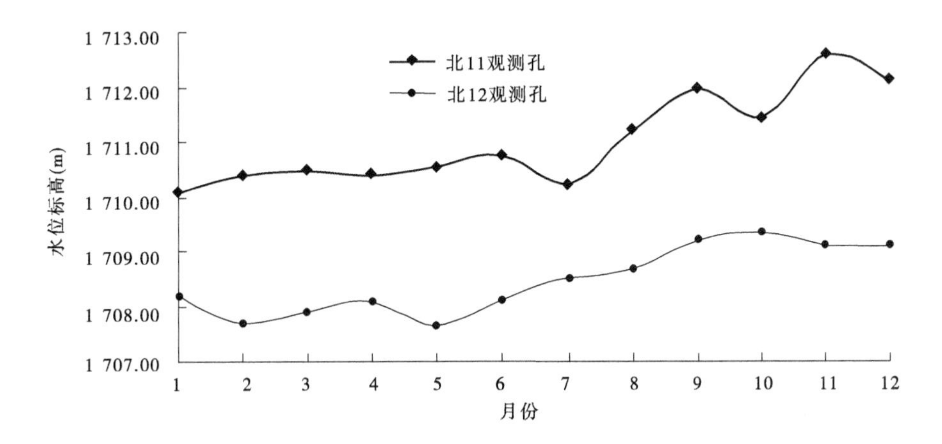

图7-20　评估区东部北大河水源地年内地下水位变化曲线(2017年)

年以前,地下水补给量与排泄量持平,地下水位保持天然稳定状态;1967年以后,随着酒钢嘉峪关水源地、黑山湖水源地的相继开采运行,水源地及其周围地下水位开始下降,下降幅度0.12~0.46 m/年,1996~1998年达最低值,累计下降2.00~5.00 m。但北大河水源地地下水位仍保持天然稳定状态;1998年下半年以来,北大河水源地部分开采井投入运行,地下水位随之开始下降,下降幅度0.10~0.30 m/年,后黑山湖水源地和嘉峪关水源地由于部分开采井停采,地下水位出现缓慢回升。

(1)黑山湖水源地。受1998年以后停采的影响,地下水位呈现逐年上升趋势,至2003年后地下水位出现上下波动,但总体趋于稳定(见图7-21)。根据监测数据,2000~2003年黑2号孔地下水位上升幅度为0.88 m;2003年以后水位呈波动状态,水位变幅0.24~0.61 m。

(2)嘉峪关水源地。2000年以后,地下水位一直呈逐年下降趋势;2011年以后受水源地开采量变化影响呈波状起伏(见图7-22)。根据监测数据,2000~2011年嘉11号孔地下水位累计下降幅度3.10 m,年均降幅0.28 m。

(3)北大河水源地。受1998年之后开采的影响,地下水位一直呈现逐年下降趋势;

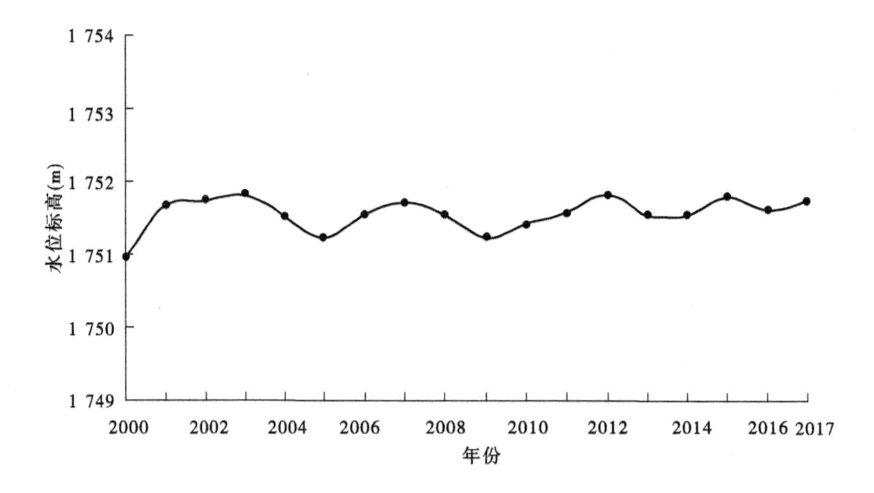

图 7-21 黑 2 监测孔地下水位多年动态曲线(2000 ~2017 年)

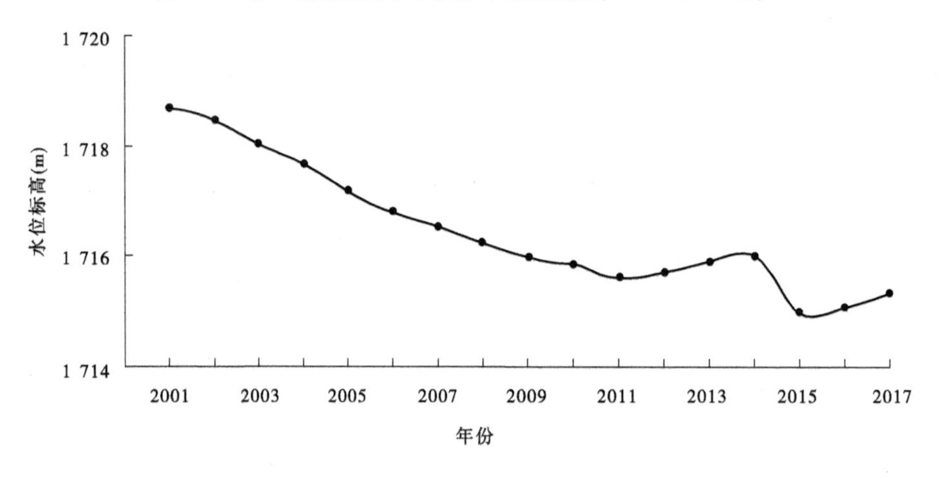

图 7-22 嘉 11 监测孔地下水位多年动态曲线(2001 ~2017 年)

2014 年以后受水源地开采量减少影响,水位略有回升(见图 7-23)。根据监测数据,2000 ~ 2014 年北 12 号孔地下水位累计下降幅度 4.56 m,2014 ~2017 年地下水位上升幅度 0.75 m。

2. 地下水水质变化特征

1)地下水水质年内动态

据黄河水资源保护科学研究院及甘肃省地矿局第四地质矿产勘查院酒泉西盆地水质动态监测资料,各水源地地下水水质年内变化特征为:北大河水源地矿化度、总硬度及各种离子含量以枯水期3 ~5 月较高,丰水期 6 ~9 月较低,显示出河水入渗后对地下水的淡化作用,矿化度年变幅 0.148 ~0.258 g/L,水化学类型以 $HCO_3^- - Mg^{2+} \cdot Ca^{2+}$ 型为主;嘉峪关水源地、黑山湖水源地与北大河水源地地下水质变化特征恰恰相反,矿化度、总硬度及各种离子含量以枯水期 3 ~5 月较低,丰水期 6 ~9 月较高,说明水源地距离河流较远,地下水丰沛期滞后河流汛期时间较长,矿化度年变幅 0.178 ~0.257 g/L,水化学类型以 $HCO_3^- \cdot SO_4^{2-} - Mg^{2+} \cdot Ca^{2+}$(或 Na^+)和 $HCO_3^- - Mg^{2+} \cdot Ca^{2+}$ 型为主。

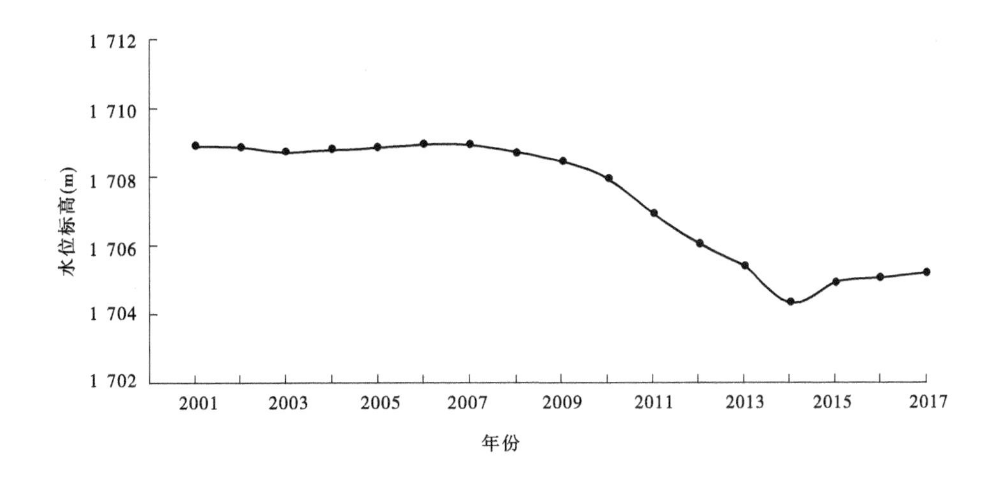

图 7-23　北 12 监测孔地下水位多年动态曲线(2001~2017 年)

2)地下水水质多年动态

评估区地下水水质多年动态变化较稳定(见图 7-24)。据该区已建水源地 7 个监测点 10 年监测数据统计,矿化度最高为 0.817 g/L,最低为 0.164 g/L,一般为 0.315~0.488 g/L,水化学类型一般为 $HCO_3^- - Mg^{2+} \cdot Ca^{2+}$ 和 $HCO_3^- \cdot SO_4^{2-} - Mg^{2+} \cdot Ca^{2+}$(或 Na^+)型。

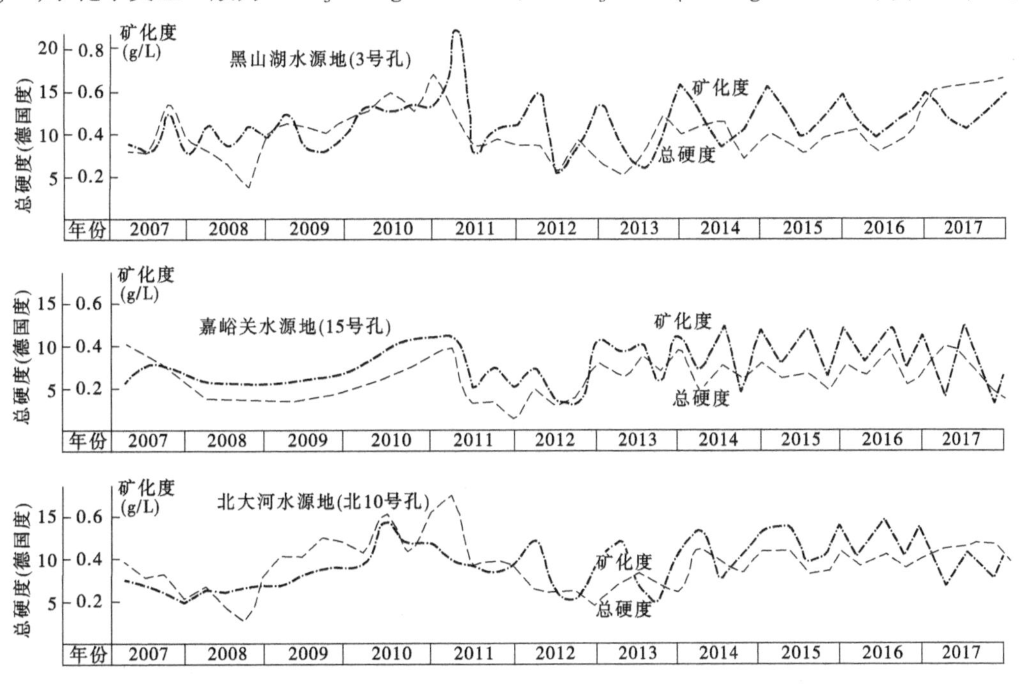

图 7-24　评估区地下水水质多年动态过程曲线

7.2.1.7　各水源地含水层之间的水力联系

1. 同位素分析

据 J. Ch. 韦特提出的经验估算法:如果地下水中氚含量为 0~5 TU,说明这种水中 40

年以前的“古水”成分占优势；如果氚含量为 5 ~ 40 TU，说明地下水是新入渗水（河水）和“古水”的混合；如果氚含量大于 40 TU，则为新近入渗水占优势。

依据前人在北大河、白杨河源区、出山前、渠首和铁路桥下采取的 16 组河水同位素（氚、氘、O^{18}）水样和各水源地上游及水源地内采取的 24 组地下水同位素水样分析成果，嘉峪关、北大河水源地上游及水源地内 16 组样品的氚含量均大于 40 TU。因此，这 2 个水源地地下水为新近入渗水占优势。黑山湖水源地外围和水源地内 10 组样品中有 8 组氚含量小于等于 40 TU，2 组氚含量大于 40 TU，说明这 2 个水源地地下水属新入渗水和“古水”混合补给，而这里所指的“古水”很可能是盆地基底基岩承压水，补给方式为向上的顶托补给。

河水、地下水环境氢氧同位素氘、O^{18}测试分析结果表明，黑山湖水源地地下水中氘、O^{18}的含量与雨水线和白杨河河水线接近（见图 7-25），测试值均分布于区域环境同位素雨水线的下方，而与北大河河水线有所偏离，说明水源地地下水与白杨河水关系密切，地下水的循环交替积极，但白杨河渗漏量有限，不可能是上述两个水源地地下水的主要补给来源，故推测其补给来源主要为盆地内基岩承压水顶托补给；嘉峪关水源地和北大河水源地中氘、O^{18}的含量与雨水线、北大河河水线接近，测试值均分布于区域环境同位素雨水线的上方，而与白杨河河水线有所偏离，说明这两个水源地地下水与北大河水关系密切，是地下水的主要补给来源。测试结果进一步佐证了各水源地地下水的补给途径。

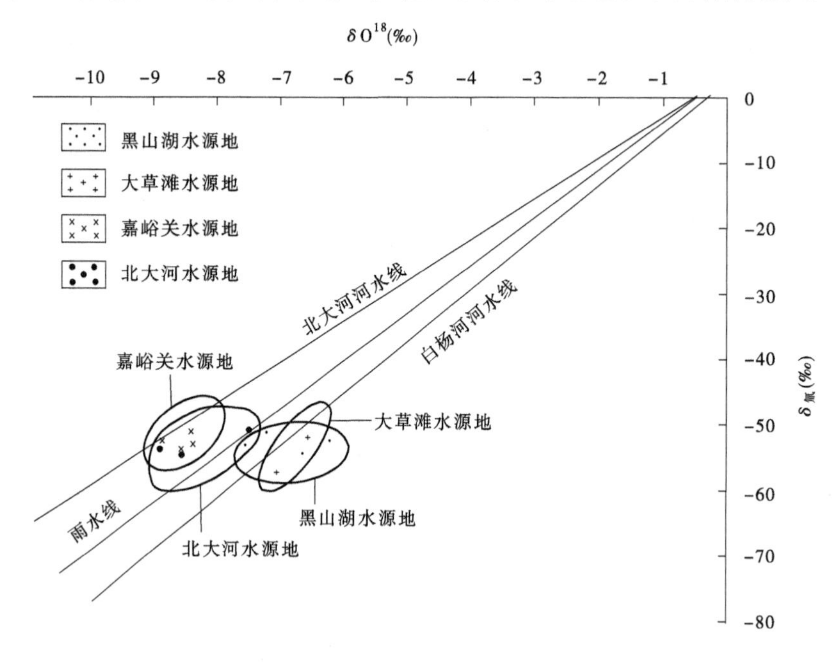

图 7-25　酒钢集团各水源地地下水、河水、雨水氢氧同位素关系图

2. 区域水文地质条件及地下水流场分析

从区域水文地质条件分析，现有的黑山湖水源地、嘉峪关水源地、北大河水源地，同处于为构造 - 地貌所限的酒泉西盆地东段，除北部黑山山前古阶地等局部地段属第四系透水不含水（或含水不均匀）外，其余地带含水层岩性均为第四系中上更新统的圆砾、砾砂和卵石,属连续、统一的含水综合体。但具体到各水源地,其含水层之间的水力联系又有所差别。

从地下水流场分析,区内地下水自南西向北东方向运移,主要集中于鳖盖山—文殊山北大河段排泄。相对而言,黑山湖水源地地处嘉峪关、北大河水源地上游,其补给来源主要为盆地内基岩承压水顶托补给、白杨河及西沟、小红泉沟以西小沟小河出山表流渗漏补给,北大河渗漏补给较少。因此,黑山湖水源地大量开采后所形成的地下水局部开采漏斗,可以截流本该流向嘉峪关、北大河水源地的地下潜流。但来自北西方向的地下径流并不是嘉峪关、北大河水源地地下水的主要补给来源,且黑山湖水源地与嘉峪关水源地之间还存在黑山山前舌状古阶地阻隔,因此黑山湖水源地与嘉峪关、北大河水源地含水层之间水力联系微弱,相互影响程度较小。相关环境同位素研究结果也积极佐证了上述观点。

嘉峪关、北大河水源地地下水补给来源主要为北大河渗漏补给,其次为来自北西黑山湖方向的地下径流补给,二者属同一补给源。在头道咀子以北,嘉峪关水源地与北大河水源地之间被头道咀子隐伏白垩系黏土岩系所阻隔,二者含水层之间无地下水力联系;在头道咀子和312国道以南,两水源地含水层属一个含水层系统,因此嘉峪关水源地(开采井深度50~90 m)的开采对北大河水源地西部有一定影响。嘉峪关水源地对北大河水源地的影响,主要表现为嘉峪关水源地的过量开采将会袭夺来自南西部的地下径流,使北大河水源地西部地下水位有所下降。同样,北大河水源地的运行,将使其西部的地下水位有所下降,并波及嘉峪关水源地,但从现有地下水动态资料来看,其相互影响的程度是较小的。

综上分析,黑山湖水源地开采含水层与嘉峪关水源地、北大河水源地均为同一个含水层系统,但由于缺乏直接的水力联系,其相互影响的程度较小。

7.2.2　地下水资源量分析

7.2.2.1　地下水均衡区及均衡期

1. 均衡区

均衡区与取水水源评估区范围不尽一致。其中西部边界、北部边界西段与取水水源评估区边界一致;北部边界东段以黑山山前为界;南部边界以文殊山山前为界;东部边界以嘉峪关大断层为界。均衡区面积232.73 km^2,其中平原区面积194.30 km^2(见图7-26)。

2. 均衡期

均衡期为2017年1月1日至12月31日,共计1年。

7.2.2.2　均衡区边界条件及均衡方程

1. 边界条件

黑山、文殊山、鳖盖山及古阶地基岩裂隙水、碎屑岩裂隙孔隙水甚微,对盆地的侧向补给可以忽略不计。西南(AB断面)为地下水均衡区流入边界;南部边界西段沿文殊山山前(BC断面)为零流量边界,东段(CD断面)平行于地下水流向亦为零流量边界;东部边界沿嘉峪关断层各沟谷断面(DE、FG、HI与JK断面)为流出边界,沿黑山、鳖盖山山前断面(EF、GH与IJ断面)为零流量断面;北部边界东段(KL断面)沿黑山山前为零流量边界,北部边界西段(LA断面)几乎平行于地下水流向,亦为零流量边界(见图7-26)。计算时选用的含水层渗透系数、给水度、导水系数、深层基岩承压裂隙水顶托补给量及河流单

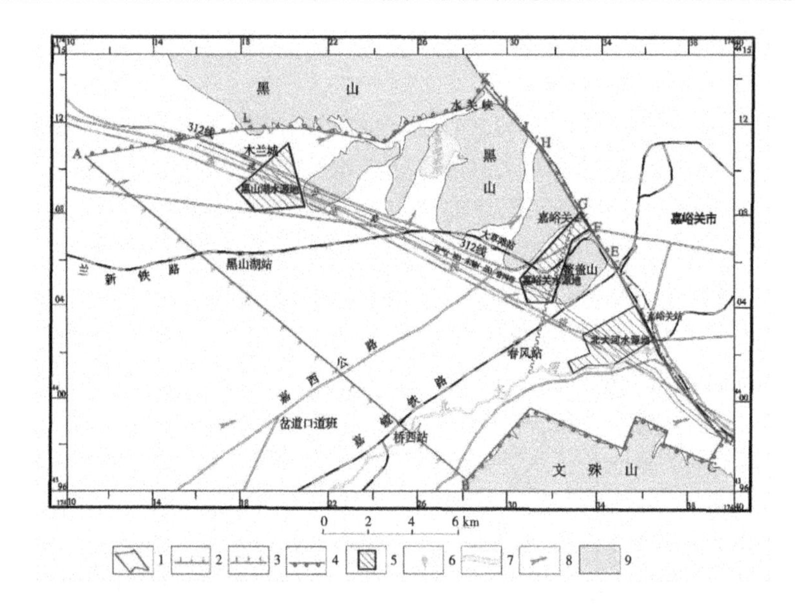

1—地下水均衡区;2—地下水流入边界;3—地下水流出边界;4—地下水零流量边界;
5—水源地范围;6—泉;7—河流及流向;8—地下水流向;9—山区

图 7-26　地下水均衡边界条件示意图

长渗透率等水文地质参数,均取自《酒钢北大河水源地勘探报告》《酒钢集团水源地地下水资源勘查评价报告》《甘肃省酒泉钢铁(集团)有限责任公司大草滩地下水源地水文地质勘探报告》及《嘉峪关市饮用水供水水源地西气(油)东输(送)管网带下游水源井迁建前期水文地质勘查报告》等勘查研究成果。

2. 均衡方程

均衡区地下水位埋深一般大于 10.00 m,且无农田、渠系等水利设施分布,故均衡计算时不考虑垂向降水、凝结水、渠田水入渗和蒸发蒸腾;地下水主要补给来源为侧向流入,次为河水渗漏,排泄方式主要为侧向流出,其次为机井开采和泉水溢出。

均衡区满足上述条件的地下水均衡方程为

$$(Q_{侧入} + Q_{河}) - (Q_{开} + Q_{泉} + Q_{侧出}) = \Delta Q \tag{7-1}$$

式中,$Q_{侧入}$为地下水侧向流入量,万 m^3/年;$Q_{河}$为均衡区内河水渗漏补给量,万 m^3/年;$Q_{开}$为人工开采量,万 m^3/年;$Q_{泉}$为泉水溢出量,万 m^3/年;$Q_{侧出}$为地下水侧向流出量,万 m^3/年;ΔQ 为均衡期始末地下水储量变化量,万 m^3/年。

7.2.2.3　地下水均衡要素

1. 地下水侧向流入量

均衡区地处酒泉西盆地地下水总排泄带,其地下水侧向流入量应为除均衡区外的盆地地下水补给量,包括河水渗漏量、山前小沟小河出山表流渗漏及潜流量、深层基岩承压水顶托补给量和南部山区基岩裂隙水侧向流入量。

1)河水渗漏量

据 1966 年地质部水文地质及工程地质局第三大队资料,北大河自冰沟水文站至长城东约 1.5 km 处渗漏补给地下水,往东变为排泄地下水。据 1996 年《酒钢北大河水源地勘探报告》,北大河自冰沟口至北大河水源地南部泉1处为渗漏补给地下水,与1966年相比渗漏带从长城东约1.5 km处向下游移动了约5.5 km。2004年实测资料表明,消失的泉水溢出带河水位已高出地下水位2~4 m,即该地带内37年来地下水位至少下降了2~4 m,由此说明泉1和泉2两个泉群是由断层阻水形成的,也是地下水排向河水的仅有的露头点。经本次实际调查,北大河自冰沟口至北大桥地段除泉1、泉2附近河水排泄地下水外,其余地带均为河水渗漏补给地下水,进一步证实了泉1和泉2是由断层阻水而形成的。

根据1965~1966年一个水文年12个月测流资料,冰沟口至长城东,平均单长渗漏量为0.111 7 $m^3/(s \cdot km)$。根据1996年在上游天下第一墩和下游北大桥两处丰水年、枯水期测流资料计算,该地段北大河对地下水的平均单长渗漏补给量为0.159 6 $m^3/(s \cdot km)$。据2004年测流断面处测流资料计算结果,北大河对地下水的单长渗漏补给量为0.123 9 $m^3/(s \cdot km)$。本次计算北大河单长渗漏量结果取1966年、1996年和2004年测流结果的加权平均值,即0.131 7 $m^3/(s \cdot km)$,该值能较好地代表该河段的平均河道渗漏量。

2017年北大河嘉峪关(合)站(包括大草滩站、一闸站、二闸站、南干站和北干站)年径流量为6.451亿 m^3/年。冰沟口至北大桥全长33 km,渗漏补给量4.346 1 m^3/s(13 705.86万 m^3/年),其中均衡区内1.738 4 m^3/s(13.2 km,5 482.22万 m^3/年),均衡区外2.607 7 m^3/s(19.8 km,8 223.64万 m^3/年)。

据玉门市水务局白杨河水管所提供的资料,白杨河2017年流入酒泉西盆地的水量为1 107.75万 m^3,除去水面蒸发及包气带消耗量,剩余河水全部渗漏补给地下水,渗漏系数取0.85(《河西走廊地下水勘查报告》),则渗漏补给量为941.59万 m^3/年。

则均衡区外河水渗漏补给量为8 223.64+941.59=9 165.23(万 m^3/年)。

2)南部山前小沟小河出山表流渗漏及沟谷潜流量

酒泉西盆地南部祁连山前尚分布有青头山沟、马莲泉沟、小麻黑头沟、麻黑头沟、麻米驼沟、大红泉沟、小红泉沟、马莲沟、西沟、东豺狼沟、松大板沟、红水河西沟等24条小沟谷。据已有调查资料,沟谷潜流量大者43.2 L/s(西沟),小者仅0.468 L/s(添草沟),沟谷年潜流总量994.92万 m^3(见表7-16),全部补给盆地地下水。

表7-16　酒泉西盆地南部祁连山沟谷潜流量一览

名称	潜流量(m^3/s)	潜流总量(m^3/年)	说明
青头山沟	0.003 1	97 761.6	不包括已用去的0.007 8 m^3/s
马莲泉沟	0.003 24	102 176.64	
小麻黑头沟	0.018 0	567 648.0	
麻黑头沟	0.001 55	48 880.8	不包括已用去的0.004 25 m^3/s
麻米驼沟	0.007 9	249 134.4	不包括已用去的0.005 09 m^3/s
大红泉沟	0.027 4	864 086.4	不包括已用去的0.030 8 m^3/s
小红泉沟	0.010 2	321 667.2	

续表 7-16

名称	潜流量(m^3/s)	潜流总量(m^3/年)	说明
马莲沟	0.00 225	70 956.0	
西沟	0.043 2	1 362 355.2	不包括已用去的0.006 m^3/s
东豺狼沟	0.025 4	801 014.4	
窑泉沟	0.003 85	121 413.6	不包括已用去的0.001 m^3/s
添草沟	0.000 468	14 758.848	
石炭沟	0.000 725	22 863.6	
大黄沟	0.009 34	294 546.24	
下柴罩子沟	0.011 94	376 539.84	
大火烧沟	0.024 47	771 685.92	
东红沟	0.006 22	196 153.92	
红波琼沟	0.006 86	216 336.96	
松大板沟	0.027 97	882 061.92	
大直沟	0.029 943	944 282.448	不包括已用去的0.000 007 m^3/s
大直沟东沟	0.008 44	260 163.34	
干沟	0.021 16	667 301.76	
大脑皮沟	0.019 96	629 458.56	
红水河西沟	0.001 90	59 918.4	
合计	0.315 486	9 949 166.496	不包括已用去的0.054 947 m^3/s

3)南部山区基岩裂隙水侧向流入量和深层基岩承压水顶托补给量

据以往勘查资料,南部山区基岩侧向补给量主要是山区地下径流,通过前山带基岩裂隙向盆地渗流补给。大体上可以分为以下三种类型:

(1)侧向补给条件最优地段(见图 7-27)。山区裂隙发育的变质岩直接与盆地松散层断层接触,仅在接触带内有白杨河组泥岩所形成的断层泥(断层糜棱岩),厚 15 ~20 m,推测向深部延伸不远即消失,故山区基岩裂隙水可以通过断层直接补给盆地。

(2)深部有较大补给作用地段(见图 7-28)。山区与盆地之间存在 3 ~5 km 宽的中新生界断层褶皱带组成的丘陵地带,阻止了山区基岩裂隙水与盆地地下水的水力联系。裂隙水受泥砂岩、泥岩层的阻隔,大部分就近补给沟谷潜流,少部分通过深部裂隙发育的变质岩补给盆地地下水。

(3)浅部有侧向补给地段(见图 7-29)。前山带主要由第三系砾岩、砂岩、砂质泥岩及玉门组砾石组成向斜构造,有利于承压水的富集。据玉门石油管理局勘探资料,大 4 孔在 820 m 深处揭露疏勒河组砾岩含水组有承压水涌出地面,说明该含水组下部仍可与盆地砾石层直接接触,进行侧向补给。

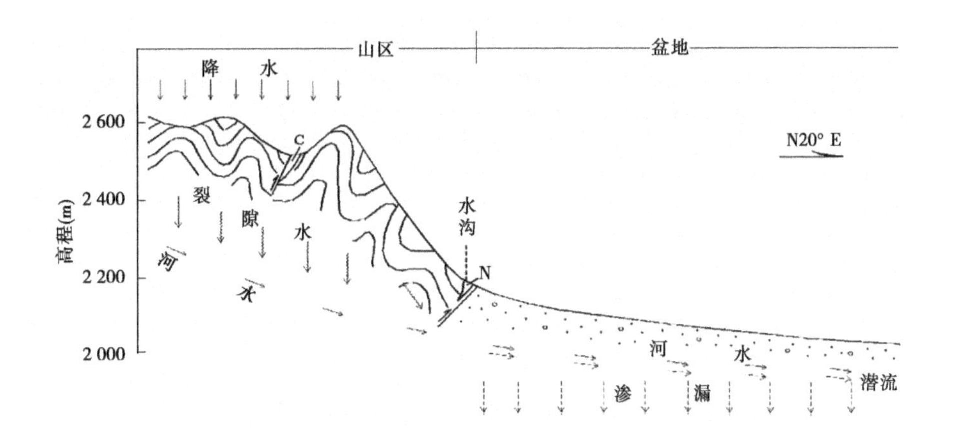

图7-27 山区基岩裂隙水对盆地地下水补给示意图

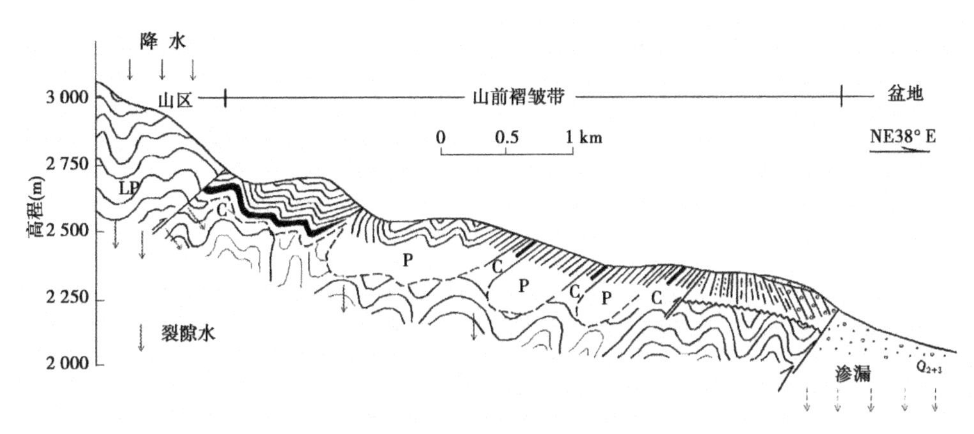

图7-28 大黄沟地段基岩裂隙水侧向补给盆地示意图

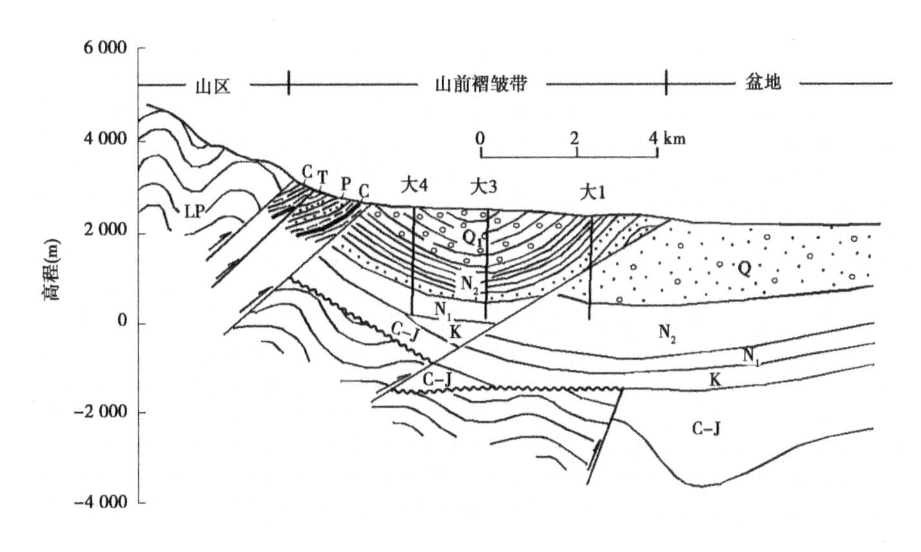

图7-29 祁连山小红泉沟基岩裂隙水侧向补给盆地水文地质剖面

关于盆地深层基岩承压裂隙水的顶托补给，因区内资料缺乏，仅根据玉门石油勘探局白杨河新民堡构造地震石油勘探资料初步确定。该资料认为，白杨河新民堡一带前第四系各含水层地下水均有一定的压力水头，水头压力随着含水层埋深的增大而不断增加，且水头压力存在由南到北逐步递减的变化规律。故推测深层基岩承压水顶托补给主要发生于白杨河背斜断裂带内，并且由西往东承压水头压力呈现逐渐降低的递变规律，故没有区域性意义。

据前人勘探资料，酒泉西盆地深层基岩承压水顶托补给和南部山区基岩裂隙水的侧向流入量为 3.889 7 m^3/s(12 266.56 万 m^3/年)，本次计算直接利用其成果。

综上，均衡区地下水侧向流入量应为勘查区以外的河水渗漏量、山前小沟小河出山表流渗漏及沟谷潜流量、深层基岩承压水顶托补给量和南部山区基岩侧向流入量三项之和，即 9 165.23 + 994.92 + 12 266.56 = 22 426.71(万 m^3/年)。

2. 均衡区内河水渗漏补给量

北大河在均衡区流经长度 13.2 km，单长渗漏量 0.131 7 $m^3/(s \cdot km)$，则渗漏补给量为 5 482.34 万 m^3/年。

综上，均衡区地下水总补给量为 27 909.05 万 m^3/年。其中，均衡区侧向流入量为 22 426.71万 m^3/年，占总补给量的 80.36%；均衡区内河水渗漏补给量为 5 482.34 万 m^3/年，占总补给量的 19.64%。

3. 地下水开采量

人工开采是均衡区地下水的主要排泄方式之一，均衡区的人工开采分为机井开采与地下水截引两种方式。据酒钢动力厂、嘉峪关火车站、嘉峪关市自来水公司、嘉峪关市水务局提供的资料统计，均衡区共有各类供水井 76 眼，其中开采井 57 眼，2017 年地下水开采量总计为 6 662.19 万 m^3，其中北大河、嘉峪关、黑山湖等 3 个水源地均有开采，大草滩水源地建成至今尚未开采。

此外，双泉水源地曾为泉水溢出带，后经改造成为地下水截引水源地，经过 2002 年 4～6 月扩建后，双泉水源地泉水量有较大幅度的增加。据嘉峪关市水务局提供的资料，2017 年双泉水源地全年引水量为 1 083.54 万 m^3/年。

综上，均衡区人工开采量总计为 7 745.73 万 m^3/年，其中，机井开采量为 6 662.19 万 m^3/年，人工截引地下水量为 1 083.54 万 m^3/年。

4. 泉水溢出量

泉水溢出也是均衡区地下水的排泄方式之一。泉水溢出地带分布于嘉峪关、大草滩、水关峡和北大河河谷。据野外实际调查资料，水关峡泉水瞬时流量为 23.92 L/s，按附近地下水位动态观测资料逐月对比系数折算全年径流量为 150.87 万 m^3/年；大草滩、嘉峪关泉水由于已被水库和人工湖泊掩盖，泉水量无法观测，1966 年大草滩泉水量为 0.385 m^3/s，嘉峪关泉水量为 0.229 m^3/s。嘉峪关泉水 20 世纪 80 年代末期至 90 年代曾一度干涸，90 年代末复又溢出，但流量已大为减少；大草滩泉水比较稳定。根据 40 多年来区域地下水位动态趋势，折算(折算系数：大草滩泉水为 1.0，嘉峪关泉水为 0.47)全年泉水径流量大草滩为 1 214.14 万 m^3/年，嘉峪关为 340.59 万 m^3/年(0.108 m^3/s)。

1966 年北大河河谷在天下第一墩东 1.5 km 处至北大桥为排泄地下水，河东北岸有泉水溢出。本次调查表明,1966 年的泉水溢出带已向下游移动了约 2 km,即由天下第一墩东 1.5 km 处移动到了泉 1 附近。据实测资料,消失的泉水溢出带河水位已高出地下水位 2 ~4 m,即该地带内 37 年来地下水位至少下降了 2 ~4 m。泉 1 和泉 2 两个泉群是由断层阻水形成的,也是地下水排向河水的唯一露头点,泉 1 具有季节出露的特点,在 1 月初断流,4 月初复出,其活动与地下水位动态有关。据 2017 年 1 个水文年实测资料,两眼泉的总排泄量为 15.69 万 m^3/年。

根据以上各处的泉流量资料,均衡区泉水溢出量为 1 721.29 万 m^3/年(见表 7-17)。

表 7-17　均衡区泉水溢出量统计表(现状)

泉水溢出地带	水关峡	大草滩	嘉峪关	北大河	合计
泉水量(万 m^3/年)	150.87	1 214.14	340.59	15.69	1 721.29

5. 均衡区地下水侧向流出量

均衡区地下水侧向流出量实质上是酒泉西盆地通过嘉峪关大断层流入酒泉东盆地的地下潜流量,是地下水最主要的排泄方式。主要指发生在水关峡、大草滩车站、嘉峪关、鳖盖山—文殊山地带的断面径流量。

(1)计算公式。

采用达西公式计算:

$$Q = BHKI\sin\alpha \tag{7-2}$$

式中,Q 为断面流量,m^3/d;B 为断面宽度,m;H 为含水层平均厚度,m;K 为含水层渗透系数,m/d;I 为地下水力坡度,‰;α 为断面方向与地下水流向间的夹角(°)。

(2)断面流量。

计算所需的含水层厚度由钻探成果结合物探资料综合确定;各断面含水层渗透系数由抽水试验资料计算确定;断面宽度、水力坡度、断面与地下水流向间的夹角由 1:5万等水位线图确定。计算得出,均衡区地下水侧向流出量为 18 460.40 万 m^3/年(见图 7-30、表 7-18)。其中,北大河断面流量为 17 068.65 万 m^3/年,嘉峪关断面流量为 762.25 万 m^3/年,水关峡断面流量为 592.27 万 m^3/年,大草滩车站断面流量为 37.23 万 m^3/年。

综上,均衡区地下水总排泄量为 27 927.42 万 m^3/年。其中,人工开采量为 7 745.73 万 m^3/年,泉水溢出量为 1 721.29 万 m^3/年,地下水侧向流出量为 18 460.40 万 m^3/年。

6. 均衡期始末地下水储量变化量

(1)计算公式。

$$\Delta Q = \sum \mu F(\Delta H/\Delta t) \tag{7-3}$$

式中,μ 为含水层给水度;F 为均衡区面积,m^2;$\Delta H/\Delta t$ 为均衡区均衡期始末地下水位变幅,m/年。

(2)地下水储量变化量。

含水层给水度根据前人资料确定;均衡区面积由水文地质图上量取;均衡期始末地下水位变幅根据区内地下水动态观测资料确定。计算结果,均衡区均衡期始末地下水储量变化量为 -19.29 万 m^3/年,即均衡期内地下水储存量减少 19.29 万 m^3(见表 7-19)。

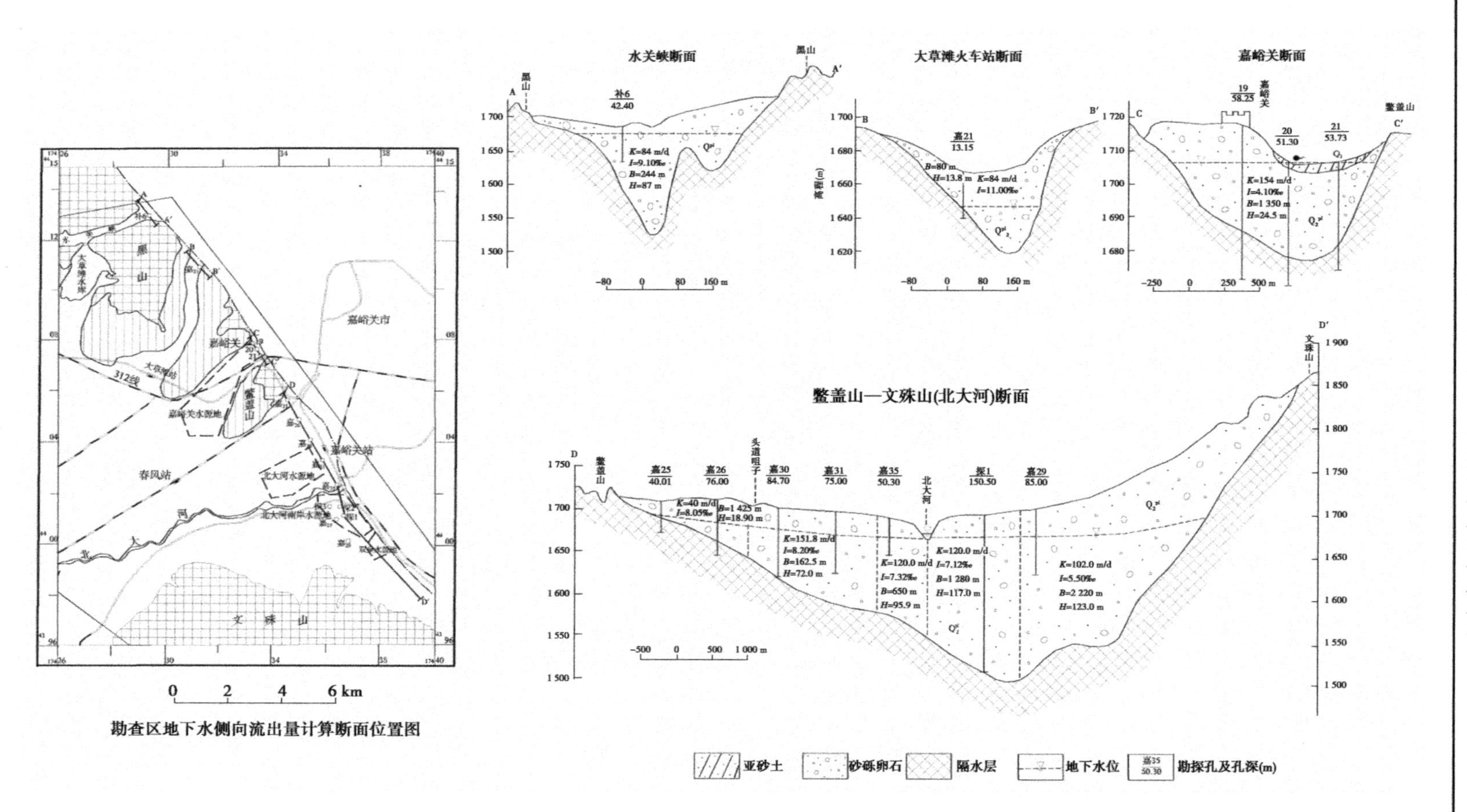

图 7-30　地下水侧向流出断面水文地质图

表 7-18 均衡区地下水侧向流出量计算成果

断面位置		断面宽度 B(m)	含水层平均厚度 H(m)	水力坡度 I(‰)	含水层渗透系数 K(m/d)	断面与流向夹角 α (°)	径流量 Q (万 m^3/年)
水关峡断面		244	87.0	9.10	84.0	90	592.27
大草滩车站断面		80	13.8	11.00	84.0	90	37.23
嘉峪关断面		1 350	24.5	4.10	154.0	90	762.25
北大河断面	鳖盖山—头道咀子	1 425	18.9	8.05	40.0	67	291.37
	头道咀子—北大河	1 625	72.0	8.2	151.8	69	4 962.68
		650	95.9	7.32	120.0	79	1 961.84
	北大河—文殊山	1 280	117.0	7.12	120.0	68	4 330.28
		2 220	123.0	5.50	102.0	81	5 522.47
	小计	7 200					17 068.65
合计		8 877					18 460.40

表 7-19 均衡区均衡期始末地下水储量变化量计算表

计算分区	给水度 μ	F(km^2)	$\Delta H/\Delta t$(m/年)	ΔQ(万 m^3/年)
黑山湖地区	0.19 ~ 0.25	35.25	+0.02 ~ +0.06	28.20
大草滩地区	0.08 ~ 0.12	35.25	+0.01 ~ +0.03	7.76
嘉峪关—长城	0.20 ~ 0.28	52.43	+0.02 ~ +0.04	37.75
北大河地区	0.20 ~ 0.28	21.81	+0.01 ~ +0.03	10.47
双泉地区	0.14 ~ 0.19	38.04	-0.20 ~ -0.15	-103.47
合计	—	—	—	-19.29

注:“+”值表示储量增加,“-”值表示储量减少。

7.2.2.4 地下水均衡计算结果

根据地下水均衡计算结果(见表 7-20):均衡区均衡期内地下水补给量为 27 909.05 万 m^3,排泄量为 27 927.42 万 m^3,计算均衡差为 -18.37 万 m^3,实测均衡期地下水储量变化量为 -19.29 万 m^3,均衡绝对误差为 0.92 万 m^3,相对误差 5.04%,说明均衡要素和计算参数符合客观实际。均衡结果表明,现状条件下,均衡区地下水排泄量略大于补给量,整体上呈负均衡状态。

7.2.2.5 评估区地下水天然补给量及储存量

1. 地下水天然补给量

根据上述均衡计算结果,取水水源评估区地下水天然补给量为 27 909.05 万 m^3/年(76.463 2 万 m^3/d),西北、西南部的侧向流入和北大河渗漏是其主要的补给来源。

表 7-20　均衡区地下水均衡计算表

地下水补给量(万 m^3)			地下水排泄量(万 m^3)			
侧向流入量	河水渗漏量	合计	开采量	泉水量	侧向流出量	合计
22 426.71	5 482.34	27 909.05	7 745.73	1 721.29	18 460.40	27 927.42

计算均衡差(万 m^3)	均衡期始末地下水储量变化量(万 m^3)	均衡计算绝对误差(万 m^3)	均衡计算相对误差
-18.37	-19.29	0.92	5.04%

2. 地下水储存量

地下水储存资源量(也称静储量)指储存于地下水位变动带以下含水层中的重力水总量。

(1)酒泉西盆地地下水储存量。

根据甘肃省地质调查院 2002 年完成的《河西走廊地下水勘查报告》成果,酒泉西盆地地下水储存量为 157.34 亿 m^3(含水层面积 583.10 km^2,给水度 0.20 ~ 0.28,含水层平均厚度 30 ~ 150 m)。

(2)评估区地下水储存量。

评估区第四系含水层厚度大,其中蕴藏丰富的地下水资源。地下水储存量采用下式计算:

$$Q_{储} = \sum HF\mu \tag{7-4}$$

式中,$Q_{储}$为地下水储存量,亿 m^3;H 为含水层平均厚度,m;F 为含水层面积,km^2;μ 为含水层给水度。

含水层厚度根据地面物探解译成果和钻孔勘探资料综合确定;含水层面积由 1∶5万水文地质图上量取;含水层给水度根据前人资料确定。由此计算得均衡区地下水储存量为 27.514 6 亿 m^3(见表 7-21)。

表 7-21　均衡区地下水储存量计算表

计算分区	H(m)	F(km^2)	μ	$Q_{储}$(亿 m^3)
黑山湖地区	11.4 ~ 96.43	35.25	0.19 ~ 0.25	5.303 4
大草滩地区	20 ~ 125	52.43	0.08 ~ 0.12	4.233 7
嘉峪关—长城	15 ~ 90	21.81	0.20 ~ 0.28	2.748 1
北大河地区	35 ~ 151.13	38.04	0.20 ~ 0.28	6.455 7
双泉地区	30 ~ 253	46.77	0.14 ~ 0.19	8.773 7
合计	—	—	—	27.514 6

实质上,取水水源评估区作为酒泉西盆地的一部分,又处在最东段的排泄区,盆地地下水的储存量亦可以认为是该区水源地地下水的总储备量。这是因为地下水作为一种流动的液体,在山前地带水力坡度较大的条件下,水源地开采产生水位下降后的一定时期内

服从于流体静力学规律，盆地西南部高水位带的一部分储存量将转化为水源地的补给量，从而实现新的补排平衡。

7.2.3　地下水允许开采量及水位降深预测

7.2.3.1　设计开采方案

开采方案按供水要求设计。

根据《嘉峪关市地下水超采区治理方案》（嘉峪关市水务局，2018 年 5 月），由于嘉峪关水源地及北大河水源地处于“嘉峪关市浅层小型一般超采区”范围内，未来将逐步压减这两个水源地的开采量，同时启用黑山湖水源地。

根据上述超采区治理方案及嘉峪关市相关供水规划，嘉峪关水源地 2020 年设计总开采量为 2 397 万 m^3/年（酒钢集团配水量为 1 482 万 m^3/年）；北大河水源地 2020 年设计总开采量为 3 595 万 m^3/年（酒钢集团配水量为 2 341 万 m^3/年）；黑山湖水源地设计总开采量为 3 784 万 m^3/年（酒钢集团配水量为 3 784 万 m^3/年）。

黑山湖、嘉峪关、北大河水源地设计开采方案如表 7-22 所示。

表 7-22　嘉峪关市各水源地规划年（2020 年）设计开采方案统计

水源地名称	设计开采总量（万 m^3/年）	酒钢集团设计开采方案		
		设计开采量（万 m^3/年）	供水井数量（眼）	说明
黑山湖水源地	3 784	3 784	7	
嘉峪关水源地	2 397	1 482	10	
北大河水源地	3 595	2 341	10	
合计	9 776	7 607	27	

7.2.3.2　开采后的地下水位预测

如上所述，黑山湖、嘉峪关、北大河水源地按照设计开采量运行，采用数值法进行评估区地下水位预测。

1. 地下水数值模型建立

根据黄河水资源保护科学研究院掌握的酒泉西盆地水文地质资料建立评估区地下水数值模型，对水源地及周边地下水水位变幅进行模拟预测。

1）水文地质概念模型

水文地质概念模型是把含水层实际的边界性质、内部结构、渗透性质、水力特征和补给排泄等条件进行概化，便于进行数学与物理模拟。

（1）模型模拟范围。

经评估区水文地质条件、水源地分布情况、抽水试验成果及多年的地下水动态特征，评估区地下水主要补给源为侧向径流流入和北大河渗漏补给，主要的排泄途径为侧向流出及人工开采，南部水位埋深 120.00～160.00 m，北部水位埋深 1.00～10.00 m。因此，确定地下水数值模型范围西部和西南部以 1 755.00 m 地下水位等值线为水头边界，北侧以黑山为界；南侧以文殊山为界；东部及东北部为水关峡、大草滩车站、嘉峪关、鳖盖山一文殊山地带的侧向流出边界。整个模型区呈近似扇形分布，模拟范围面积 243.70 km^2（见图 7-31）。

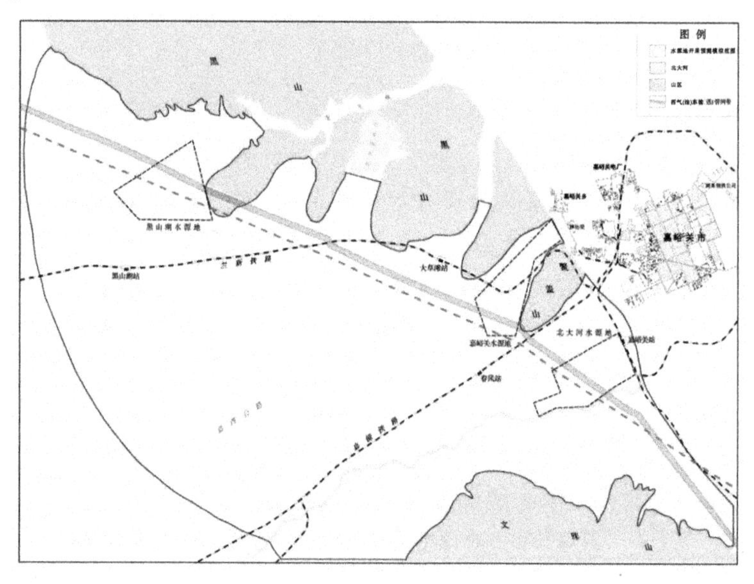

图 7-31　地下水水流模型区范围示意图

（2）边界条件。

模型区北侧边界以黑山为界，为零流量边界；南侧边界以文殊山为界，为零流量边界。

模型区西部及南部地下水山前径流带，地下水基本无人开采，呈天然状态，年内地下水位动态变幅微弱，因此将西南部 1 755.00 m 地下水位等值线为给定水头补给边界（Γ_1）。

模型区东部及东北部为地下水侧向流出边界，受周边几大水源地开采及北大河来水量多寡的影响，年内水位变幅较大，可根据边界上游地下水动态资料给予各流出边界动态水头，主要反映在水关峡、大草滩车站、嘉峪关、鳖盖山—文殊山地带的侧向流出边界（Γ_2）。

潜水含水层自由水面为模拟区的上边界（Γ_0），模型区地下水位埋深一般大于 10 m，且无农田、渠系等水利设施分布，故模拟时不考虑垂向降水、凝结水、渠田水入渗和蒸发蒸腾；地下水主要补给来源为侧向流入，其次为北大河的垂向渗漏，排泄方式主要为侧向流出，其次为机井开采和泉水溢出。由于评估区含水层厚度较大，且东西部厚度差异较大，有效含水层厚度一般为 40.00～250.00 m，因此模型区底边界以区内钻孔揭露的有效含水层厚度为依据，结合物探解译的第四系厚度综合给定（Γ_4）。

区内地下水呈水平运动，水位随时间变化，地下水流场符合达西定律，概化为非稳定的平面三维流。

（3）含水层概化。

模型区含水层类型属潜水含水层，含水层为单一的砂砾卵石层，岩性为中上更新统圆砾、砾砂、卵石，概化为统一的非均质各向异性含水介质。

（4）源汇项概化。

模型模拟区潜水含水层主要接受地下水侧向流入及北大河的垂向渗漏补给，主要排泄方式为侧向流出、机井开采及泉水溢出。

(5)水文地质参数。

本次模型使用的水文地质参数主要为渗透系数、贮水率、重力给水度及河流入渗系数等,各参数取值主要依据《酒钢北大河水源地勘探报告》《酒钢集团水源地地下水资源勘查评价报告》《甘肃省酒泉钢铁(集团)有限责任公司大草滩地下水源地水文地质勘探报告》及《嘉峪关市饮用水供水水源地西气(油)东输(送)管网带下游水源井迁建前期水文地质勘查报告》中的水文地质参数,通过模型模拟调试,最终确定水文地质参数。

2)地下水数学模型

对于上述非均质、各向异性、空间三维结构、非稳定地下水流系统,可用地下水流连续性方程及其定解条件式来描述。选择先进的地下水模型 Visual Modflow 软件来求解该定解问题,以建立研究区地下水数值模拟模型。

$$\begin{cases} S\dfrac{\partial h}{\partial t} = \dfrac{\partial}{\partial x}\left(K_{xx}\dfrac{\partial h}{\partial x}\right) + \dfrac{\partial}{\partial x}\left(K_{yy}\dfrac{\partial h}{\partial y}\right) + \dfrac{\partial}{\partial z}\left(K_{zz}\dfrac{\partial h}{\partial x}\right) + \varepsilon & x,y,z \in \Omega, t \geqslant 0 \\ h(x,y,z,t)\mid_{t=0} = h_0 & x,y,z \in \Omega, t \geqslant 0 \\ K_n \dfrac{\partial h}{\partial \vec{n}}\Big|_{\Gamma_2} = q(x,y,z) & x,y,z \in \Gamma_2, t \geqslant 0 \\ \dfrac{\partial h}{\partial \vec{n}}\Big|_{\Gamma_4} = 0 & x,y,z \in \Gamma_2, t \geqslant 0 \end{cases} \tag{7-5}$$

式中,Ω为渗流区域;h为含水层的水位标高,m;K_{xx}、K_{yy}、K_{zz}分别为x、y、z方向的渗透系数,m/d;K_n为边界面法向方向的渗透系数,m/d;S为自由面以下含水层贮水率,1/m;ε为含水层的源汇项,1/d;h_0为含水层的初始水位分布,m;Γ_0为渗流区域的上边界,即地下水的自由表面;Γ_1为含水层的一类边界;Γ_2为渗流区域的侧向边界;Γ_4为渗流区域的下边界,即含水层底部的隔水边界;$\vec{n}$为边界面的法线方向;$q(x,y,z,t)$定义为二类边界的单宽流量,$m^2/(d \cdot m)$,流入为正,流出为负,隔水边界为0。

3)地下水数值模拟

(1)应用模型。

本次数值模拟采用 Visual Modflow4.1 软件包中的 Modflow 模型模块对评价区的地下水流进行模拟。Visual Modflow 软件是由加拿大 Waterloo 水文地质公司在 Modflow 的基础上开发研制的。Visual Modflow(1996)曾是国际上最为流行的三维地下水流和溶质运移模拟评价的标准可视化软件。自问世以来,Modflow 已经在学术研究、环境保护、水资源利用等相关领域内得到了广泛应用。

(2)创建水流模型。

①工程设置。

水流类型选取饱和(密度恒定),数值引擎为 USGSMODFLOW－2000 求解方法,各单位使用模型默认参数。水流运行类型为非稳定流,模型的起始日期和起始时间取决于模拟期的起始时间,模型模拟时间为365天(2017年1月1日至2017年12月31日)。

②模型区设置。

列数:190;行数:150;层数:1;*X* 最小值:414 000;*X* 最大值:440 000;*Y* 最小值:4 396 000;*Y* 最大值:4 415 000;*Z* 最小值: 1 500;*Z* 最大值:2 300。导入模拟区底图(见图 7-32)。

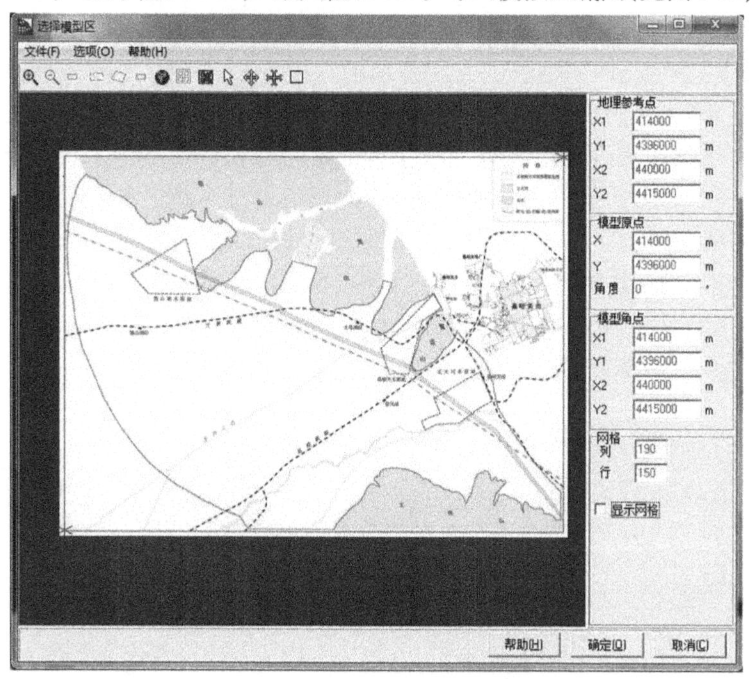

图 7-32　模拟区底图示意图

③输入高程。

从 1:1万地形图中获取评估区地面离散高程点,导入模型地面高程和底板高程,建立模型框架(见图 7-33)。

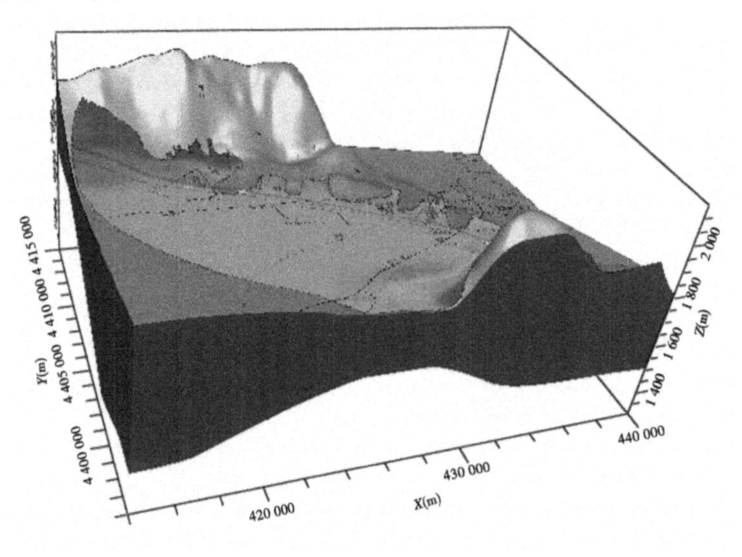

图 7-33　模型基本框架示意图

④网格设计。

根据地下水初始流场及概化的模拟区边界，将模拟区边界外围无关网格设置为无效水流单元，不参与模拟计算。在水源地供水井等敏感区周围加密网格，目的是为了获得更多更细的模拟结果信息（见图7-34、图7-35）。

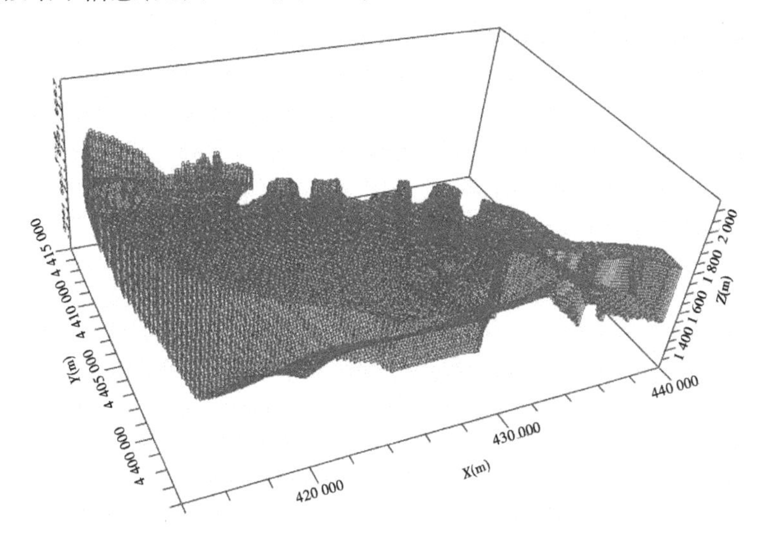

图7-34　模拟区加密网格三维立体示意图

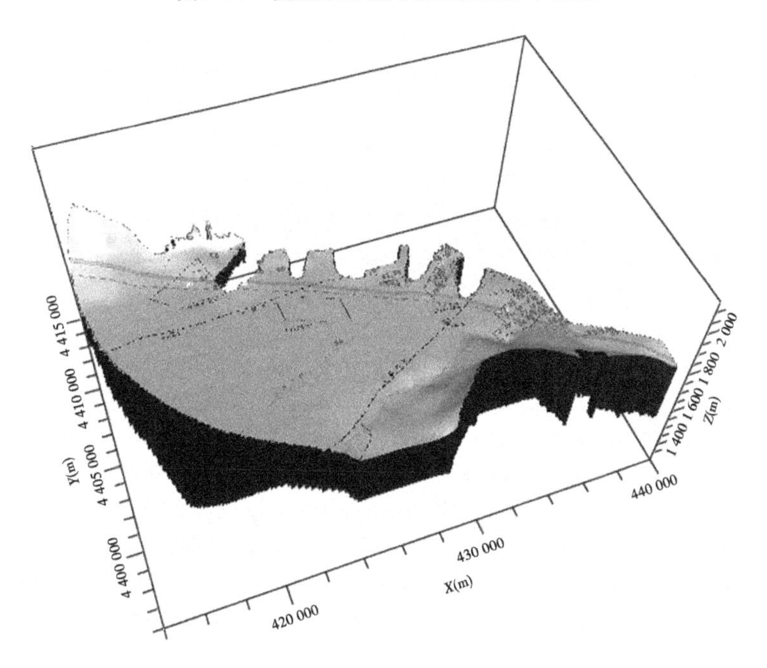

图7-35　模拟区有效水流运移区三维立体示意图

(3)添加开采井和观测井。

添加模拟区内分布的76眼现有开采井，各开采井结构及抽水方案依据实际调查数据。黑山湖水源地1号和3号观测孔、嘉峪关水源地11号及北大河水源地12号观测孔观测时间较长，数据完整，可将其作为代表性观测孔和模型水位校验孔，将其添加至模型中，并输入现有地下水位观测数据（见图 7-36、图 7-37）。

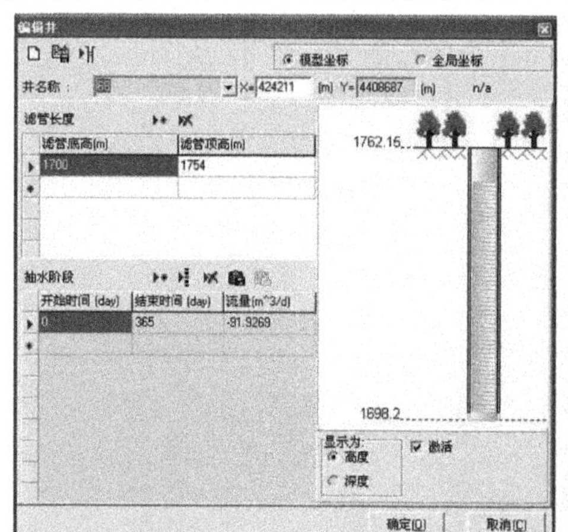

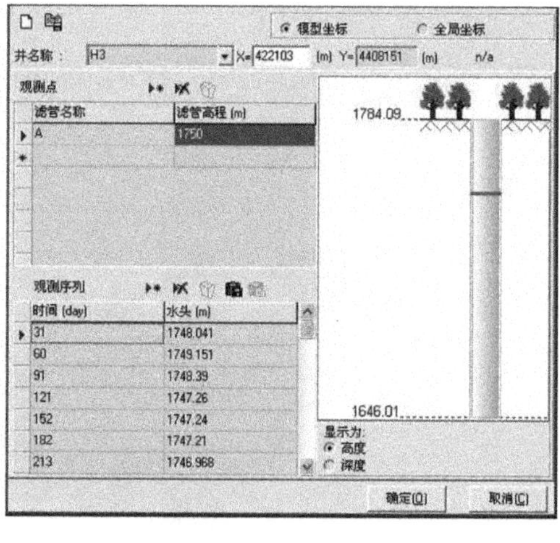

图 7-36　模拟区添加开采井和动态观测孔示意图

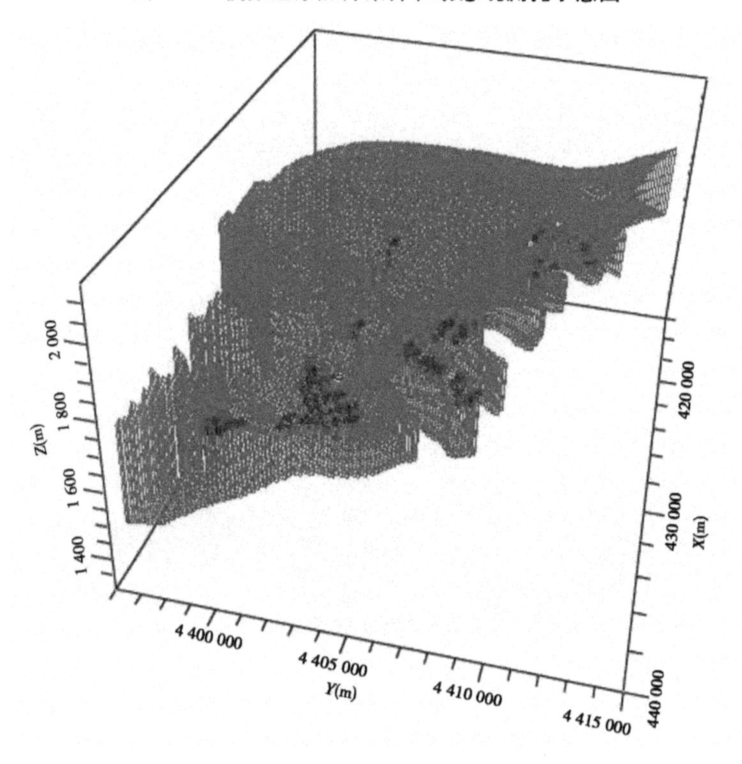

图 7-37　模拟区开采井和动态观测孔三维立体示意图

（4）输入参数。

依据各水源地抽水试验成果及以往勘查成果报告，按水源地给予水文地质参数离散数据，渗透系数按照水源地平均渗透系数给定，X 和 Y 方向渗透系数一致，Z 方向渗透系数为 X 和 Y 方向的 0.10。输入后由模型自动对含水层各参数进行赋值和分区（见表 7-23、图 7-38）。

表 7-23　模型区水文地质参数赋值表

水源地	平均渗透系数(m/d)	贮水率(1/m)	给水度	有效孔隙	总孔隙
黑山湖水源地	145.63	0.000 1	0.24	0.27	0.32
大草滩水源地	82.34	0.000 1	0.21	0.25	0.30
迁建水源地	105.87	0.000 1	0.23	0.25	0.30
嘉峪关水源地	200.35	0.000 1	0.25	0.28	0.33
北大河水源地	191.56	0.000 1	0.25	0.28	0.33
北大河南岸水源地	158.44	0.000 1	0.24	0.27	0.32
讨赖河输水工程水源地	146.78	0.000 1	0.24	0.27	0.32
双泉水源地	195.39	0.000 1	0.25	0.28	0.33
光伏电厂水源井	78.92	0.000 1	0.20	0.25	0.30
花海农牧公司水源井	88.71	0.000 1	0.21	0.25	0.30

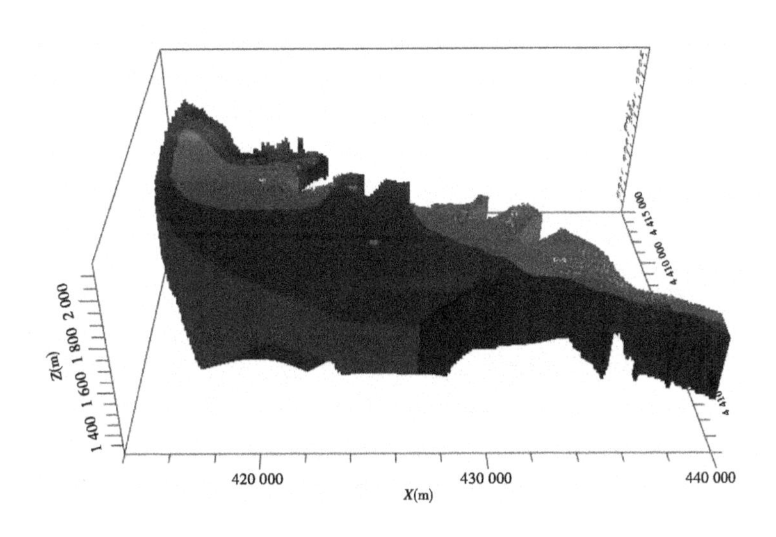

图 7-38　模型区渗透系数赋值分区三维视图

(5)输入初始水头、定水头边界及河流补给量。

依据地下水位统测数据,将 2017 年 1 月水位标高统测值作为模型初始水头导入模型内,进行初始流场模拟。并将东西水头边界水位标高及动态赋予模型中。北大河自西南向北东流经模型区,按照北大河分水时段及下泄量,在对应时期按计算的入渗量进行赋值,河流赋值采用线性梯度,即分别对起始点和结束点进行赋值(见图 7-39)。

(6)地下水水流模型识别和验证。

在给定水文地质参数和各均衡项条件下,运行模拟程序,可得到概化后的地下水水流模型,通过拟合同时期的流场,验证水文地质参数、边界条件、地下水流场、地下水位动态及源汇项,使建立的模型更加符合模拟区的水文地质条件。

本次模型识别和验证的主要原则为:模拟的地下水流场要与实际地下水流场基本一

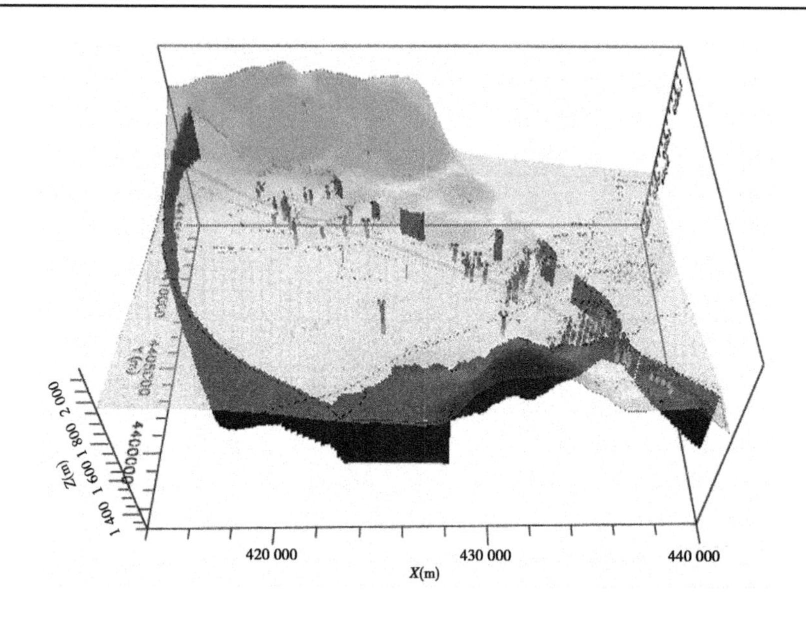

图 7-39 模型区南北水头边界及北大河三维示意图

致;模拟地下水的动态与区内地下水动态监测资料基本相似;从水均衡的角度出发,模拟的各源汇项地下水均衡量要与实际计算相符;识别的水文地质参数要符合实际水文地质条件。

模型模拟期为 2017 年 1 ~ 12 月,利用 2017 年 1 月的地下水流场作为初始流场,并进行参数识别,经过反复调试,模拟期结束后计算的流场与同时期(2017 年 12 月)实测地下水流场拟合效果较好(见图 7-40)。利用黑山湖水源地 1 号和 3 号观测孔、嘉峪关水源地 11 号及北大河水源地 12 号地下水水位观测孔 2017 年 1 ~ 12 月的逐月水位监测数据进行模型验证,地下水位模型计算值与观测值误差为 3.25%。关系曲线拟合较好(见图 7-41 ~ 图 7-43)。模型水均衡计算结果显示,模型计算源汇项与实际计算值相符,地下水均衡为负均衡,各时段及总量均较接近实际(见表 7-24)。

表 7-24 模拟水均衡与计算值对比表

均衡要素	年补给量(万 m^3)				均衡要素	年排泄量(万 m^3)			
	计算值	模拟值	误差	百分比		计算值	模拟值	误差	百分比
侧向补给	22 426.71	22 733.44	306.73	1.37%	侧向排泄(含泉水)	20 181.69	20 024.53	157.16	0.78%
河流入渗	5 482.34	5 481.34	1.00	0.02%	开采量	7 745.73	7 745.73	0	0.00%
总量	27 909.05	28 214.78	307.73	1.10%	总量	27 927.42	27 770.26	157.16	0.56%

综上分析,从地下水流场、观测井水位拟合及地下水均衡计算拟合可见,评估区地下水数值模型基本上反映了模拟区地下水流动规律和特征,验证了边界条件的准确性,符合模型模拟区实际的水文地质条件,故可利用该模型进行地下水开采预测。

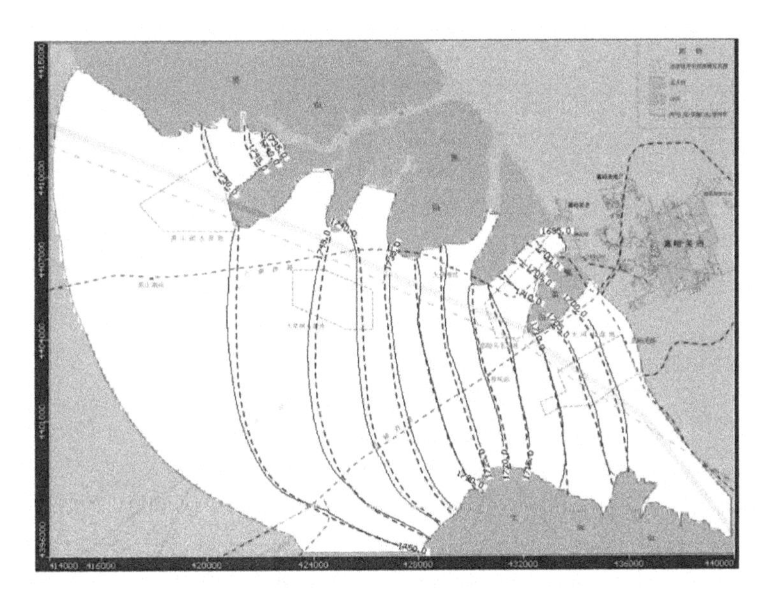

图 7-40　模型模拟 2017 年 12 月模拟流场与实测流场拟合效果图
（虚线为实测值）

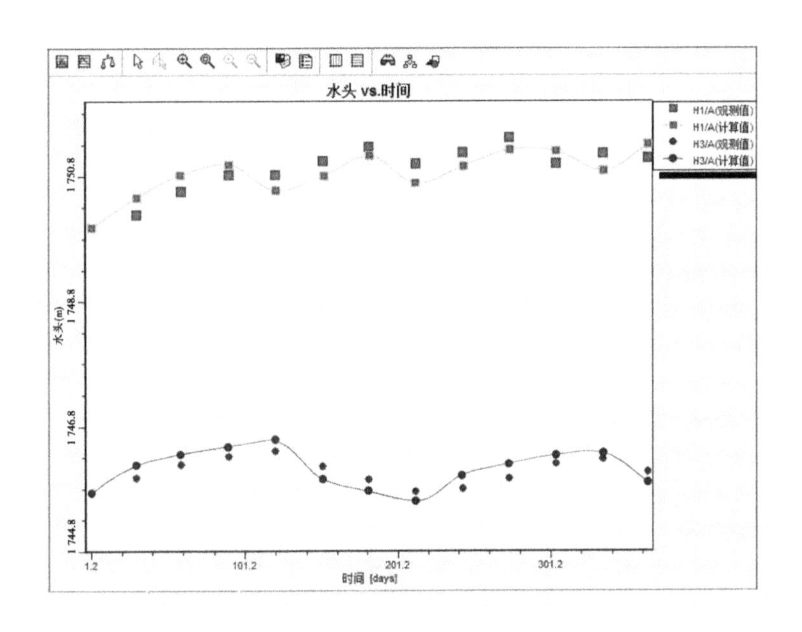

图 7-41　模型模拟黑山湖水源地 1 号和 3 号观测孔地下水位动态拟合曲线图

2. 水源地及周边地下水位降深预测

依据北大河出山径流量动态、各水源地地下水开采量现状及远期规划，在模型中赋予各源汇项，分别预测黑山湖、嘉峪关及北大河水源地按照规划开采量运行 1 年、3 年、5 年、10 年、20 年及 30 年后水源地及其周边区域地下水位变幅情况。

按照黑山湖、嘉峪关及北大河水源地设计开采方案进行预测，各水源地运行 5 年后地下水位降深基本趋于稳定（见表 7-25，图 7-44 ~ 图 7-49）。

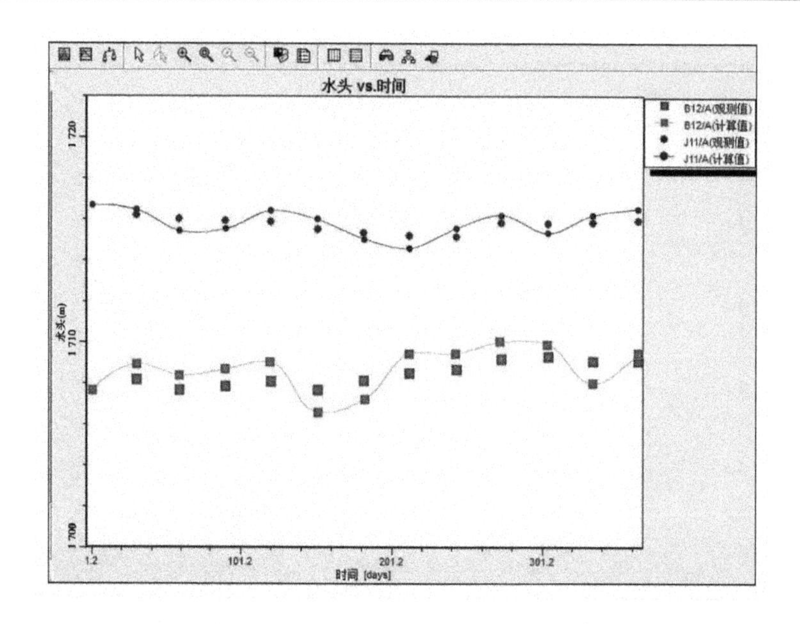

图 7-42　模型模拟嘉峪关水源地 11 号、北大河水源地 12 号观测值拟合曲线图

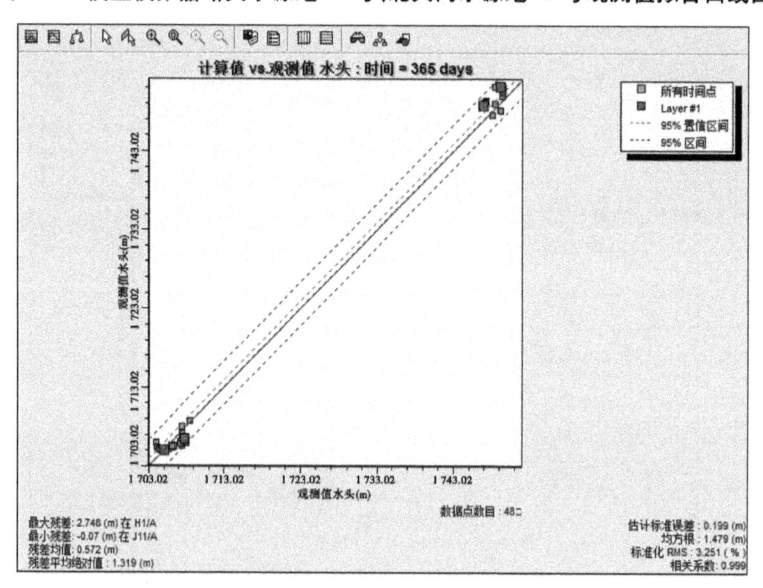

图 7-43　模型模拟地下水位变幅与观测孔观测值校准图

表 7-25　数值模拟预测水位降深结果统计表

运行时间	黑山湖水源地	嘉峪关水源地	北大河水源地
	最大降深(m)		
1 年	5.10	0.72	0.60
3 年	6.05	2.15	2.00
5 年	6.20	2.20	2.05

续表 7-25

运行时间	黑山湖水源地	嘉峪关水源地	北大河水源地
	最大降深(m)		
10 年	6.20	2.20	2.05
20 年	6.20	2.20	2.05
30 年	6.20	2.20	2.05

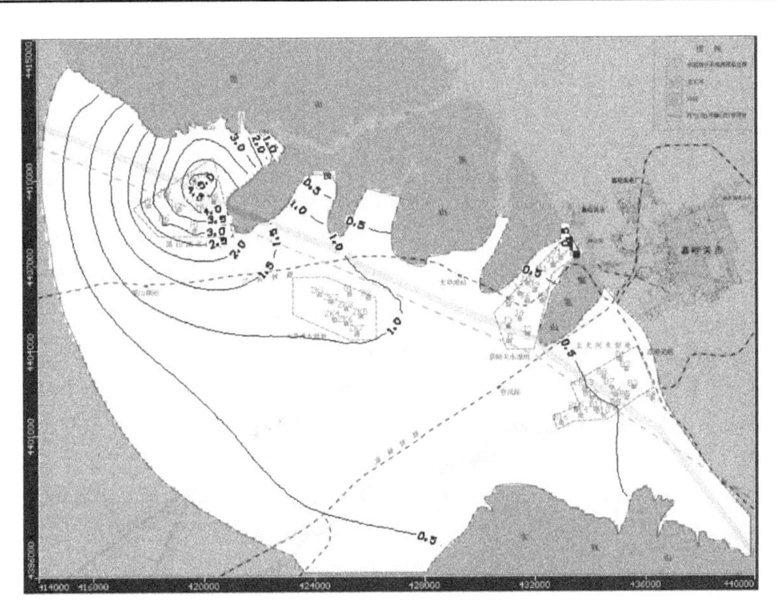

图 7-44　水源地运行 1 年后周边水位降深图

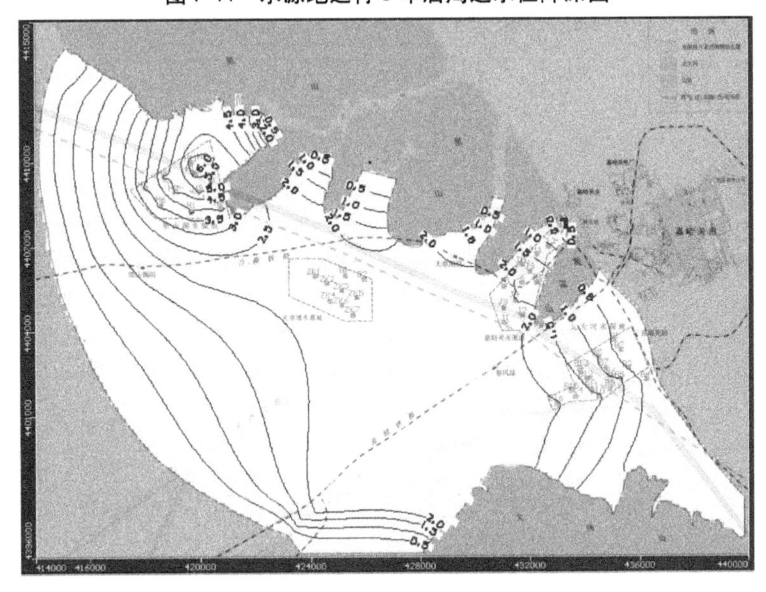

图 7-45　水源地运行 3 年后周边水位降深图

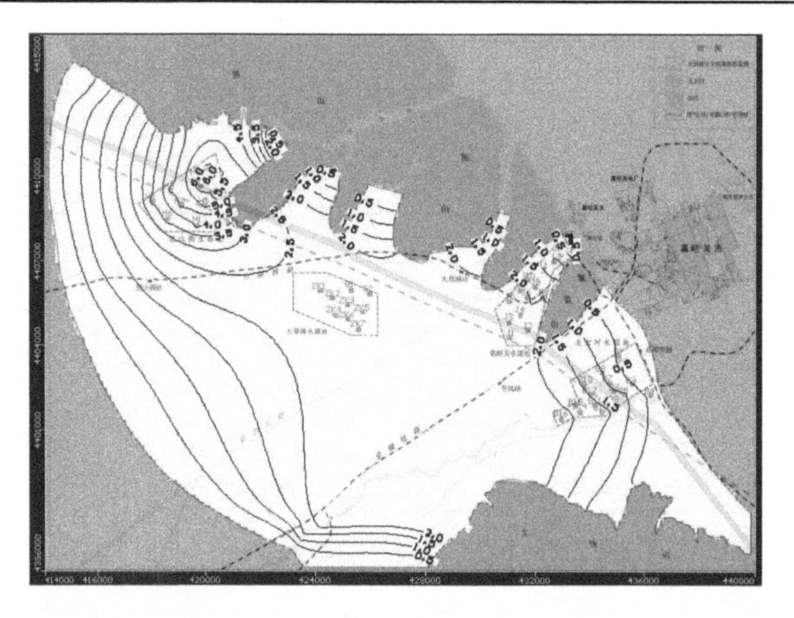

图 7-46　水源地运行 5 年后周边水位降深图

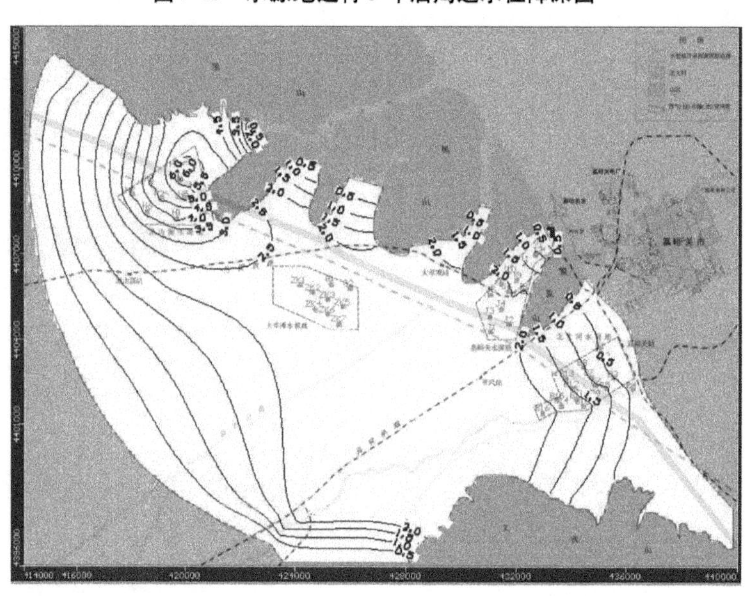

图 7-47　水源地运行 10 年后周边水位降深图

运行 1 年后黑山湖水源地地下水位最大降深为 5.10 m，最大降深处位于黑山湖水源地北部；运行 3 年后地下水位最大降深为 6.05 m；运行 5 年后地下水位最大降深为 6.20 m；5～30 年地下水位最大降深均为 6.20 m，小于水源地设计最大降深 12.00 m。

嘉峪关水源地与北大河水源地受开采影响较小，稳定后地下水位最大降深分别为 2.20 m、2.05 m，水位降深均满足水源地设计开采降深要求。

3. 水源地及周边地下水流场预测结果

按照黑山湖、嘉峪关及北大河水源地设计开采方案进行预测，各水源地运行 5 年后地

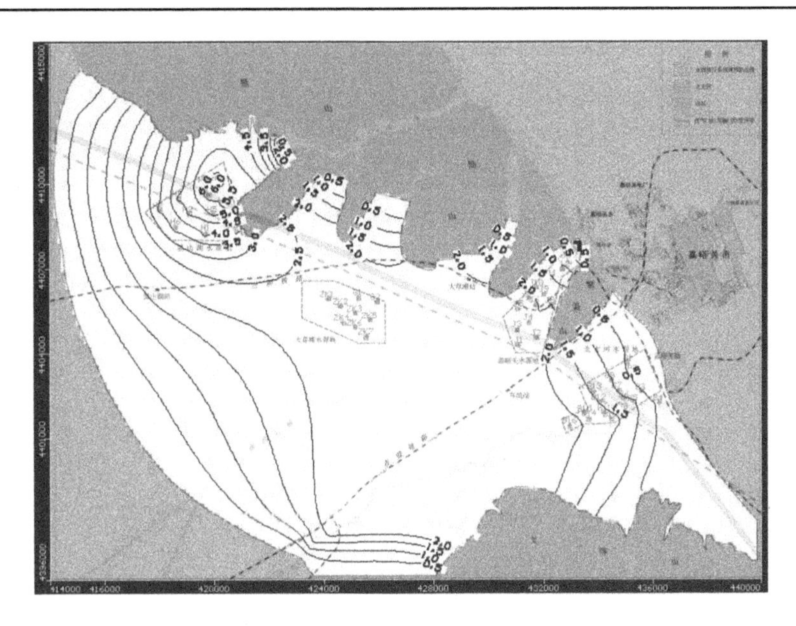

图7-48 水源地运行20年后周边水位降深图

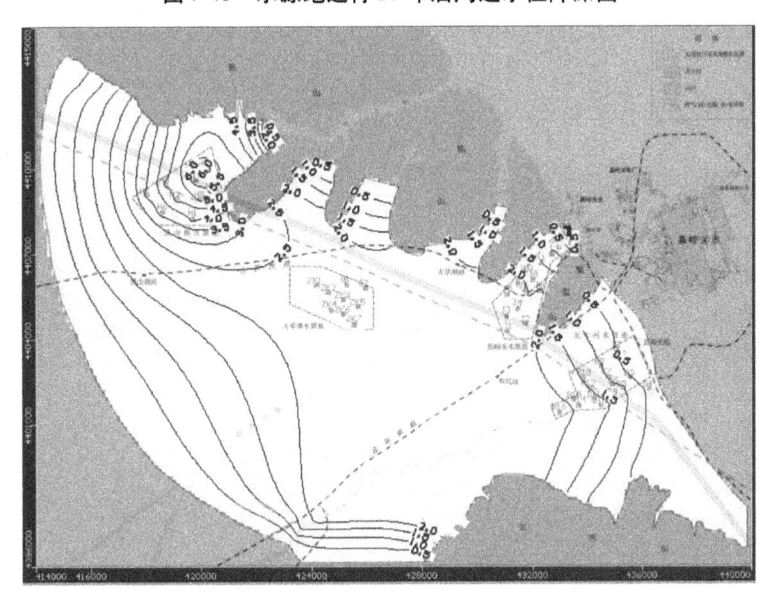

图7-49 水源地运行30年后周边水位降深图

下水流场基本趋于稳定(见图7-50~图7-56)。

水源地运行30年后地下水流场与现状相比较:地下水整体流动趋势未发生大的改变,仅在黑山湖水源地北部地带地下水流向略有改变,由原来的向东北方向径流转变为向东径流。地下水位等值线整体向上游(西部)推移了500.00~2 000.00 m,这是由于各水源地按规划取水量开采后地下水位下降而造成的,但地下水流向与现状相比并未发生大的改变,没有出现开采漏斗使得地下水汇流的现象。

综上所述,黑山湖、嘉峪关、北大河水源地按照设计开采量运行后,区内地下水位整体

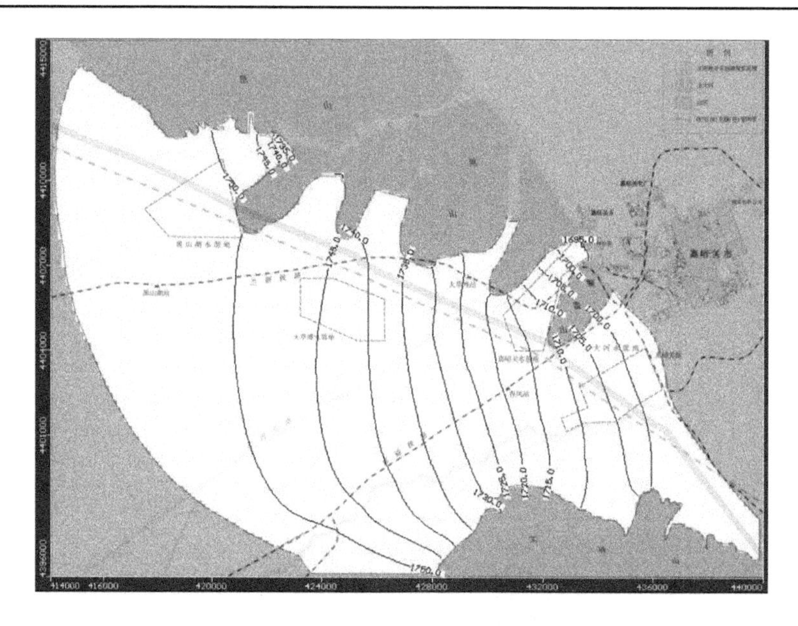

图 7-50　地下水位现状等值线图

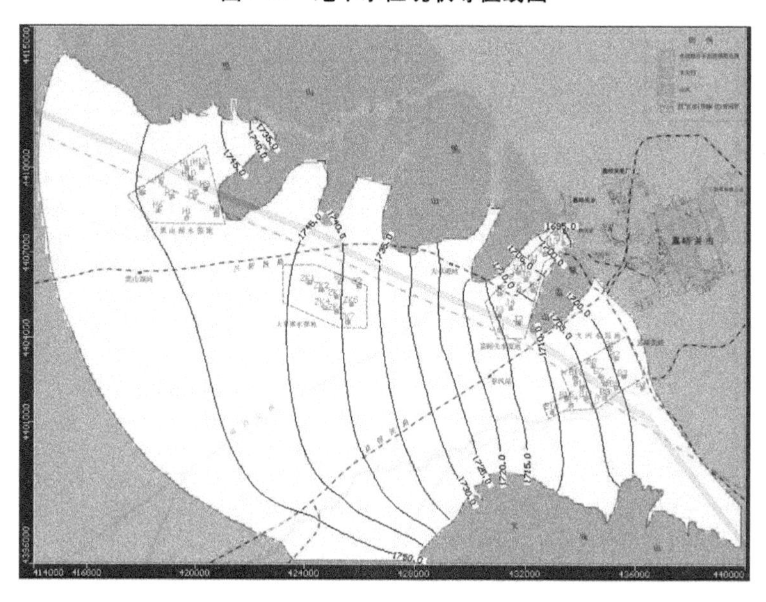

图 7-51　水源地运行 1 年后地下水位等值线图

有一定幅度下降,但下降幅度较小,不会改变区内地下水流场。

7.2.3.3　地下水允许开采量确定

根据上述分析预测结果,黑山湖、嘉峪关、北大河水源地按照设计开采量运行 5 年后,地下水位已趋于稳定,不会产生区域性水位降落漏斗。水位最大降深处位于黑山湖水源地北部地带,最大水位降深为 6.20 m,小于黑山湖水源地设计水位最大降深值(12.00 m),最大水位降深仅占该水源地揭露含水层平均厚度(80 m)的 7.75%。嘉峪关水源地及北大河水源地受开采影响较小,稳定后地下水位最大降深分别为 2.20 m、2.05 m,均远

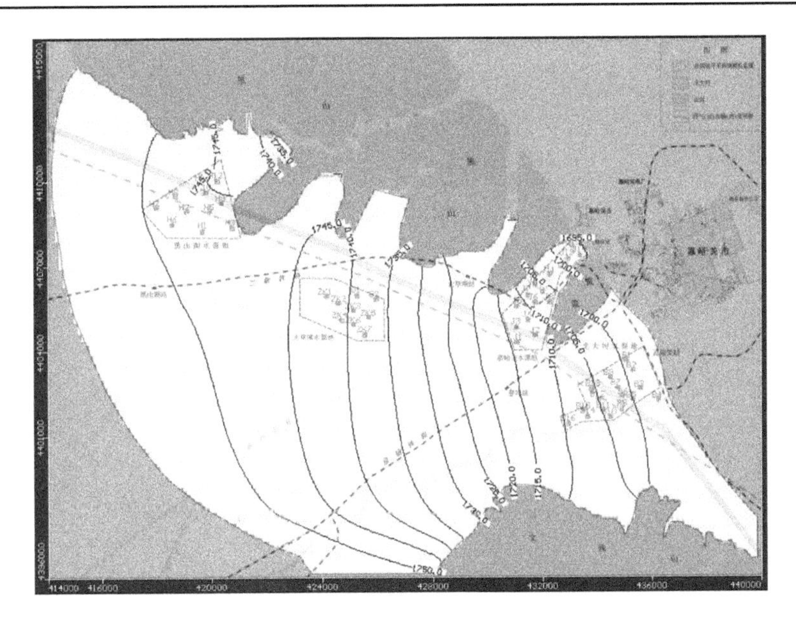

图7-52　水源地运行3年后地下水位等值线图

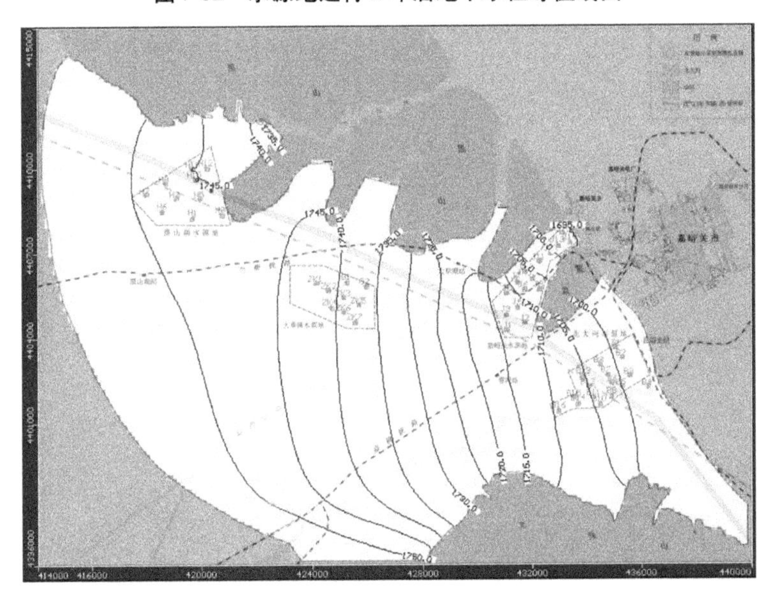

图7-53　水源地运行5年后地下水位等值线图

小于水源地设计最大降深12.00 m，满足设计开采降深要求，不会产生供水井涌水量减少和吊泵等现象。

另外，酒泉西盆地基本无人类居住，经济活动薄弱，地面为第四系硬质砾石戈壁，没有分布以地下水为依存的天然植被（林地、草地），亦无大面积的人工绿洲区分布，地下水开采引起地下水位下降对现有的生态与环境不会产生影响。

综上所述，以黑山湖、嘉峪关、北大河水源地规划水平年（2020年）设计开采量作为各水源地允许开采量是合理可行的，即黑山湖、嘉峪关、北大河水源地允许开采量分别为

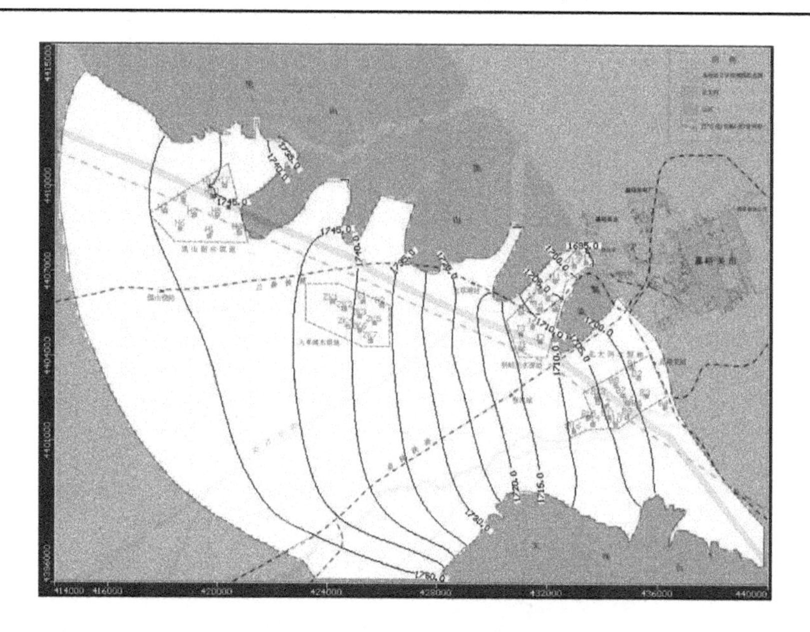

图 7-54　水源地运行 10 年后地下水位等值线图

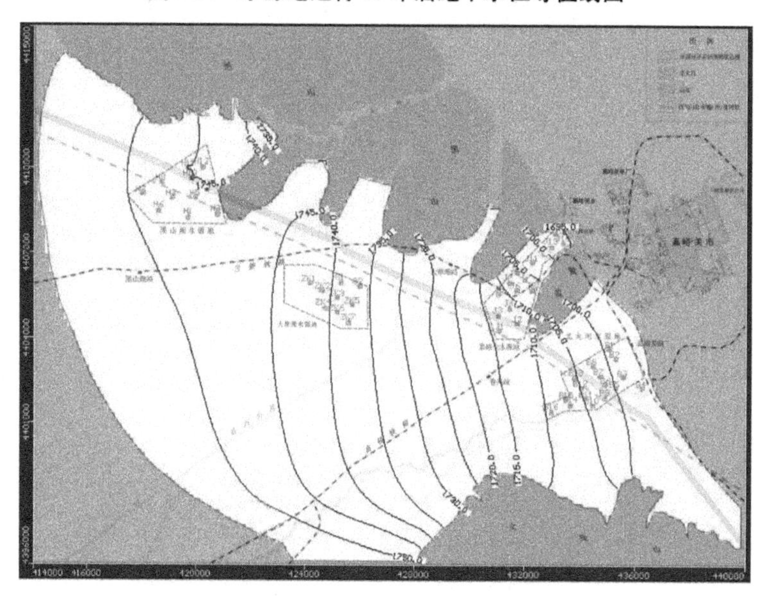

图 7-55　水源地运行 20 年后地下水位等值线图

3 784万 m³/年、2 397 万 m³/年、3 595 万 m³/年。

7.2.4　地下水水质分析

7.2.4.1　评价方法及依据标准

依据《地下水质量标准》(GB/T 14848—2017),对黑山湖、嘉峪关及北大河水源地供水井的地下水水质进行综合评价,地下水水质评价指标分为感官性状指标、一般化学指标等类别,依据各组分含量高低,地下水质量可分为五类。

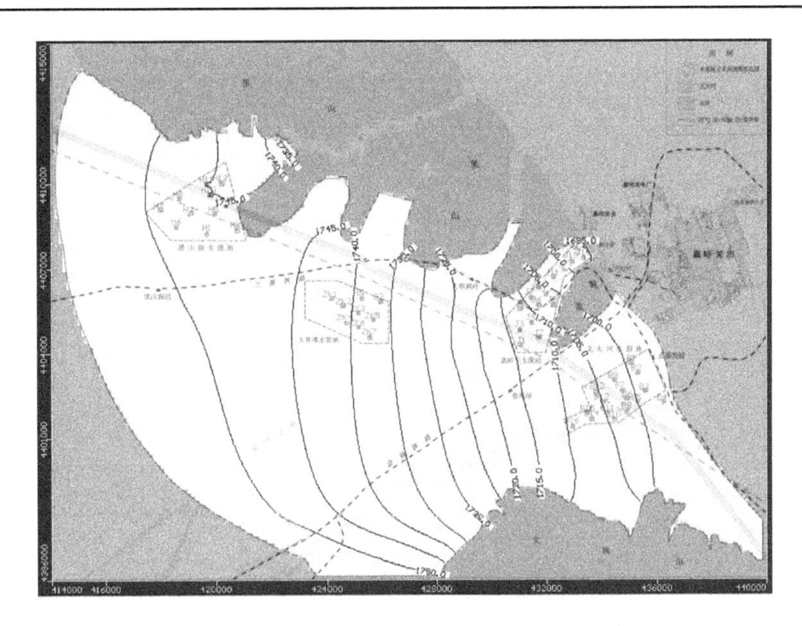

图7-56　水源地运行30年后地下水位等值线图

Ⅰ类：地下水化学组分含量低，适用于各种用途。

Ⅱ类：地下水化学组分含量较低，适用于各种用途。

Ⅲ类：地下水化学组分含量中等，以《生活饮用水卫生标准》（GB 5749—2006）为依据，主要适用于集中式生活饮用水水源及工农业用水。

Ⅳ类：地下水化学组分含量较高，以农业和工业用水质量要求以及一定水平的人体健康风险为依据，适用于农业和部分工业用水，适当处理后可作生活饮用水。

Ⅴ类：地下水化学组分含量高，不宜作为生活饮用水水源，其他用水可根据使用目的选用。

7.2.4.2　地下水质量评价

依据黑山湖、嘉峪关及北大河水源地供水井的水质检测结果，按照地下水质量分类及分级标准，选择地下水的色度、臭和味、浑浊度、肉眼可见物、pH、溶解性总固体、总硬度、硫酸盐、氯化物、硝酸盐、亚硝酸盐、高锰酸盐指数、氨氮、阴离子合成洗涤剂、铁、氟化物、碘化物、氰化物、挥发性酚类、铜、铅、锌、铝、锰、钡、镉、钴、镍、六价铬、砷、汞、硒等32项指标进行综合评价（见表7-26）。

表7-26　地下水质量综合评价一览表

取样编号	黑山湖水源地		嘉峪关水源地		北大河水源地	
评价项目	实测值	类别	实测值	类别	实测值	类别
色度	<5	Ⅰ	<5	Ⅰ	<5	Ⅰ
臭和味	无	Ⅰ	无	Ⅰ	无	Ⅰ
浑浊度/NTU	1.1	Ⅰ	1.0	Ⅰ	1.0	Ⅰ
肉眼可见物	无	Ⅰ	无	Ⅰ	无	Ⅰ

续表 7-26

取样编号	黑山湖水源地		嘉峪关水源地		北大河水源地	
评价项目	实测值	类别	实测值	类别	实测值	类别
pH	8.3	Ⅰ	8.2	Ⅰ	8.0	Ⅰ
总硬度(以 $CaCO_3$ 计,mg/L)	242.2	Ⅱ	218.2	Ⅱ	211	Ⅱ
溶解性总固体(mg/L)	578.7	Ⅲ	366.2	Ⅱ	345	Ⅱ
硫酸盐(mg/L)	239.2	Ⅲ	116.2	Ⅱ	117	Ⅱ
氯化物(mg/L)	46.1	Ⅰ	20.6	Ⅰ	10.8	Ⅰ
铁(Fe)(mg/L)	0.10	Ⅰ	<0.05	Ⅰ	0.13	Ⅱ
锰(Mn)(mg/L)	<0.05	Ⅰ	<0.05	Ⅰ	<0.05	Ⅰ
铜(Cu)(mg/L)	<0.002	Ⅰ	<0.002	Ⅰ	<0.002	Ⅰ
锌(Zn)(mg/L)	0.009	Ⅰ	0.009	Ⅰ	0.008	Ⅰ
铝(Al)(mg/L)	—	—	—	—	—	—
钴(Co)(mg/L)	<0.002	Ⅰ	<0.002	Ⅰ	<0.002	Ⅰ
挥发性酚类(以苯酚计,mg/L)	<0.002	Ⅲ	<0.002	Ⅲ	<0.002	Ⅲ
阴离子合成洗涤剂(mg/L)	0.08	Ⅱ	0.09	Ⅱ	0.07	Ⅱ
高锰酸盐指数(mg/L)	0.61	Ⅰ	0.79	Ⅰ	0.85	Ⅰ
硝酸盐(以 N 计,mg/L)	1.41	Ⅰ	0.8	Ⅰ	1.66	Ⅰ
亚硝酸盐(以 N 计,mg/L)	0.019	Ⅱ	0.02	Ⅱ	<0.003	Ⅰ
氨氮(NH_4)(mg/L)	<0.02	Ⅰ	<0.02	Ⅰ	<0.02	Ⅰ
氟化物(mg/L)	0.40	Ⅰ	0.21	Ⅰ	0.25	Ⅰ
碘化物(mg/L)	0.001 8	Ⅰ	0.001 3	Ⅰ	<0.001	Ⅰ
氰化物(mg/L)	<0.002	Ⅱ	<0.002	Ⅱ	<0.002	Ⅱ
汞(Hg)(mg/L)	<0.000 1	Ⅰ	<0.000 1	Ⅰ	<0.000 1	Ⅰ
砷(As)(mg/L)	<0.001	Ⅰ	<0.001	Ⅰ	<0.001	Ⅰ
硒(Se)(mg/L)	<0.000 4	Ⅰ	<0.000 4	Ⅰ	<0.000 4	Ⅰ
镉(Cd)(mg/L)	<0.000 5	Ⅱ	<0.000 5	Ⅱ	<0.000 5	Ⅱ
铬(六价,Cr^{6+})(mg/L)	<0.004	Ⅰ	<0.004	Ⅰ	<0.004	Ⅰ
铅(Pb)(mg/L)	<0.002 5	Ⅰ	<0.002 5	Ⅰ	<0.002 5	Ⅰ
钡(Ba)(mg/L)	—	—	—	—	—	—
镍(Ni)(mg/L)	<0.004	Ⅰ	<0.004	Ⅰ	<0.004	Ⅰ

7.2.4.3 评价结果

根据水质分析评价结果(见表7-26),黑山湖、嘉峪关、北大河水源地水质各项指标均达到Ⅲ类及以上标准。依据《地下水质量标准》(GB/T 14848—2017)的水质分级标准,黑山湖、嘉峪关、北大河水源地地下水质量综合类别定为Ⅲ类,适用于集中式生活饮用水水源及工农业用水。

7.2.5 取水可靠性分析

(1)评估区各水源地地处酒泉西盆地东段地下水的总排泄口,含水层岩性为第四系中上更新统砂砾卵石,厚度大(一般为40~160 m),富水性强,单井涌水量大于10 000 m^3/d(按管径600 mm,降深5 m推算)。地下水主要来源于上游地区北大河、白杨河、山前小沟小河出山径流的垂向渗漏补给和南部山区基岩裂隙水的侧向补给及深层基岩承压水的顶托补给,以侧向径流的形式补给水源地。北大河的径流入渗是地下水的主要补给来源之一,未来随着气候变暖引起的祁连山区中西部降水量的增加,北大河出山径流变化以平水偏丰为主,说明未来河源来水稳定,对地下水的补给充足。

(2)根据地下水资源分析评价结果,评估区地下水补给资源量为27 909.05万m^3/年,地下水储存资源量为27.514 6亿m^3。黑山湖、嘉峪关、北大河水源地允许开采量总计为9 776万m^3/年,仅占评估区地下水补给资源量的35.03%,占地下水储存资源量的3.56%。由此可见,评估区地下水调蓄空间很大,即使遇到连续枯水年份,仍然有足够的地下水储存资源量可供调节使用,取水保证程度高。

(3)根据地下水数值模型预测结果,黑山湖、嘉峪关、北大河水源地按照设计开采量运行5年后,地下水位已趋于稳定,不会产生区域性水位降落漏斗。黑山湖、嘉峪关、北大河水源地水位最大降深分别为6.20 m、2.20 m、2.05 m,均小于水源地设计最大降深,说明各水源地供水井均可正常运行,不会产生涌水量减少或吊泵等现象。

(4)根据地下水水质检测分析结果,各水源地地下水质良好,适用于各种集中式生活饮用水水源及工、农业生产用水。

综上所述,水源地所在区地下水含水层富水性强、补给充沛、径流通畅、地下水调蓄空间大、水质良好,取水可靠。

论证建议在充分利用中水的前提下,可按照地表水量调度的"同比例丰增枯减"原则,对酒钢嘉峪关本部取用地表水量进行调度,即在丰水年份,在酒钢地表、地下总取水量不超许可总量指标的原则下,酒钢公司应向各级水行政主管部门请示,按照丰水年来水情况同比例增加酒钢公司的地表水可取水量,以及应充分引用讨赖河汛期的分洪水量,减少地下水的开采量,以有效保护地下水资源。

7.3 中水取水可靠性评估

7.3.1 酒钢集团污水处理厂中水取水可靠性分析

本节将从酒钢集团污水处理厂的工程规模、收纳废污水量水质、污水处理工艺及回用水量水质等方面进行分析，评估取用中水作为生产水源的可靠性。

7.3.1.1 **酒钢集团污水处理厂概况**

酒钢集团污水处理厂位于酒钢尾矿坝南侧，污水的来源为酒钢生产废水、生活污水和嘉峪关市北区生活排水，酒钢集团污水处理厂现状废污水接纳区域示意图见图 1-5。

根据嘉北污水处理厂建设方案，考虑到酒钢集团污水处理厂对于氨氮、COD 等去除能力较弱，嘉北污水处理厂建成后将接纳北市区生活污水，酒钢集团污水处理厂不再承担北市区生活污水的处理任务，因此酒钢集团污水处理厂在 2019 年年底后，其废污水接纳对象将变更为酒钢冶金厂区的生产生活废污水。

7.3.1.2 **2013 ~ 2017 年污水收集、处理、回用情况统计**

根据酒钢集团提供资料，2013 ~ 2017 年酒钢集团污水处理厂处理水量、中水产量、回用水量和外排水量统计表见表 7-27。

表 7-27 酒钢集团污水处理厂 2013 ~ 2017 年水量统计数据

年份	处理水量（万 m^3）	中水产量（万 m^3）	产水率（%）	回用水量（万 m^3）	外排水量（万 m^3）	回用率（%）
2013	3 580.9	3 394.2	94.8	2 632.6	761.6	77.56
2014	3 848.7	3 651.1	94.9	2 919.9	928.8	79.97
2015	3 687.7	3 495.3	94.8	2 851.1	812.9	81.57
2016	3 757.5	3 562.8	94.8	2 928.7	634.2	82.20
2017	3 477.6	3 238.8	93.1	2 397.8	841.0	74.03
平均	3 670.5	3 468.4	94.5	2 746.0	795.7	79.20

由表 7-28 可知，酒钢集团污水处理厂 2013 ~ 2017 年年均收水量为 3 670.5 万 m^3，中水年均产量3 468.4万 m^3，年均回用水量 2 746.0 万 m^3，年均外排水量 795.7 万 m^3，年均回用率达 79.2%。对 2013 ~ 2017 年中水产量进行分析，水量能够满足下个取水许可期的电厂、电解铝及其他中水用户的用水需求。

7.3.1.3 **下个取水许可期污水收集、处理、可供水量分析**

1. 污水产生量

下个取水许可期，除嘉峪关北市区生活污水送嘉北污水处理厂处理外，冶金厂区内各企业除冲灰水、选矿水送尾矿坝外，其余均进入酒钢集团污水处理厂进行处理。根据本次延续评估报告测算，酒钢冶金厂区排水管网范围内各用水户的排水总量为 2 727.38 万 m^3/年，见表 7-28。

表 7-28 酒钢冶金厂区排水管网范围内各用户排水量成果表（单位：万 m^3/年）

序号	用水单位名称	排水量	序号	用水单位名称	排水量
1	焦化厂	281.19	12	索通一期	3.29
2	炼铁厂	299.56	13	思安节能	80.77
3	炼轧厂	296.57	14	奥福能源	23.79
4	碳钢薄板厂	306.32	15	厂区生活、绿化	58.64
5	制氧厂	53.86	16	储运部	6.94

续表 7-28

序号	用水单位名称	排水量	序号	用水单位名称	排水量
6	不锈钢分公司	159.36	17	运输部	5.18
7	发电一分厂	281.54	18	其余公辅实体	406.67
8	东铝一期	11.22	19	发电二分厂	219.27
9	西部重工	3.15	20	发电三分厂	69.19
10	肥料厂、墙材厂	1.31	21	东铝自备电厂	159.47
11	冶金渣厂	0.09	合计		2 727.38

2. 污水收集处理量及可供水量

酒钢冶金厂区排水管网的漏失率按照5%考虑，酒钢集团污水处理厂产水率按照94.5%考虑，则可推算出酒钢集团污水处理厂的中水可供水量为2 448.51万 m^3/年，见表7-29。

表7-29　酒钢集团污水处理厂下个取水许可期可供水量分析

排水量(万 m^3)	管网漏失率	收水量(万 m^3/年)	产水率	可供水量(万 m^3/年)
2 727.38	5%	2 591.01	94.5%	2 448.51

3. 供水保障程度分析

根据《水利部黄河水利委员会关于酒钢自备电厂能源综合利用技术改造(2×300 MW)工程水资源论证报告书的批复》(黄水调〔2010〕7号)和《甘肃省水利厅关于酒泉钢铁(集团)有限责任公司嘉峪关2×350 MW自备热电联产工程水资源论证报告书的批复》(甘水资源发〔2016〕172号)，酒钢集团发电三分厂2×300 MW、2×350 MW火电机组生产水源均为酒钢集团污水处理厂中水，本次取水许可延续核定该两个项目需取用酒钢集团污水处理厂中水水量为1 896.88万 m^3/年，而酒钢集团污水处理厂可供水量为2 448.51万 m^3/年，能够满足发电三分厂的用水需求。

受各用水户用水时间、生产负荷、污水收集管网条件等多种因素影响，排水水量及中水出水水量存在一定的波动情况，这势必对各中水用户用水产生较大影响。根据酒钢集团计划，酒钢集团拟以养殖园水库作为酒钢集团污水处理厂的调蓄水池，以满足各生产单位稳定用水需求。

同时，污水处理厂在运行过程中可能存在管网故障、中水设备检修和停电等意外情况而无法向各中水用户供水，目前冶金厂区已有常规水源的供水管网配套，评估认为采用中水水源无须专门备用水源，现有的常规水源供水管网可以向各中水用户提供应急供水，供水保证程度可以得到满足。

7.3.1.4　中水水质保证程度分析

根据《酒泉钢铁(集团)有限责任公司污水处理及回用工程环境影响报告书》

(2011)，酒钢集团污水处理厂处理工艺为强化混凝沉淀＋过滤，设计出水水质满足《城镇污水处理厂污染物排放标准》(GB 18918—2002)一级B排放标准，并按《城市污水再生利用　工业用水水质》(GB/T 19923—2005)中敞开式循环冷却补充水标准设计出水水质。酒钢集团污水处理厂设计出水水质标准见表2-30，酒钢集团污水处理厂污水处理工艺流程图见图2-13。

评估部门于2015年4月25日、2018年8月3日在酒钢集团污水处理厂出水口取样送检，根据甘肃地质工程实验室、郑州普尼测试集团分别出具的酒钢集团污水处理厂出水口水质检测报告检测结果，分别按照《城市污水再生利用　工业用水水质》(GB/T 19923—2005)中敞开式循环冷却补充水标准设计出水水质和《工业循环冷却水处理设计规范》(GB 50050—2017)中间冷开式系统循环冷却水水质指标进行评价，评价结果分别见表7-30和表7-31。

表7-30　对照《城市污水再生利用　工业用水水质》评价结果

序号	控制项目	敞开式循环冷却水系统补充水	2015年4月25日数据	评价结果
1	pH	6.5～8.5	6.87	符合
2	悬浮物(SS)(mg/L) ≤	—	10	符合
3	浊度(NTU)≤	5	≤3	符合
4	色度(度)≤	30	—	—
5	生化需氧量(BOD_5)(mg/L)≤	10	0	符合
6	化学需氧量(COD_{Cr})(mg/L)≤	60	—	—
7	铁(mg/L)≤	0.3	≤0.08	符合
8	锰(mg/L)≤	0.1	—	—
9	氯离子(mg/L)≤	250	122.7	符合
10	氧化硅(SiO_2)≤	50	8.04	符合
11	总硬度(以$CaCO_3$计，mg/L)≤	450	496.4	不符合
12	总碱度(以$CaCO_3$计，mg/L)≤	350	48	符合
13	硫酸盐(mg/L)≤	250	414.0	不符合
14	氨氮(以N计，mg/L)≤	10	—	—
15	总磷(以P计，mg/L)≤	1	—	—
16	溶解性总固体(mg/L)≤	1 000	928.1	符合
17	石油类(mg/L)≤	1	—	—
18	阴离子表面活性剂(mg/L)≤	0.5	—	—
19	余氯(mg/L)≥	0.05	—	—
20	粪大肠菌群(个/L)≤	2 000	—	—

由表7-30可知，2015年4月25日水样检测结果表明，酒钢集团污水处理厂出水的总硬度为496.4 mg/L、硫酸盐为414.0 mg/L，均超标；溶解性总固体928.1 mg/L，接近溶解

性总固体≤1 000 mg/L 的标准，其余项目均符合工业冷却用水标准限值。

表7-31 对照《工业循环冷却水处理设计规范》评价结果

序号	检测因子	检测结果	间冷开式系统循环冷却水水质指标	符合标准情况
1	pH	7.05	6.8~9.5	符合
2	钙硬度(以 $CaCO_3$ 计,mg/L)	<5.0	钙硬度+总碱度≤1 100,钙硬度<200	符合
3	总碱度(以 $CaCO_3$ 计,mg/L)	28.1	—	符合
4	总铁(mg/L)	<0.02	≤2.0	符合
5	总铜(mg/L)	<0.006	≤0.1	符合
6	氯化物(mg/L)	186	≤700	符合
7	硫酸盐+氯化物(mg/L)	397+186	≤2 500	符合
8	镁×硅(mg/L)	54.5×7.6	≤50 000	符合
9	硅(mg/L)	7.6	≤175	符合
10	游离氯(mg/L)	<0.004	0.1~1.0	符合
11	氨氮(mg/L)	7.33	≤10	符合
12	石油类(mg/L)	<0.04	≤5.0	符合
13	化学需氧量(mg/L)	11	≤150	符合

由表7-31可知,2018年8月3日水样检测结果表明,酒钢集团污水处理厂出水所有检测项目均符合间冷开式系统循环冷却水的标准限值。

酒钢厂区的污水成分复杂,其特点是各生产工序的生产节奏不同造成来水水质不稳定、冲击负荷高,上述两次检测结果亦表明了这一点。根据污水处理厂建成运行后的长系列水质统计数据来看,进入污水处理厂的硬度及电导率指标较高,由于污水处理厂采用的是物化处理工艺,对硬度的去除能力有限,导致污水处理厂出水硬度指标不达标,影响中水用户的使用,目前酒钢集团对中水的使用主要是新鲜水掺混中水降低硬度后使用。

酒钢集团污水处理厂中水在下个取水许可期将主供发电三分厂2×300 MW、2×350 MW火电机组,为保证供水水质,酒钢集团在发电三分厂已经建设有900 m^3/h 的中水处理车间(见图7-57),采用超滤+反渗透的处理工艺,下一步将扩容改造,确保按照水行政主管部门要求生产全部回用中水。

7.3.1.5 中水取水口位置合理性分析

酒钢集团污水处理厂内设有回用水泵房,回用水泵房内共设两组泵,分别供给酒钢的中水一干线、中水二干线,并预留有一组泵位。泵站设计总供水能力为7 329 m^3/h,其中一干线设计供水能力为4 569 m^3/h,H=78.4 m,管径为DN900,主要供给对象为冶金厂区和嘉北园区;二干线设计供水量为2 760 m^3/h,H=50 m,管径为DN900,主要供给对象为

图 7-57　酒钢发电三分厂中水处理系统实景图

本部内部电厂和绿化用水。各泵组性能为：

中水一干线选用 5 台水泵，3 用 2 备，采用恒压变频控制；单台 $Q = 1\ 523\ m^3/h$。

中水二干线选用 3 台水泵，2 用 1 备，采用恒压变频控制；单台 $Q = 1\ 380\ m^3/h$。

酒钢集团污水处理厂的中水回用系统建设良好，水量能够得到满足，取水口设置合理。预留泵组，按 3 台泵位置予留。酒钢集团污水处理厂回用水泵房实景图见图 7-58。

图 7-58　酒钢集团污水处理厂回用水泵房实景图

7.3.2　嘉北污水处理厂中水取水可靠性分析

7.3.2.1　嘉北污水处理厂概况

（1）项目名称：嘉峪关市嘉北污水处理厂建设项目。

（2）工程规模：嘉北污水处理厂设计规模3.5万 m^3/d。

（3）建设单位：甘肃润源环境资源科技有限公司。

（4）厂址位置：嘉北污水处理厂位于酒钢嘉北新区，北环路以南、战备公路以西的交会处，占地62亩，中心位置坐标为东经98°14′50.43″、北纬39°51′53.18″，海拔1 622 m。嘉北污水处理厂建设情况图片见图7-59。

图7-59　嘉北污水处理厂建设情况

（5）处理工艺：采用预处理+膜格栅+AAO+MBR工艺，出水执行《城镇污水处理厂污染物排放标准》（GB 18918—2002）一级A排放标准；同时满足《城市污水再生利用　城市杂用水水质》（GB/T 18920—2002）中的道路清扫及城市绿化用水水质和《城市污水再生利用　工业用水水质》（GB/T 19923—2005）中洗涤、工艺用水水质。嘉北污水处理厂处理工艺流程见图7-60。

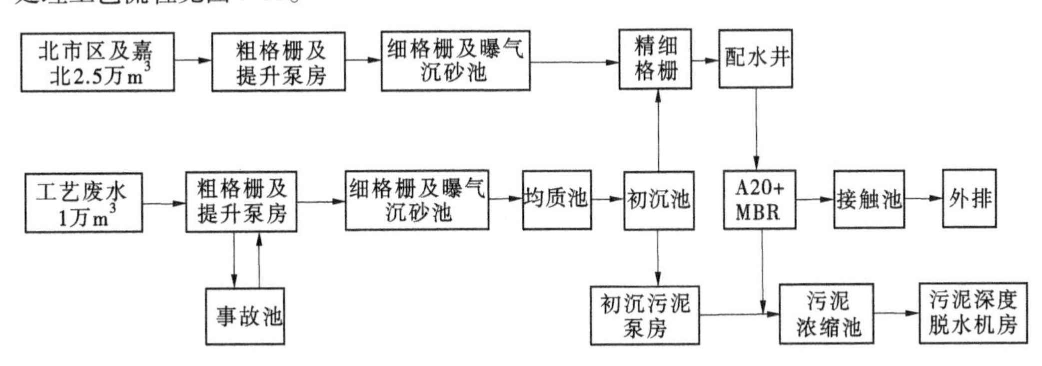

图7-60　嘉北污水处理厂工艺流程简图

（6）主要工程内容。

本工程主要包括污水处理厂、污水管道以及再生水管道等。

①污水处理厂。

建设嘉北污水处理厂1座，主要负责处理北市区生活污水、嘉北工业园区市政污水、酒钢嘉北新区市政污水。嘉北污水处理厂主体装置一览表见表 7-32。

表 7-32　嘉北污水处理厂主体装置一览

序号	名称	规格尺寸	数量	结构形式	说明
1-1	粗格栅及提升泵房	池体 $L \times B \times H = 13.1\ m \times 6.6\ m \times 7.0\ m$	1 座	钢筋混凝土	酒钢北区污水
		上部结构 176.04 m^2		框架	
1-2	粗格栅及提升泵房	池体 $L \times B \times H = 15.1\ m \times 8.6\ m \times 7.0\ m$	1 座	钢筋混凝土	北市区生活污水
		上部结构 221.84 m^2		框架	
2-1	细格栅及曝气沉砂池	池体 $L \times B \times H = 34.1\ m \times 6.9\ m \times 4.5\ m$	1 座	钢筋混凝土	酒钢北区污水
		上部结构 185.76 m^2		框架	
2-2	细格栅及曝气沉砂池	池体 $L \times B \times H = 44.2\ m \times 8.9\ m \times 5.5\ m$	1 座	钢筋混凝土	生活污水
		上部结构 236.88 m^2		框架	
3	事故池	$L \times B \times H = 45.0\ m \times 19.6\ m \times 10.0\ m$	1 座	钢筋混凝土	酒钢北区污水
4	均质池	$L \times B \times H = 35.4\ m \times 18.9\ m \times 7.0\ m$	1 座	钢筋混凝土	酒钢北区污水
5	初沉池	$\Phi = 15\ m, H = 4.5\ m$	2 座	钢筋混凝土	酒钢北区污水
	初沉池泵房	池体 $L \times B \times H = 5.0\ m \times 3.0\ m \times 3.5\ m$	1 座	钢筋混凝土	酒钢北区污水
		上部结构 22.04 m^2		框架	
6	精细格栅及配水井	池体　$L \times B \times H = 16.0\ m \times 11.4\ m \times 3.0\ m$	1 座	钢筋混凝土	
		上部结构 240.8 m^2		框架	
7	两级 AO 生物池	$L \times B \times H = 105.20\ m \times 40.50\ m \times 7.0\ m$	1 座	框架	
8	MBR 膜反应池	$L \times B \times H = 41.5\ m \times 21.84\ m \times 5.0\ m$	1 座	钢筋混凝土	
9	膜设备间	435.75 m^2	1 座	框架	
10	接触池	$L \times B \times H = 24.0\ m \times 16.2\ m \times 5.0\ m$	1 座	钢筋混凝土	
11	再生水水池	$L \times B \times H = 41.0\ m \times 22.3\ m \times 5.0\ m$	1 座	钢筋混凝土	
12	送水泵房	池体 $L \times B \times H = 19.0\ m \times 10.2\ m \times 6.5\ m$	1 座	钢筋混凝土	
		上部结构 196.35 m^2		框架	
13	配泥井	$L \times B \times H = 2.8\ m \times 2.5\ m \times 2.0\ m$	1 座	钢筋混凝土	
14	重力浓缩池	$\Phi = 14.0\ m, H = 4.5\ m$	2 座	钢筋混凝土	
15	污泥调节池	$L \times B \times H = 13.2\ m \times 4.5\ m \times 4.0\ m$	1 座	钢筋混凝土	
16	污泥脱水机房	908.7 m^2	1 座	框架	
17	鼓风机房	730.22 m^2	1 座	框架	
18	加氯加药间	214.00 m^2	1 座	框架	
19	除臭生物滤池	$L \times B \times H = 16.5\ m \times 9.6\ m \times 3.0\ m$	1 座		成套设备

续表 7-32

序号	名称	规格尺寸	数量	结构形式	说明
20	变配电室	539.30 m^2	1座	框架	
21	综合办公楼	1 000 m^2	1座	框架	
22	换热机房	192.80 m^2	1座	框架	
23	传达室及大门	45 m^2	1座	框架	

②污水管道。

新建北市区及酒钢嘉北新区污水管道9 470 m,其中北市区、酒钢嘉北新区污水输送干管长度8 370 m,管径DN800,为HDPE双壁波纹管;嘉北污水处理厂尾水排放管长度1 100 m,管径DN1000。嘉北工业园区污水管道共16 870 m,管径DN300~DN500。

③再生水管道。

新建嘉北再生水管道长度9 930 m,管径DN300~DN700。嘉北再生水主要包括企业生产、城市绿化用水。污水管道敷设是根据需求用户所在的位置、用水量进行设计。绿化管与生产用水管共用管线,主要沿五一路、战备公路敷设,用水大户主要集中在酒钢嘉北新区;多余的再生水可考虑排入酒钢冶金厂区酒钢集团污水处理厂调蓄水池作为生产应急水源。

(7)工程投资及经济指标。

项目估算总投资21 986.66万元,拟申请国家投资5 000万元,其余资金的70%拟申请银行贷款,约为11 890万元,建设单位自筹5 096.66万元。

7.3.2.2 污水收集、处理、可供水量分析

1.污水产生量

嘉北污水处理厂主要接纳了北市区生活污水、嘉北工业园区市政污水和酒钢嘉北新区的生产生活污水。根据本次取水许可核验报告测算,该污水处理厂收水范围内各用水户的排水总量为696.46万m^3/年,现分述如下。

(1)北市区生活污水。

北市区由嘉峪关水源地供水,按照《嘉峪关市地下水超采区治理方案》要求,嘉峪关水源地允许的最大可供水量为1 482万m^3/年,嘉峪关水源地2016年实际供水量1 481.03万m^3,当年的排水量可作为北市区现状生活污水量的参考数据。甘肃润源环境资源科技有限公司在2016年6月21~27日,共7 d,每天按3个时段测量,每个时段1 h,对北市区污水水量进行了实际测量。通过计算,得出北市区污水量最大值为1.47万m^3/d,最小值为1.29万m^3/d,平均值为1.35万m^3/d,合492.75万m^3/年。

一般来说,生活污水的综合排水率为70%,2016年嘉峪关水源地供水量中扣除600万m^3绿化用水后,供给生活和市政用水水量为881.03万m^3,排污量为616.72万m^3;考虑到5%的管网漏损后,生活污水量应可达到585.88万m^3,与酒钢润源实测数据有一定的偏差,结合推算数据和酒钢润源实测数据进行比对,推估现状嘉峪关北市区的管网漏损率约为20.10%。

考虑到北市区正在进行棚户区改造和市政污水管网的完善改造，北市区管网漏损率应控制在10%以内，推算出北市区生活污水量应在555.05万m^3/年左右。

(2)嘉北工业园区市政污水。

污水量的预测方法较多，不同方法预测的污水量相差很大，这也是目前工业园区在污水处理厂建设时往往规模过大，难以运行的原因之一。按照《城市给水工程规划规范》《城市排水工程规划规范》中给出的单位用地产污量核算，与实际出入较大。该法是工业园区废水量预测中的一种常用方法，依赖于园区用水量预测值、合理选取的废水排放系数。早期，废水排放系数多参考《城市排水工程规划规范》中的推荐值0.7～0.9。由于工业园区循环冷却水用量多、蒸发损失量大，各企业清净下水直接排放等因素，预测结果往往偏大。

嘉北工业园区以冶金新材料、金属制品深加工、节能环保产业、仓储物流及生产性服务业为主导功能。根据实际调研，企业生产性排水量较少。从产业性质来看，嘉北工业园区属于酒钢嘉北园区产业的上游延伸。有专家对不同类型工业园区用水特点进行分析，建议废水排放系数值取0.15～0.35。嘉北工业园区相比其他企业，工业循环利用水平较高，在预测嘉北工业园区污水排放量时，应选取相对较小的排放系数，按照0.3进行取值。

嘉北工业园区所有用水均由水务局供应，2015年总用水量336万m^3，其中包含年绿化水量约110万m^3。则嘉北工业园企业用水量为226万m^3/年，排水量为67.8万m^3/年。嘉北工业园区属于正在发展过程中的园区，随着将来工业企业进驻增多，排水量将进一步增大，本次预测的67.8万m^3/年应是偏保守的排水量数据。

(3)酒钢嘉北新区生产生活污水。

根据本次取水许可延续评估核算，酒钢嘉北新区各企业生产生活废污水量约为73.61万m^3/年，见表7-33。

表7-33 酒钢嘉北新区各用户排水量成果 (单位：万m^3/年)

序号	用水单位名称	排水量	序号	用水单位名称	排水量
1	东铝二期	16.79	4	科力耐材	1
2	宏电铁合金	5.82	5	天成彩铝	48.36
3	大友嘉镁钙业	1.64	合计		73.61

2. 嘉北污水处理厂近期收水水量及可供水量

经前测算，嘉峪关北市区污水量为555.05万m^3/年、嘉北工业园区污水量为67.8万m^3/年、酒钢嘉北新区污水量为73.61万m^3/年，则嘉北污水处理厂近期收水水量至少为696.46万m^3/年，嘉北污水处理厂设计处理规模为3.5万m^3/d，完全能够满足现状污水处理需求。

污水处理厂损耗率包括了污水处理损耗和厂内绿化浇洒等耗水，综合耗水率可按照3%确定，则可供水量为675.57万m^3/年。

3. 供水保障程度分析

根据《甘肃省水利厅关于酒泉钢铁(集团)有限公司嘉峪关4×35万kW自备机组工

程水资源论证报告书的批复》(甘水资源发〔2015〕246号),东兴铝业嘉峪关4×35万kW自备电厂生产水源由酒钢集团污水处理厂中水和大草滩水库地表水联合供给。因酒钢集团污水处理厂中水管道未延伸到东铝自备电厂,根据本次取水许可延续核定结果,东铝自备电厂需中水量为524.36万m^3,由嘉北污水处理厂负责供给,符合嘉北污水处理厂设计的供水目标。

受各用水户用水时间、生产负荷、污水收集管网条件等多种因素影响,排水水量及中水出水水量存在一定的波动情况,这势必对各中水用户用水产生较大影响。嘉北污水处理厂设计有总容积为3 223 m^3的沉砂池2处,容积为4 683 m^3的均质池1处,另有容积为8 820 m^3的事故水池1处,4 572 m^3的再生水池1处,基本能够满足水量波动所需的调蓄容积,能够满足用水单位稳定用水需求。

同时,污水处理厂在运行过程中可能存在管网故障、中水设备检修和停电等意外情况而无法向各中水用户供水,日前酒钢嘉北新区已有常规水源的供水管网配套,评估认为采用中水水源无须专门的备用水源,现有的常规水源供水管网可以提供应急供水,中水用户的供水保证程度可以得到满足。

7.3.2.3　中水水质保证程度分析

嘉北污水处理厂再生水水质执行《城镇污水处理厂污染物排放标准》(GB 18918—2002)一级A排放标准;同时满足《城市污水再生利用　城市杂用水水质》(GB/T 18920—2002)中的道路清扫及城市绿化用水水质和《城市污水再生利用　工业用水水质》(GB/T 19923—2005)中洗涤、工艺用水水质,不能满足东铝自备电厂的用水水质要求。

为保证供水水质,建议酒钢集团采取石灰混凝过滤的处理工艺进行进一步深度处理,工艺包括石灰凝聚、澄清及过滤,处理后的水质可以满足中水用户的生产用水水质要求;或者采用超滤+反渗透的处理工艺,处理后的水质亦可满足生产用水水质要求。

7.3.2.4　中水取水口位置合理性分析

本次嘉北污水处理厂将新建嘉北再生水管道长度9 930 m,管径DN300~DN700,主要沿五一路、战备公路敷设,用水大户主要集中在酒钢嘉北新区;多余的再生水可考虑排入酒钢冶金厂区酒钢集团污水处理厂调蓄水池作为生产应急水源。

东铝自备电厂的进厂中水管线在该项目投产时已经建成,因酒钢集团污水处理厂中水管线未通,迟迟未能投运,嘉北污水处理厂再生水供水管线建成后,东铝自备电厂用水可以得到保证。

第 8 章 取退水影响评估

8.1 取水影响评估

8.1.1 地下水取水影响评估

根据第 7 章地下水取水可靠性评估成果,对取地下水的影响进行分析。

(1)对地下水资源的影响。

根据地下水资源分析评价结果,评估区地下水补给资源量为 27 909.05 万 m^3,地下水储存资源量为 27.514 6 亿 m^3。黑山湖、嘉峪关、北大河水源地允许开采量总计为 9 776 万 m^3,酒钢集团取水量为 7 607 万 m^3。酒钢集团取水量占评估区地下水补给资源量的 27.26%,占地下水储存资源量的 2.76%。

根据地下水数值模型预测结果,黑山湖、嘉峪关、北大河水源地按照设计开采量运行 5 年后,地下水位已趋于稳定,地下水流场达到新的平衡,不会产生区域地下水位持续性下降。由此可见,评估区地下水补给资源充沛、调蓄空间大,取水保证程度高,对区域地下水资源影响较小。

(2)对水资源配置的影响。

本次取水许可延续评估中,不仅需要考虑企业取水需求,更重要是需要考虑水源地的保护问题。经过模型反复验证,提出了本次地下水取水许可延续水量建议,对酒钢集团现持有黑山湖、北大河、嘉峪关等 3 个水源地的 13 123.67 万 m^3 地下水取水许可指标进行核减,核减量为 5 516.67 万 m^3,延续取水许可量为 7 607 万 m^3,对于嘉峪关市地下水源地的水资源优化配置具有重要意义。

(3)对生态系统的影响。

经评估区地下水数值模型预测结果,黑山湖、嘉峪关、北大河水源地按照设计开采量运行 5 年后,地下水位已趋于稳定,水位最大降深为 6.20 m,位于黑山湖水源地北部,其余地区水位降深均较小,为 0.50 ~ 2.20 m。水源地运行后地下水流场并未发生大的改变,没有出现区域性降落漏斗使得地下水产生汇流的现象。

酒泉西盆地基本无人类居住,经济活动薄弱,地面为第四系硬质砾石戈壁,没有分布以地下水为依存的天然植被(林地、草地),亦无大面积的人工绿洲区分布,地下水开采引起的水位下降对现有的生态与环境不会产生影响。

(4)对其他用水户的影响。

根据已有的环境同位素研究结果及地下水流场分析推测,黑山湖水源地开采含水层虽然与嘉峪关、北大河水源地为同一个含水层系统,但由于缺乏直接的水力联系,其相互影响的程度较小。

嘉峪关、北大河两个水源地按照《嘉峪关市地下水超采区治理方案》制定压采方案进行开采，自身开采影响较小，稳定后地下水位最大降深分别为 2.20 m、2.05 m，仅占水源地揭露含水层厚度的 2.75%、3.20%，且均小于水源地设计最大降深(12.00 m)。

另外，评估区除黑山湖、嘉峪关、北大河等 3 个集中式供水水源地外，尚有其余零星开采井，如黑山湖砖厂供水井、正大公司供水井等，其水位降深均较小(0.50 ~ 2.00 m)，水源地运行对上述供水井的影响微弱，不会影响其正常开采利用地下水。

8.1.2 地表水取水影响评估

根据之前地表水取水可靠性评估成果，对取地表水的影响进行分析。

(1)经评估，在 $P = 50\%$、$P = 75\%$ 来水条件下，在《讨赖河流域分水制度》规定时段内，在首先保障河道生态、酒钢现有 4 500 万 m^3 和嘉峪关市讨赖灌区农业需水的前提下，酒钢集团需新增的工业、农业引水量均可以得到保证，即酒钢集团嘉峪关本部取水不会对其他用水户造成破坏；在 $P = 95\%$ 来水条件下，在优先保证河道生态和酒钢集团生产用水前提下，嘉峪关市讨赖灌区和宏丰灌区农业取水存在一定程度的破坏情况。在此情况下，酒钢集团应考虑向嘉峪关市讨赖灌区用水户进行合理补偿。

(2)评估认为，酒钢集团应按照有关规定履行相关水资源论证和取水许可手续，取得新增地表取水许可指标后方可引水；在特枯年份，酒钢集团应充分与甘肃省水利厅讨赖河流域水利管理局进行协商，开展精细调度，尽可能多引汛期分洪水量，保障酒钢集团生产和嘉峪关市讨赖灌区的正常灌溉用水。

8.1.3 中水取水影响评估

经评估，下个取水许可期，酒钢集团嘉峪关本部外排水回用率达到了 90.3%，较之现状有了明显提高。嘉峪关市地处水资源紧缺地区，酒钢集团加强中水回用，大力推进污水资源化，符合《水利部关于加强水资源用途管制的指导意见》(水资源〔2016〕234 号)和《水利部关于非常规水源纳入水资源统一配置的指导意见》(水资源〔2017〕274 号)文件要求，是解决酒钢和嘉峪关市水资源供需矛盾，实现经济可持续发展战略的需要，有利于区域水资源优化配置和水资源利用效益和效率的提高。

酒钢集团污水处理厂中水用户即为酒钢集团嘉峪关本部，嘉北污水处理厂将来的主供水对象是酒钢嘉北新区，取用中水不存在对其他用水户的影响问题。

8.2 退水影响评估

8.2.1 正常工况下退水影响评估

经前文分析，酒钢集团嘉峪关本部 2013 ~ 2017 年排水水量未超取水许可证允许退水量要求，退水地点未发生变更，退水方式为连续排放，退水水质达标，能够按照取水许可证要求进行退水。

经评估，下个取水许可期酒钢集团平均退水总量为 823.45 万 m^3/年，其中 205.28 万 m^3/年来自酒钢集团污水处理厂，618.17 万 m^3/年来自酒钢尾矿坝，外排水总量比上个取水许可期有了明显减少，远低于取水甘水资源字〔2016〕第 A02000006 号(讨赖河地表水)

登记的 2 739 万 m^3 允许退水量；退水地点位于酒钢尾矿坝北侧，退水方式为明渠连续排放，均符合水利部门的管理规定。

根据《甘肃省环境保护厅关于酒泉钢铁（集团）有限责任公司申请排污许可证的批复》（甘环总量发〔2016〕8 号）和甘肃省排污许可证（证书编号甘排污许可〔2016〕第 002 号）规定，酒钢集团嘉峪关本部外排水执行《钢铁工业水污染物排放标准》（GB 13456—2012）中钢铁联合企业排放限值标准，外排水中化学需氧量控制在 1 240 t/年以下、氨氮控制在 124 t/年以下。

下个取水许可期，嘉峪关北市区污水将送嘉北工业园区污水处理厂处理，不再进入酒钢集团污水处理厂，则酒钢集团污水处理厂的化学需氧量、氨氮等污染物负荷比现状将有一定的降低；按照下个取水许可期酒钢集团平均外排水总量 823.45 万 m^3/年和《钢铁工业水污染物排放标准》（GB 13456—2012）中钢铁联合企业排放标准中化学需氧量、氨氮的最大限值进行反推，可知酒钢集团嘉峪关本部年排水量中化学需氧量、氨氮总量分别为 494.07 t/年、65.876 t/年，未超过环境保护主管部门批复的总量要求，外排水水量、水质能够满足环境保护主管部门的要求。

下一步酒钢集团嘉峪关本部应加强对酒钢集团污水处理厂进水水质的管控，确保酒钢集团污水处理厂做到稳定达标排放，对选矿废水和冲灰废水进行回用，减少尾矿坝外排水量，进一步加大中水回用力度，尽最大可能节约水资源。

8.2.2 非正常工况下退水影响评估

经评估，酒钢集团嘉峪关本部各企业普遍存在着未按照规定建设事故应急水池的情况，酒钢集团嘉峪关本部各企业应根据不同事故状况排水的影响分析，建立应急防控体系，确保事故状态下废污水不出厂区，不对周围水环境造成损害。对于事故状况应立足于预防，尽量避免其发生。

（1）为防止焦化区出现火灾灭火时消防排水中的焦化有机污染物一并排入厂区雨水下水道污染外环境，建议焦化区单设雨水排放系统，同时建设足够容积事故水池、消防事故水池。正常情况下，焦化区雨水与厂区其他系统雨水汇合后外排，当焦化区发生火灾时，焦化区的雨水外排阀门切换至事故排水系统，防止消防排水中的污染物污染地表水体。

（2）各易燃易爆有毒的生产装置界区、罐区应按规范设置一定高度的围堰，并设置足够容量的污水收集池和清污切换系统，同时做好地面防渗工作。

（3）在酒钢集团污水处理厂附近应设置污水事故缓冲池，贮水池需做好防渗、防溢工作，用于收集非正常工况下的排污水，防控较大生产事故下受污染的消防水或溢出物料可能对环境造成的污染，其事故废水根据水质情况处理回用，不能外排。

（4）作为终端防控措施，为防止突发环境事件对环境水体造成重大污染，在厂界内建应急事故贮水池，并做好防渗、防溢工作。在风险事故情况下，酒钢集团污水处理厂污水事故缓冲池不能满足使用要求时，将物料及消防水等引入厂区终端事故贮水池，防控重大事故情况下大量受污染的消防水或溢出物料可能对环境造成的污染。

第9章　水资源保护措施

酒钢集团嘉峪关本部的水资源保护措施主要涉及非工程措施和工程措施。

9.1　非工程措施

为了水资源的高效利用和科学保护,应对水资源供给、使用、排放的全过程进行管理,酒钢集团嘉峪关本部下设甘肃润源环境资源科技有限公司,负责供排水系统的统一管理和运行。下阶段,酒钢集团各分(子)公司均需要建立一套有效的水务管理制度,实行一把手负责制,培养一批精干的水务管理队伍,把水务管理纳入到施工、调试、生产运行管理之中,将清洁生产贯穿于整个生产的全过程,既要做到节水减污从源头抓起,又要做好末端治理工作,确保水资源的高效利用。

9.1.1　水务管理机构及水务管理制度

甘肃润源环境资源科技有限公司是酒钢集团嘉峪关本部主要的水务管理部门,负责酒钢集团嘉峪关本部大部分公司的供排水管理工作。根据现场调研,目前酒钢嘉峪关本部多数企业建立起了有效的水资源管理制度,但仍存在部分企业未设置专门的水务管理部门或者管理人员等问题。各项目应积极设置水务管理部门或专门的管理人员,建立有效的水资源管理制度,科学合理地对水资源进行开发和保护。

9.1.1.1　施工、调试过程水务管理

对于尚未正式投产的项目,应建立以下水务管理制度:

(1)严格按照国家取水许可制度要求,完善相关取水许可手续,并配备完善的取水、退水计量设施。

(2)节水设施以及污水处理设施应做到"三同时",即与主体工程同时设计、同时施工、同时投产,并接受水行政主管部门的监督检查。

(3)加强施工、调试及使用安装过程中的用水管理,确保工程合格率,提高水资源利用效率。

(4)调试阶段应对水处理等水系统一并进行调试,使有关指标达到相应设计要求。

(5)在投入生产后1年内,应开展专门的水平衡测试,将耗水指标达到设计要求列为项目达标投产的一个重要考核条件。

(6)工程主要用水、排水工艺环节应当安装用水计量、在线监测装置,严格按照批复要求计划用水、排水,并建立相应的资料档案以备审查。

9.1.1.2　生产过程水务管理

对于已经投产的项目,应当建立以下水务管理制度:

(1)严格按照国家取水许可制度要求,完善相关取水许可手续,并配备完善的取水、

退水计量设施。

(2)制定行之有效的管理办法和标准,严格按设计要求的用水量进行控制,达到设计耗水指标,提高工程运行水平。

(3)每隔三年进行一次全厂水平衡测试及各水系统水质分析测试,找出薄弱环节和节水潜力,及时调整和改进节水方案,并建立测试档案以备审查。

(4)积极开展清洁生产审核工作,加强生产用水和非生产用水的计量与管理,不断研究开发新的节水减污清洁生产技术,提高水的重复利用率。

(5)根据季节变化和设备启停与工况的变化情况,及时调整用水量,使工程能够安全经济运行。

(6)生产运行中及时掌握取水水源的可供水量和水质,以判定所取用的水量和水质能否达到设计标准和有关文件要求。

(7)加强生产、生活污水处理设施的管理,确保设施正常运行,实现废污水最大化利用;建立排污资料档案,定期、不定期接受水行政主管部门的监督检查。按照规定报送上年度用水计划有关资料和报表。

(8)加大对职工的宣传教育力度,强化对水污染事件的防范意识和责任意识。严格值班制度和信息报送制度,遇到紧急情况时,保证政令畅通。

(9)各项目应制订出详细的污染事故应急预案。在污水处理系统出现问题或排水水质异常时,将不达标的污水妥善处置,严禁外排。在整个过程中应做好记录,并及时向当地水行政主管部门和环保部门报告。

9.1.2 水资源监测方案

经现场调查,目前酒钢集团没有制定完整的水资源监测方案。因此,评估工作组根据实际情况制订了相应的水资源监测方案。

9.1.2.1 用退水计量

在主要用水系统及退水系统安装计量装置,监测各项目的取用水量,掌握退水量。按照《取水计量技术导则》(GB/T 28714—2012)、《用水单位水计量器具配备和管理通则》(GB 24789—2009)等规定,水计量器具应按照分级计量、分级管控要求配备。应分别对水源地(一级)、各用户(二级)、各用户内的各重点用排水装置(三级)实行三级计量,并确保各用户的排水口处安装计量设施。

目前酒钢集团嘉峪关本部供用水系统基本实现一级、二级计量全覆盖,三级计量和各用户退水计量不完善。

9.1.2.2 水质监测

1. 供用水水质监测

(1)在北大河、嘉峪关、黑山湖地下水源地设置水质采样点监测水质情况,监测频次每半年1次;设置在线监测装置,实时监测 pH、电导率、COD、氨氮等常规指标。

(2)在大草滩水库放水洞处设水质采样点监测水质情况,监测频次1月1次;应设置在线监测装置,实时监测 pH、电导率、COD、氨氮等常规指标。

2. 退水水质监测

(1)在酒钢集团污水处理厂进口、出口设置水质监测采样点监测水质情况,监测频次1月1次;设置在线监测装置,实时监测pH、电导率、COD、氨氮等常规指标。

(2)在嘉北污水处理厂进口、出口设置采样点,监测水质情况,监测频次1月1次;设置在线监测装置,实时监测pH、电导率、COD、氨氮等常规指标。

(3)在各实体装置退水口设置采样点,监测水质情况,监测频次半年1次。

9.1.2.3 水位监测

在北大河、嘉峪关、黑山湖等地下水源地处设置地下水观测井,安装水位在线监测装置,开展长期地下水位动态监测;在大草滩水库设置库水位监测装置,开展长期水位变化动态监测。

酒钢集团嘉峪关本部的水资源监控内容见表9-1。

表9-1 酒钢集团嘉峪关本部水资源监控内容一览表

序号	采样点位置	监测性质	监测标准及项目	水质取样检测频次
1	北大河、嘉峪关、黑山湖等地下水源地	水量、水质、水位	1. 水量监测应加装计量装置,加装水量水质在线监测装置; 2. 水质按照《生活饮用水卫生标准》做全分析检测+电导率检测; 3. 各水源地选取1眼观测井,开展水位长期观测	半年1次
2	大草滩水库	水量、水质、水位	1. 水量、水质在线监测; 2. 水质因子按照《地表水环境质量标准》表1、表2共29项因子选取; 3. 选取库水位监测点,开展水位长期观测	1月1次
3	三级供水系统	水量	应做到各水源地(一级)、各用户(二级)、各用户内的各重点用排水装置(三级)等三级计量,同时应确保各用户的排水口处有计量	—
4	酒钢集团污水处理厂	水量、水质	1. 进水、出水水量水质在线监测; 2. 外排水按照《钢铁工业水污染排放标准》监测; 3. 回用水按照《工业循环冷却水处理设计规范》(GB/T 50050—2017)中间冷开式系统循环冷却水水质指标	半月1次
5	各企业的各退水口	水质	按照对应排放标准开展监测	半年1次
6	尾矿坝下游村庄	水质	按照《地下水质量标准》开展监测	半年1次

9.1.3 突发水污染事件应急处理和控制预案

工程的建设和运行必然伴随潜在的事故风险，一旦发生事故，需要采取工程应急措施，控制和减小事故危害。各项目应在自身应急救援的基础上，积极报告有关主管部门，寻求社会救援。事故应急必须服从统一指挥、分级负责，条块结合、区域为主，点面结合、确保重点等原则，积极采取污染控制措施，减轻危害，指导居民防护、救治受害人员。

各项目的设计、运行、管理要科学规划、合理布置，保证工程建造质量，严格生产安全制度，严格管理，提高操作人员的素质和水平，制订科学合理的工程项目应急预案。其内容主要包括：

（1）建立事故应急指挥部，由单位一把手或指定责任人负责现场的全面指挥。成立专门的救援队伍，负责事故控制、救援、善后处理等。

（2）配备事故应急措施所需的设备与材料，如防火灾、防爆炸事故等所需的消防器材或防有毒、有害物质外溢扩散的设备材料等。

（3）涉及的各职能部门要积极配合、认真组织，把事态发展变化情况准确及时地向上级汇报。规定应急状态下的通信方式、通知方式和交通保障、管制等措施。

（4）建立由专业队伍组成的应急监测和事故评估机构，负责对事故现场进行侦察监测，对事故性质、参数进行评估，为指挥部门提供决策依据。

（5）加强事故应对工程措施体系建设，落实事故应对措施，特别是防控体系建设等内容，确保将事故风险发生的可能性和危害性降到最低。

（6）每年组织开展突发性水事件应急演练，并做好记录工作，增强应急监测队伍应对突发水事件的快速响应能力、协同作战能力及灵活应变能力。

9.2 工程措施

9.2.1 水源地保护措施

酒钢集团地下水水源分别为北大河水源地、嘉峪关水源地和黑山湖水源地，2010 年 2 月 2 日，3 个水源地均被甘肃省人民政府划定为饮用水水源保护区（甘政函〔2010〕13 号）；根据《水利部关于印发〈全国重要饮用水水源地名录（2016 年）〉的通知》（水资源函〔2016〕383 号），北大河水源地、嘉峪关水源地是水利部核准的全国重要饮用水水源地。

9.2.1.1 北大河、嘉峪关水源地

根据《嘉峪关市全国重要饮用水水源地安全保障达标建设实施方案》（2018 年 6 月），对照《关于进一步加强饮用水水源地保护和管理的意见》（水资源〔2016〕462 号），从“水量保证、水质合格、监控完备、制度健全”等 4 大项和所包含的 25 小项指标，对北大河水源地、嘉峪关水源地等 2 个国家重要饮用水水源地进行评估，整体评级情况为优。

北大河水源地安全保障达标建设现状评分结果为 91 分，按照饮用水水源地综合评估结果分级，北大河水源地综合评估结果为优，但水源地保护方面仍存在较多问题。如保护区内部分道路未采取防护措施和设立警示标志、监测能力有所欠缺、未安装水质在线监测

装置、未制订洪水干旱等特殊条件下供水安全保障应急预案、未建立稳定保护资金投入机制等;嘉峪关水源地安全保障达标建设现状评分结果为 95 分,按照饮用水水源地综合评估结果分级,嘉峪关水源地综合评估结果为优,但仍存在着保护区内部分道路未采取防护措施和设立警示标志、监测能力有所欠缺等问题。

9.2.1.2　黑山湖水源地

经现场调查,黑山湖水源地设立了饮用水源保护区标志牌,酒钢集团所属群井均实现单井封闭管理、有供水管线界标和视频等监控设施,由专职管理人员负责管理。但黑山湖水源地一级保护区均未设立隔离防护设施,一级、二级保护区内存在企业、耕地、道路未按要求安装水质水量在线监测设施,水源保护仍存在隐患。

黑山湖水源地的监管部门和取水户应按照《国务院办公厅关于加强饮用水安全保障工作的通知》(国办发〔2005〕45 号)文件精神要求,结合有关部门对饮用水水源地安全保障工作的要求,在各自职责范围内对黑山湖水源地所面临的问题进行逐项梳理整改,全面保障黑山湖水源地的供水安全。

9.2.2　讨赖河酒钢集团渠首、大草滩水库保护措施

根据现场调查,大草滩水库、讨赖河酒钢渠首等均由专人负责管理,按要求建设隔离防护设施,监控设施安装到位,嘉峪关市环保局在讨赖河酒钢渠首已经建设有水质自动监测站 1 处,整体保护情况良好。

但大草滩水库周边隔离围网被人破坏的缺口还未修复,输水明渠未安装视频监控,也未建设隔离围网,输水明渠与公路交会处缺少事故废水应急池。为保障供水安全,建议酒钢集团进行完善。

《水法》第二十一条规定:开发、利用水资源,应当首先满足城乡居民生活用水,并兼顾农业、工业、生态环境用水以及航运等需要。在干旱和半干旱地区开发、利用水资源,应当充分考虑生态环境用水需要。第三十条规定:县级以上人民政府水行政主管部门、流域管理机构以及其他有关部门在制定水资源开发、利用规划和调度水资源时,应当注意维持江河的合理流量和湖泊、水库以及地下水的合理水位,维护水体的自然净化能力。《国务院关于印发〈水污染防治行动计划〉的通知》(国发〔2015〕17 号)规定:加强江河湖库水量调度管理,完善水量调度方案。采取闸坝联合调度、生态补水等措施,合理安排闸坝下泄水量和泄流时段,维持河湖基本生态用水需求,重点保障枯水期生态基流。加大水利工程建设力度,发挥好控制性水利工程在改善水质中的作用。

《嘉峪关市水资源保护规划》(黄河水资源保护科学研究院,2016 年 3 月)提出讨赖河嘉峪关段的生态基流按照多年平均径流量的 10% 确定,则酒钢集团在冬季从 12 月 28 日至次年 2 月 3 日供水 37 d 的引水期内,不能依据《讨赖河流域分水制度》将讨赖河地表水全部引完,必须保证 360 万 m^3 的河道下泄流量。

9.2.3　地下水超采区治理及水资源优化配置措施

按照国家规定,酒钢嘉峪关本部水资源配置的原则为:优先使用中水,合理利用地表水,严格控制开采地下水。本次评估建议延续的酒钢嘉峪关本部地下水允许开采量已考

虑到嘉峪关水源地、北大河水源地为甘肃省人民政府划定的小型一般地下水超采区，对酒钢延续地下水取水许可量进行了压减。在此基础上，论证建议在充分利用中水的前提下，可按照地表水量调度的“同比例丰增枯减”原则，对酒钢嘉峪关本部取用地表水量进行调度，即在丰水年份，在酒钢地表、地下总取水量不超许可总量指标的原则下，酒钢公司应向各级水行政主管部门请示，按照丰水年来水情况同比例增加酒钢公司的地表水可取水量，以及应充分引用讨赖河汛期的分洪水量，以减少地下水的开采量，有效保护地下水资源。

9.2.4　供退水工程其他水资源保护措施

为应对目前较高的管网漏失情况，建议酒钢集团尽快编制供水管网改造工程规划并予以实施，以保证下个取水期末管网漏失率降至10%以下。

为维持供排水管网的正常运行，保证安全供排水，必须做好以下日常的管网养护管理工作：

(1)严格控制跑、冒、滴、漏损失，建立技术档案，做好检漏和修漏、水管清垢和腐蚀预防、管网事故抢修；

(2)防止外环境对供水、排水管道的破坏和供水水质的影响，必须熟悉管线情况、各项设备的安装部位和性能、接管的具体位置；

(3)加强供排水管网的检修工作，一般每月对管网全面检查一次。

9.2.5　渣场、尾矿坝防渗措施

渣场、尾矿坝应按照《一般工业固体废物贮存、处置场污染控制标准》(GB 18599—2001)Ⅱ类场的要求进行防渗处理，其综合防渗系数应达到或小于1.0×10^{-7} cm/s，应采取高聚物改性沥青卷材防水层、白灰砂浆隔离层、钢筋混凝土防水层、土工布过滤层和黏土层等多层综合防渗措施。应定期进行渣场内及附近地下水质监测，建立预警应急机制，若发现有害物质超标，及时处理。

第10章 结论与建议

10.1 上个取水期取用水状况评估

10.1.1 上个取水期取用水状况评估

(1)酒钢集团嘉峪关本部在上个取水许可期共持有取水许可指标17 823.67万 m^3,其中讨赖河地表水4 500万 m^3,地下水13 323.67万 m^3(北大河水源地5 050万 m^3、嘉峪关水源地3 657.67万 m^3、黑山湖水源地4 416万 m^3、大草滩水源地200万 m^3),本次取水许可延续评估共涉及黑山湖、北大河、嘉峪关等3个地下水水源地共13 123.67万 m^3 水量指标和酒钢集团分公司、子公司及相关合作方共19家公司、相关公辅实体和嘉峪关市峪泉灌区。

(2)2013~2017年酒钢集团嘉峪关本部基本上能够按照用水定额规定开展生产活动,年均用新水量为10 977.88万 m^3,整体水重复利用率96.2%,新水利用系数87.4%,外排水回用率75.5%,用水水平在我国北方钢铁企业中处于较先进水平;受产能负荷、对外供热(汽)等因素制约,个别企业实际生产用水定额不符合省、市行业用水定额标准。

(3)2013~2017年酒钢集团嘉峪关本部年均取水量13 264.6万 m^3,其中取地表水8 280.2万 m^3,取地下水4 984.4万 m^3;地下水取水未超指标取水,地表水超引水量均按照甘肃省水利厅讨赖河流域水利管理局的水量调度指令引水,为讨赖河汛期分洪水量和转供水量。经评估,2015~2017年酒钢集团嘉峪关本部供输水系统的综合损耗率为20.87%。

(4)酒钢集团嘉峪关本部中水回用力度较大,2013~2017年酒钢集团污水处理厂年均中水产量为3 468.4万 m^3,回用量为2 746.0万 m^3,外排量为795.7万 m^3,该部分排水与酒钢尾矿坝排水混合后,通过排水渠送至酒钢花海农场用于防风林带浇灌,另排水渠沿线有多个工矿企业自排水渠取水用于生产。经评估,酒钢集团污水处理厂出水水质基本满足《工业循环冷却水处理设计规范》(GB/T 50050—2017)中间冷开式系统循环冷却水水质指标要求,排水水质符合《钢铁工业水污染物排放标准》(GB 13456—2012)对应水质标准要求,退水地点、退水方式、退水水量和退水水质等均符合有关规定。

(5)酒钢集团高度重视水资源管理工作,历来由集团公司总经理和各分公司、子公司一把手主抓水资源管理工作,从集团公司到各分公司、子公司均有专门的水资源管理队伍,建立有严格的内部水资源管理及考核制度,计划用水和定额管理已经全面实施,各级的取用水台账、水计量器具台账等完备可查,能够积极推进节水减排工作;同时采取各种措施加大节水力度,组织重点用水户开展水平衡测试,不断完善和改进供水装备和工艺技术,大力开展节水宣传,积极推进节水型企业创建工作,在节水工作方面取得了良好的成绩。

(6)酒钢集团嘉峪关本部供水管网的一级、二级计量设备配套工作全部完成,计量设施完好率达到100%,三级计量设备设施配备率已达到93%,计量设备设施完好率实现100%;用水计量仪表由酒钢集团检修工程部进行专业维护,酒钢集团检验检测中心定期对计量仪表运行与维护情况进行跟踪监督管理,确保相关数据真实有效。

(7)酒钢集团能够按照甘肃省水利厅、甘肃省水利厅讨赖河流域水利管理局和嘉峪关市水务局下达的缴纳水资源费通知书要求,及时、足额缴纳水资源费,上个取水许可期内,未发生不缴、拖缴、欠缴的情况。

10.1.2　存在的问题及建议

(1)酒钢集团未按照规定及时办理北大河水源地、嘉峪关水源地、黑山湖水源地等3个地下水水源地共27套取水许可证的法人变更手续。

(2)经现场调查,黑山湖水源地一级保护区未设置隔离防护设施,一级、二级保护区内存在多处企业和耕地,亦有多条道路通过,同时缺少水质水量在线监测设施,水源保护存在较大的隐患。黑山湖水源地的监管部门和取水户应按照《国务院办公厅关于加强饮用水安全保障工作的通知》(国办发〔2005〕45号)文件精神要求,根据有关部门对饮用水水源地安全保障工作的要求,在各自职责范围内对黑山湖水源地所面临的问题进行逐项梳理整改,全面保障黑山湖水源地的供水安全。

(3)大草滩水库周边隔离围网被人为破坏的缺口还未修复,输水明渠未安装视频监控也未建设隔离围网,输水明渠与公路交会处缺少事故废水应急池。为保障供水安全,建议酒钢集团进行完善。

(4)峪泉灌区与酒钢集团分属不同部门,酒钢集团目前根据其与嘉峪关市的协议将地表水转供峪泉灌区,此部分水量未按取水许可管理规定申请办理取水许可、开展取水许可现场核验和申领取水许可证等工作。

(5)酒钢集团在退水计量器具的配备方面存在较大不足,应按照有关规定对各生产实体配备退水计量器具,并建立健全退水管理台账。

(6)酒钢集团的供输水系统综合损耗率相对较高,下一步酒钢集团应把节水工作的重点放在供输水系统的排查更新改造上,确保供输水系统年更新率不得低于15%,降低供水损耗,确保到下个取水许可期末供水管网的漏失率不超过10%。

(7)酒钢集团嘉峪关本部股份公司选矿废水、宏晟热电发电一分厂老厂的冲灰废水目前没有得到回收利用,存在着水资源浪费现象,下个取水许可期,酒钢集团应进行选矿废水的循环利用改造以及水力除灰改干法除灰的工艺改造,确保水资源得到充分利用。

(8)酒钢集团嘉峪关本部钢铁主线普遍存在循环水设备老化、冷却效率偏低的问题,建议尽快对股份公司及相关年代久远的企业进行循环冷却水系统的优化设计和更新改造,不断提高冷却效率,最大限度地节约水资源并降低能耗。

(9)建议酒钢集团嘉峪关本部针对各类废水水质特点和水量进行统筹规划,对于水质较差的排水,应考虑直接回用于对用水水质要求不高的企业或者工段,以确保污水处理厂出水水质稳定达标且能够正常回用。

10.2 下个取水期需取用水量评估

(1)经评估,下个取水期酒钢集团嘉峪关本部需用新水量为13 102.38万m^3,整体水重复利用率95.9%,新水利用系数93.7%,外排水回用率85.3%,新水利用系数和外排水回用率较上个取水期有了明显提高;下个取水期除未规定用水定额标准的生产实体外,其余生产实体的用水定额均满足《甘肃省行业用水定额(2017版)》或《嘉峪关市行业用水定额(试行)》要求,符合国家清洁生产标准的一级或二级用水标准要求,个别企业用水定额接近或达到了节水型企业用水标准要求。

(2)鉴于酒钢集团输配水系统运行时间长、管网老化严重,本次取水许可延续评估对于酒钢集团嘉峪关本部供输水系统的综合损耗率按照14%进行核定,则酒钢集团嘉峪关本部需取原水量为16 210.7万m^3/年,未超出上个取水期持有的17 823.67万m^3总取水许可指标(地表+地下)。到下个取水期末,酒钢集团嘉峪关本部输配水系统的综合损失率应满足国家节水型城市创建要求10%的标准。

(3)经模型预测,酒钢集团嘉峪关本部在本次延续评估的3个水源地总的允许开采量为9 776万m^3,为满足地下水超采区治理和水源地保护要求,本次地下水拟延续许可量7 805万m^3(含大草滩水源地许可水量198万m^3,嘉水务许可〔2018〕1号)。

(4)经评估,下个取水期酒钢集团嘉峪关本部的外排水将进一步得到回用,酒钢集团污水处理厂205.28万m^3/年的排水与酒钢尾矿坝618.17万m^3/年外排水汇合后,沿现有排水渠道送花海农场用于防风林带浇灌,排水地点位于酒钢尾矿坝北侧,排水方式为明渠连续排放。

下个取水许可期,酒钢集团嘉峪关本部应严格按照《甘肃省环境保护厅关于酒泉钢铁(集团)有限责任公司申请排污许可证的批复》(甘环总量发〔2016〕8号)和甘肃省排污许可证(证书编号甘排污许可〔2016〕第002号)规定,按照《钢铁工业水污染物排放标准》(GB 13456—2012)中钢铁联合企业排放限值标准排水,退水化学需氧量控制在1 240 t/年以下、氨氮控制在124 t/年以下。

10.3 下个取水期取水可靠性评估

10.3.1 地下取水可靠性分析

(1)经评估,黑山湖、嘉峪关、北大河水源地允许开采量总计为9 776万m^3/年(含酒钢集团7 607万m^3/年),占所处水文地质单元地下水补给资源量的27.26%,占地下水储存资源量的2.76%;该区域地下水调蓄空间极大,即使遇到连续枯水年份,仍然有足够的地下水储存资源量可供调节使用,取水保证程度高。

(2)经模型预测,黑山湖、嘉峪关、北大河等3个水源地按照设计开采量运行5年后,地下水位已趋于稳定,黑山湖、嘉峪关、北大河等3个水源地水位最大降深分别为6.20 m、2.20 m、2.05 m,均小于水源地设计最大降深,各水源地供水井均可正常运行,不会产生涌水量减少或吊泵等现象。

(3)根据水质检测结果，各水源地地下水质良好，适用于各种集中式生活饮用水水源及工农业生产用水。

综上所述，水源地所在区地下水含水层富水性强、补给充沛、径流通畅、地下水调蓄空间大、水质良好，取水可靠。

10.3.2　地表取水可靠性分析

(1) $P=50\%$、$P=75\%$ 来水条件下，在《讨赖河流域分水制度》规定时段内，在首先保障河道生态、酒钢现有 4 500 万 m^3 和嘉峪关市讨赖灌区用水前提下，酒钢集团需新增工业、农业引水量均可以得到保证；在 $P=95\%$ 来水条件下，在优先保证下泄河道生态基流和酒钢年引水 4 500 万 m^3 水量情况下，充分利用大草滩水库的调蓄作用，河道来水能够满足酒钢新增工业用水 1 059 万 m^3（折合到酒钢渠首水量为 1 139.13 万 m^3）需求，嘉峪关市讨赖灌区和酒钢宏丰灌区农业引水存在不同程度的破坏。

(2)讨赖河酒钢渠首段水质状况良好，满足酒钢工业生产用水、峪泉灌区和宏丰灌区的灌溉水质要求。

(3)酒钢集团嘉峪关本部地表水输配水系统长期以来供水运行安全、稳定，没有出现缺水现象，地表水取水口位置合理。

10.3.3　中水取水可靠性分析

10.3.3.1　酒钢集团污水处理厂中水取水可靠性分析

(1)经评估，下个取水期嘉北污水处理厂建成投运后，酒钢集团污水处理厂的可供水量为 2 448.51 万 m^3。受各用水户用水时间、生产负荷、污水收集管网条件等多种因素影响，排水水量及中水出水水量存在一定的波动情况，根据酒钢集团计划，拟以养殖园水库作为酒钢集团污水处理厂的调蓄水池，以满足各生产单位稳定用水需求。

(2)污水处理厂在运行过程中可能存在管网故障、中水设备检修和停电等意外情况而无法向各中水用户供水，目前冶金厂区建有常规水源的供水管网配套，评估认为采用中水水源无须专门配备备用水源，现有的常规水源供水管网可以向各中水用户提供应急供水，供水保证程度可以得到满足。

(3)经评估，酒钢集团污水处理厂出水水质基本满足《工业循环冷却水处理设计规范》(GB/T 50050—2017)中间冷开式系统循环冷却水水质指标要求，能够满足下个取水期其他中水用户的水质要求；下个取水期酒钢集团污水处理厂中水将主供发电三分厂 2 × 300 MW、2 × 350 MW 火电机组，为保证供水水质，酒钢集团在发电三分厂已经建设有 900 m^3/h 的中水深度处理车间，采用超滤 + 反渗透的处理工艺，下一步将扩容改造，取水水质能够得到保证。

综上分析，酒钢集团污水处理厂处理后的中水作为酒钢集团生产水源是可靠的。

10.3.3.2　嘉北污水处理厂中水取水可靠性分析

(1)经评估，嘉北污水处理厂近期可供水量为 675.57 万 m^3，能够满足东铝自备电厂 524.36 万 m^3 的中水用水需求。考虑到收水水量及中水出水水量存在一定的波动情况，嘉北污水处理厂设置有多处调节水池，能够满足用水单位稳定用水需求。目前酒钢嘉北新区建有常规水源的供水管网配套，评估认为采用中水水源无须专门配备备用水源，现有的常规水源供水管网可以提供应急供水，中水用户的供水保证程度可以得到满足。

（2）嘉北污水处理厂现行的再生水水质标准不能满足东铝自备电厂的用水水质要求，为保证供水水质，建议酒钢集团采取石灰混凝过滤的处理工艺进行进一步深度处理，处理工艺包括石灰凝聚、澄清及过滤，处理后的水质可以满足中水用户的生产用水水质要求；或者采用超滤+反渗透的处理工艺，处理后的水质亦可满足生产用水水质要求。

（3）东铝自备电厂的进厂中水管线在该项目投产时已经建成，因酒钢集团污水处理厂中水管线未通，迟迟未能投运，嘉北污水处理厂再生水供水管线建成后，东铝自备电厂用水可以得到保证。

综上分析，嘉北污水处理厂处理后的中水作为东铝自备电厂的生产水源是可靠的。

10.4　下个取水期取退水影响评估

10.4.1　地下取水影响评估

（1）评估区地下水年补给资源量为27 909.05万m^3，地下水储存资源量为27.514 6亿m^3，酒钢集团嘉峪关本部取水量占所处水文地质单元地下水补给资源量的27.26%，占地下水储存资源量的2.76%。根据模型预测，黑山湖、嘉峪关、北大河水源地按照设计开采量运行5年后，地下水位已趋于稳定，预测降深均远小于水源地设计最大降深，地下水流场并未发生大的改变，不会产生区域地下水位持续性下降或区域性降落漏斗使得地下水产生汇流的现象，地下水开采引起的水位下降对现有的生态与环境不会产生影响。

评估区除黑山湖、嘉峪关、北大河等3个集中式供水水源地外，尚有其余零星开采井，如黑山湖砖厂供水井、正大公司供水井等，其水位降深均较小（0.50～2.00 m）。水源地运行对上述供水井的影响微弱，不会影响其正常开采利用地下水。

（2）本次取水许可延续评估中，经过模型反复验证，建议对酒钢集团现持有的黑山湖、北大河、嘉峪关等3个水源地的13 123.67万m^3地下水取水许可指标进行核减，核减量为5 516.67万m^3，延续取水许可指标为7 607万m^3。核减地下水取水许可指标对于嘉峪关市地下水的水资源优化配置和保护具有重要意义。

10.4.2　地表取水影响评估

（1）经评估，在$P=50\%$、$P=75\%$来水条件下，在《讨赖河流域分水制度》规定时段内，在首先保障河道生态、酒钢现有4 500万m^3和嘉峪关市讨赖灌区农业需水的前提下，酒钢集团需新增的工业、农业引水量均可以得到保证，即酒钢集团嘉峪关本部取水不会对其他用水户造成破坏；在$P=95\%$来水条件下，在优先保证河道生态和酒钢集团生产用水前提下，嘉峪关市讨赖灌区和宏丰灌区农业取水存在一定程度的破坏情况。在此情况下，酒钢集团应考虑向嘉峪关市讨赖灌区用水户进行合理补偿。

（2）评估认为，酒钢集团嘉峪关本部现持有地表、地下水取水许可指标总量为

17 823.67万 m^3,如考虑本次酒钢本部总需取水许可总量为 16 210.7 万 m^3,比现有持有的取水许可指标压减了 1 612.97 万 m^3,如考虑嘉峪关市峪泉灌区单独办理取水许可的话,则本次比现有持有的取水许可指标压减了 2 812.97 万 m^3。压减地下水指标,有利于嘉峪关市水资源管理和优化配置,符合《甘肃省人民政府办公厅转发省水利厅关于加强取水许可动态管理实施意见的通知》(甘政办发〔2016〕8 号)有关要求。

(3)评估认为,在特枯年份,酒钢集团应充分与甘肃省水利厅讨赖河流域水利管理局进行协商,开展精细调度,尽可能多引汛期分洪水量,保障酒钢集团工业生产和嘉峪关市讨赖灌区的正常灌溉用水。

10.4.3 中水取水影响评估

经评估,下个取水许可期,酒钢集团嘉峪关本部外排水回用率达到了 90.3%,较之现状有了明显提高。嘉峪关市地处水资源紧缺地区,酒钢集团生产大量回用中水,实现了污水资源化,符合《水利部关于加强水资源用途管制的指导意见》(水资源〔2016〕234 号)和《水利部关于非常规水源纳入水资源统一配置的指导意见》(水资源〔2017〕274 号)文件要求,是缓解酒钢和嘉峪关市水资源供需矛盾,实现经济可持续发展战略的需要,有利于区域水资源优化配置和水资源利用效益和效率的提高。

酒钢集团污水处理厂中水用户即为酒钢集团嘉峪关本部,嘉北污水处理厂将来的主供水对象是酒钢嘉北新区,取用中水不存在对其他用水户的影响问题。

10.4.4 退水影响评估

(1)在酒钢集团建立起严格的水务管理制度,培养精干的水务管理队伍,对水资源供给、使用、排放全过程进行监控的情况下,可以实现水资源的高效利用和有效保护。

(2)下个取水许可期,酒钢集团嘉峪关本部平均外排水总量为 823.45 万 m^3/年,较上个取水许可期外排水总量有了明显减少,远低于取水甘水资源字〔2016〕第 A02000006 号(讨赖河地表水)登记的 2 739 万 m^3 允许退水量;退水地点位于酒钢尾矿坝北侧,退水方式为明渠连续排放,符合水利部门管理规定;排水水质执行《钢铁工业水污染物排放标准》(GB 13456—2012)中钢铁联合企业排放标准限值,化学需氧量、氨氮的排放总量满足环境保护主管部门总量控制要求。

下一步酒钢集团应加强对酒钢集团污水处理厂进水水质的管控,确保酒钢集团污水处理厂做到稳定达标排放,对选矿废水和冲灰废水进行回用,减少尾矿坝外排水量,进一步加大中水回用力度,尽最大可能节约水资源。

(3)酒钢集团应立足于预防,尽量避免事故情况发生;应针对性地设立三级应急防控体系,确保事故状态下的废污水得到妥善储存,不对周围水环境造成损害。

10.5 取水许可延续评估建议

10.5.1 地下水取水许可证延续建议

(1)酒钢集团在嘉峪关水源地有机电井 10 眼,原许可水量共计 3 657.67 万 m^3/年,本次延续许可建议压减至 1 482 万 m³/年，压减比例 59.5%。取水用途为生活用水。

(2)酒钢集团在北大河水源地有机电井 10 眼，原许可水量共计 5 050 万 m³/年，本次延续许可建议压减至 2 341 万 m³/年，压减比例 53.6%。取水用途为工业生活用水，其中生产水量 2 196.66 万 m³/年，生活水量 144.34 万 m³/年。

(3)酒钢集团在黑山湖水源地有机电井 7 眼，原许可水量共计 4 416 万 m³/年，本次建议延续许可议压减至 3 784 万 m³，压减比例 14.3%。取水用途为工业生活用水，其中生产水量 3 762.98 万 m³/年，生活水量 21.02 万 m³/年。

酒钢共持上述水源地地下水取水许可证 27 份，许可水量共 13 123.67 万 m³/年，本次延续许可建议酒钢地下水总的取水许可指标压减至 7 607 万 m³/年，压减比例达 42.0%。建议针对单井发放取水许可证，27 眼井的坐标、水量等情况见表 10-1。

表 10-1　建议延续取水许可水量一览表

序号	取水权人名称	取水地点	取水方式	建议取水量(万 m³/年)	取水用途	取水井坐标
1	酒钢集团北大河水源地 1 号	北大河水源地	水井	234.1	生产、生活、绿化	E 98°14′45.76″ N 39°45′29.52″
2	酒钢集团北大河水源地 2 号	北大河水源地	水井	234.1	生产、生活、绿化	E 98°14′37.92″ N 39°45′41.09″
3	酒钢集团北大河水源地 3 号	北大河水源地	水井	234.1	生产、生活、绿化	E 98°14′32.19″ N 39°45′50.38″
4	酒钢集团北大河水源地 4 号	北大河水源地	水井	234.1	生产、生活、绿化	E 98°14′25.64″ N 39°45′8.20″
5	酒钢集团北大河水源地 5 号	北大河水源地	水井	234.1	生产、生活、绿化	E 98°14′18.31″ N 39°45′19.15″
6	酒钢集团北大河水源地 6 号	北大河水源地	水井	234.1	生产、生活、绿化	E 98°14′11.07″ N 39°45′30.04″
7	酒钢集团北大河水源地 7 号	北大河水源地	水井	234.1	生产、生活、绿化	E 98°13′57.99″ N 39°44′53.01″
8	酒钢集团北大河水源地 8 号	北大河水源地	水井	234.1	生产、生活、绿化	E 98°13′49.59″ N 39°45′5.26″
9	酒钢集团北大河水源地 9 号	北大河水源地	水井	234.1	生产、生活、绿化	E 98°13′41.28″ N 39°45′17.78″
10	酒钢集团北大河水源地 10 号	北大河水源地	水井	234.1	生产、生活、绿化	E 98°14′52.30″ N 39°45′18.77″
11	酒钢集团嘉峪关水源地 1 号	嘉峪关水源地	水井	217	生活、绿化	E 98°14′45.76″ N 39°45′29.52″
12	酒钢集团嘉峪关水源地 2 号	嘉峪关水源地	水井	166	生活、绿化	E 98°14′37.92″ N 39°45′41.09″

续表 10-1

序号	取水权人名称	取水地点	取水方式	建议取水量（万 m^3/年）	取水用途	取水井坐标
13	酒钢集团嘉峪关水源地 3 号	嘉峪关水源地	水井	76	生活、绿化	E 98°14′32.19″ N 39°45′50.38″
14	酒钢集团嘉峪关水源地 4 号	嘉峪关水源地	水井	141	生活、绿化	E 98°14′25.64″ N 39°45′8.20″
15	酒钢集团嘉峪关水源地 5 号	嘉峪关水源地	水井	141	生活、绿化	E 98°14′18.31″ N 39°45′19.15″
16	酒钢集团嘉峪关水源地 6 号	嘉峪关水源地	水井	141	生活、绿化	E 98°14′11.07″ N 39°45′30.04″
17	酒钢集团嘉峪关水源地 7 号	嘉峪关水源地	水井	166	生活、绿化	E 98°13′57.99″ N 39°44′53.01″
18	酒钢集团嘉峪关水源地 8 号	嘉峪关水源地	水井	102	生活、绿化	E 98°13′49.59″ N 39°45′5.26″
19	酒钢集团嘉峪关水源地 9 号	嘉峪关水源地	水井	166	生活、绿化	E 98°13′41.28″ N 39°45′17.78″
20	酒钢集团嘉峪关水源地 10 号	嘉峪关水源地	水井	166	生活、绿化	E 98°14′52.30″ N 39°45′18.77″
21	酒钢集团黑山湖水源地 1 号	黑山湖水源地	水井	674	生产、绿化	E 98° 4′0.48″ N 39°49′21.68″
22	酒钢集团黑山湖水源地 2 号	黑山湖水源地	水井	675	生产、绿化	E 98° 4′6.34″ N 39°49′19.64″
23	酒钢集团黑山湖水源地 3 号	黑山湖水源地	水井	487	生产、绿化	E 98° 4′27.60″ N 39°48′20.60″
24	酒钢集团黑山湖水源地 4 号	黑山湖水源地	水井	487	生产、绿化	E 98° 3′56.02″ N 39°48′12.78″
25	酒钢集团黑山湖水源地 5 号	黑山湖水源地	水井	487	生产、绿化	E 98° 3′55.61″ N 39°48′36.85″
26	酒钢集团黑山湖水源地 6 号	黑山湖水源地	水井	487	生产、绿化	E 98° 2′31.49″ N 39°48′41.05″
27	酒钢集团黑山湖水源地 7 号	黑山湖水源地	水井	487	生产、绿化	E 98° 2′58.63″ N 39°48′22.49″

10.5.2　地下水超采区治理及水源优化配置建议

按照国家规定，酒钢嘉峪关本部水资源配置的原则为：优先利用中水，合理利用地表水，严格控制开采地下水。

本次评估建议延续的酒钢嘉峪关本部地下水允许开采量已考虑到嘉峪关水源地、北大河水源地为甘肃省人民政府划定的小型一般地下水超采区，对酒钢延续地下水取水许可量进行了压减。

在此基础上，延续评估建议在充分利用中水的前提下，可按照地表水量调度的"同比例丰增枯减"原则，对酒钢嘉峪关本部取用地表水量进行调度。即在丰水年份，在酒钢地表、地下总取水量不超许可总量指标的原则下，酒钢集团应向各级主管水行政主管部门请示，按照丰水年来水情况同比例增加酒钢集团的地表水可取水量，以及应充分引用讨赖河汛期的分洪水量，以减少地下水的开采量，实现对地下水资源的有效保护。

参 考 文 献

[1] 李海辰,秦韬,邱颖,等.中国取水许可延续管理问题分析[J].中国人口资源与环境,2017,27(S1):80-82.

[2] 李金晶,张立锋,赵祎雯,等.关于取水许可管理有关问题的探讨[J].中国水利,2017(19):42-45.

[3] 王志强,柳长顺,戴向前.加强取水许可延续管理的思路与重点[J].水利发展研究,2015,15(10):42-44.

[4] 柳长顺,杨彦明,戴向前,等.取水权与取水许可证期限研究[J].中国水利,2016(19):47-48.

[5] 袁柳.关于延续取水评估有关问题的探讨[J].中国水运:下半月,2015,15(6):118-119.

[6] 水利部水资源管理司,水利部水资源管理中心.建设项目水资源论证培训教材[M].北京:中国水利水电出版社,2005.